中等职业学校规划教材

化工环境保护概论

第三版

杨永杰　主编

许　宁　主审

U0359791

化学工业出版社

·北京·

本书从环境的基本概念入手，论述了化工生产与环境保护的重要关系以及环境污染对生态平衡的影响。系统介绍了大气污染防治与化工废气治理、水污染防治与化工废水处理、固体废物与化工废渣处理，以及噪声及其他化工污染防治方法，通过典型案例介绍了化工清洁生产技术和领域，通过环境保护系列措施，阐述了可持续发展的经济发展思路。

本书为中等职业学校非环境类专业的教材，亦可作为化工企业工程技术人员的参考书。

图书在版编目（CIP）数据

化工环境保护概论/杨永杰主编. —3版. —北京：化学工业出版社，2012.5（2022.8重印）

中等职业学校规划教材

ISBN 978-7-122-13485-1

Ⅰ. 化…　Ⅱ. 杨…　Ⅲ. 化学工业-环境保护-中等专业学校-教材　Ⅳ. X78

中国版本图书馆CIP数据核字（2012）第025051号

责任编辑：王文峡　　文字编辑：林　媛

责任校对：宋　玮　　装帧设计：关　飞

出版发行：化学工业出版社（北京市东城区青年湖南街13号　邮政编码100011）

印　　装：北京七彩京通数码快印有限公司

787mm×1092mm　1/16　印张$13\frac{3}{4}$　字数336千字　2022年8月北京第3版第10次印刷

购书咨询：010-64518888　　售后服务：010-64518899

网　　址：http://www.cip.com.cn

凡购买本书，如有缺损质量问题，本社销售中心负责调换。

定　　价：39.00元

版权所有　违者必究

第三版前言

2011年11月28日至12月9日《联合国气候变化框架公约》第17次缔约方会议在南非东部海滨城市德班举行。会议焦点集中在《京都议定书》第一承诺期于2012年到期后，其第二承诺期的温室气体减排安排问题。

1997年12月签订的《京都议定书》规定：在2008～2012年间，发达国家温室气体排放量要在1990年的基础上总体减少5.2%。从2009年的哥本哈根会议到2010年的坎昆会议，《京都议定书》的实际内容已被改变。在气候谈判过程中，一些主要发达国家一方面反对《京都议定书》的第二期承诺，另一方面又要求发展中国家作出相应的约束性减排承诺。作为长期的温室气体排放全球第一大国美国已经单方面退出了《京都议定书》。而日本、俄罗斯、加拿大等国也表态拒绝任何形式的《京都议定书》第二期承诺法律文本。

中国政府2009年11月26日自主宣布了温室气体减排的约束量化目标，到2020年，单位GDP二氧化碳排放量比2005年下降40%～45%。另外，中国政府决定，今后五年单位GDP二氧化碳排放将减少17%。

综上所述，随着经济的发展，其对环境以及气候的影响将不断加大，一些国家为了维护自己的利益到了不择手段的地步。因此作为经济发展支柱的石油和化工产业将肩负着重大的责任。一些有识之士提出了化工行业对社会发展承担的责任，在对人类社会做出巨大贡献的同时，必须对环境的保护作出自己的承诺。

本教材是在第二版的基础上，征询了新疆化工学校、陕西石油化工学校等单位教师的意见，主要对过时的数据和内容进行了修订，补充了当前我国面临的机动车污染排放问题。依据第二版整体框架，将第一章总论改为“化工生产与环境保护”，补充了化工生产对人类的贡献，引入了化工责任关怀的新理念，进一步明确了化工生产与环境保护的重要关系。在第三章、第四章、第五章中，不仅修改了一些数据和知识，也对“三废”的处理处置技术方法进行了大篇幅的补充和更新。

天津渤海职业技术学院崔迎修订了第一章（部分）、第三章、第四章、第五章；杨永杰修订了第一章（部分）、第二章、第六章、第七章、第八章，并负责全书的统稿。修订过程中邱泽勤、吴国旭、于淑萍、李文彬、孙皓、伍丽娜、王婷、许宁等都提出了宝贵的意见，同时参阅了大量的文献和资料，在此向各位教师和文献作者一并表示感谢。本教材配套的教学课件由涂郑禹、柳琦制作，详细信息登录化学工业出版社教学资源网（http://www.cipedu.com.cn）查看。

由于编者的水平有限，在材料的选取和数据的引用上存在一定的不足，欢迎广大读者批评指正。

编者

2012年3月

第二版前言

经济发展与环境保护越来越受到当前人们的重视，而化学工业在国民经济发展中占有较大的比重。随着资源、能源的日益枯竭，生态环境的恶化，对于能源和资源的合理有效地利用，并使其发挥极大的价值，是今后化学工业亟待解决的问题。近年来，以石油化工、煤化工、海洋化工等大型项目的建设，进一步说明了资源的可持续利用与环境保护和社会经济的协调发展。

由此可见，在石油、煤炭等资源的深加工方面，必须建立可持续发展的理念。既要加快发展经济，为当代人类造福，还要为子孙后代留下发展的资源。

作为培养化工类技术人才的职业学校在培养学生的职业技能的同时，更要培养学生的环境保护意识，这既是经济发展的需要，也是当前培养化工类技能型人才的需要。

本教材自 2001 年 5 月由化学工业出版社出版发行。经过几年来各职业学校的专业教师的教学实践，针对教材中存在的不足提出了很好的建议。结合当前化工企业对技能人才规格的需求，结合国家劳动部门化工工种职业资格标准中提出的环境保护知识的要求，对第一版进行修订。

本书第二版主要更加贴切化工生产与环境保护之间的关系，在第三章、第四章、第五章中分别调整了化工废气治理、化工废水处理和化工废渣处置的内容。增加了“化工清洁生产技术”一章，并将原“环境监测与质量评价”并入“环境保护措施与可持续发展”中。在第七章“噪声控制及其他化工污染防治”中增加了“煤化工污染及其防治”的内容。

全书从环境保护基本概念和生态平衡、化工生产与污染控制，化工废气、废水、废渣的治理技术、化工清洁生产技术的主线，展望环境保护与可持续发展的经济战略。

本书由杨永杰编写第一章、第二章、第三章、第六章、第七章、第八章，张苏琳编写第四章、第五章。全书由杨永杰统稿主编，许宁主审。

本书编写中得到了编者所在单位领导和同事的支持与帮助。编写过程中参考了大量的有关专著与文献（见参考文献），在此向其作者表示感谢。

由于水平所限，不妥之处，敬请读者给予批评指正。

编 者

2006 年 5 月

第一版前言

当前，全球性环境污染是人类面临的最大威胁之一。加强环境科学知识教育，普及环境保护知识，增强全民环境保护意识是环境保护工作的一项重要内容。在中等职业学校非环境专业开设概论性环境保护课是环境教育的重要组成部分。本教材就是依据全国石油与化工中专教学指导委员会1996年5月颁布的全日制化工普通中专《化工环境保护概论教学大纲》编写的。

化工生产的产品多样化、原料线路多样化、生产方法多样化是其显著的特点，许多污染事件都是由化工生产和化学物质所造成的，因而，化学工业成为环境污染的主要部门之一。本教材结合化工的特点，论述了化工环境保护的基本概念、基础理论和废物的基本处理方法。全书共分八章，重点介绍了废气、废水、废渣的污染控制和资源化处理，并介绍了化工清洁生产、环境保护与可持续发展的最新内容。

本教材紧密结合职业教育的特点，通过实训内容强化能力培养，转变教育观念，突出案例教学，注重新知识的引用，显现出实用性、可读性、前瞻性的特征。

2000年8月在内蒙古石油化工学校召开了《化工环境保护概论》教材编写提纲审定会，十余所化工中专学校代表进行充分讨论，认为该课程作为化学工艺专业的一门必修课，所选内容力求概括、精炼。全书可以根据不同地区和不同专业来选择教学内容，以30学时左右为宜，根据教学大纲要求，第六章、第七章可作为选学内容。本书适用于中专、技校、职业高中等中等职业学校的化工、医药、造纸、食品、材料、冶金及其他专业的教学，也可作为高等职业技术学院相关专业的教学参考。

本书由天津渤海职业技术学院杨永杰编写第一章、第二章、第三章、第六章、第七章、第八章，山西太原化工学校张苏琳编写第四章、第五章。全书由杨永杰统稿主编，山东省泰安化工学校许宁主审。

本教材的编写得到了编者所在单位和领导的大力支持，同时得到了全国石油与化工专业教学指导委员会委员黄震、于兰平的大力帮助。在2000年12月的审稿会上，广西南宁、常州、山东泰安、太原、新疆、徐州、兰州等化工学校教师都提出了宝贵意见，在此一并表示感谢。

因学术水平有限，不当之处在所难免，真诚期待广大读者批评指正。

编 者

2001年5月

目　录

第一章　化工生产与环境保护

第一节　环　　境

一、环境的概念

环境是以人类社会为主体的外部世界的总体。主要指人类已经认识到的直接或间接影响人类生存和社会发展的周围世界，它可分为自然环境和人工环境两种。环境的中心事物是人类的生存及活动。

（1）自然环境　直接或间接影响到人类的一切自然形成的物质、能量和自然现象的总体。它是人类出现之前就存在的，是人类目前赖以生存、生活和生产所必需的自然条件和资源的总称，即阳光、温度、气候、地磁、空气、水、岩石、土壤、动植物、微生物以及地壳的稳定性等自然因素的总和。

（2）人工环境　由于人类的活动而形成的环境要素，它包括人工形成的物质、能量和精神产品以及人类活动中所形成的人与人之间的关系或称上层建筑。人工环境由综合生产力（包括人）、技术进步、人工构筑物、人工产品和能量、政治体制、社会行为、宗教信仰、文化与地方因素等组成。

自然环境对人的影响是根本性的。人类要改善环境，都必须以自然环境为其大前提，谁要超越它，必然遭到大自然的报复。人工环境的好坏对人的工作与生活、对社会的进步更是影响极大。

人类生存的环境可由小到大、由近及远地分为聚落环境、地理环境、地质环境和宇宙环境，从而形成了一个庞大的系统。

1. 聚落环境

聚落环境是人类有计划、有目的地利用和改造自然环境而创造出来的生存环境，它是与人类工作和生活关系最密切、最直接的环境。人生大部分时间是在聚落环境中度过的，特别为人们所关心和重视。聚落环境的发展，为人类提供了愈来愈方便而舒适的工作和生活环境；但与此同时也往往因为聚落环境中人口密集、活动频繁而造成环境的污染。

2. 地理环境

地理环境是自然地理环境和人文地理环境两个部分的统一体。自然地理环境是由岩石、土壤、水、大气、生物等自然要素有机结合而成的综合体；人文地理环境是人类的社会、文化和生产活动的地域组合，包括人口、民族、政治、社团、经济、交通、军事、社会行为等许多成分，它们在地球表面构成的圈层称为人文圈。

3. 地质环境

地质环境为人类提供了大量的生产资料——丰富的矿产资源——难以再生的资源。随着生产的发展，大量矿产资源引入地理环境，在环境保护中是一个不容忽视的方面。地质环境与地理环境是有区别的，地质环境是指地表以下的地壳层，可延伸到地核内部，而地理环境主要指对人类影响较大的地表环境。

4. 宇宙环境

宇宙环境是由广漠的空间和存在于其中的各种天体以及弥漫物质组成，几近真空。环境科学中是指地球大气圈以外的环境，或称为空间环境。宇宙环境是迄今为止人类对它的认识还很不足、有待于进一步开发和利用的极其广阔的领域。

二、环境问题

环境问题主要是由于人类活动作用于周围环境所产生的环境质量变化以及这种变化反过来对人类的生产、生活和健康产生影响的问题。这类问题可分为两类：一是不合理开发利用自然资源，超出环境承载力，使生态环境质量恶化和自然资源枯竭的现象；二是人口激增、城市化和工农业高速发展引起的环境污染和破坏。总之是人类经济社会发展与环境的关系不协调所引起的问题。

（一）环境问题的发展

从人类诞生开始就存在着人与环境的对立统一关系。人类在改造自然环境的过程中，由于认识能力和科学水平的限制，往往会产生意料不到的后果，造成对环境的污染与破坏。

1. 工业革命以前阶段

在远古时期，由于人类的生活活动如制取火种、乱采乱捕、滥用资源等造成生活资料缺乏。随着刀耕火种、砍伐森林、盲目开荒、破坏草原、农牧业的发展，引起一系列水土流失、水旱灾害和沙漠化等环境问题。

2. 环境的恶化阶段

工业革命至20世纪50年代前，是环境问题发展恶化阶段。在这一阶段，生产力的迅速发展、机器的广泛使用，大幅度提高劳动生产率，增强了人类利用和改造环境的能力，大规模地改变了环境的组成和结构，也改变了生态中的物质循环系统，扩大了人类活动领域。同时也带来了新的环境问题，大量废弃物污染环境，如从1873～1892年间，伦敦多次发生有毒烟雾事件。另外大量矿物资源的开采利用，加大了“三废”的排放，造成环境问题的逐步恶化。

3. 环境问题的第一次爆发

进入20世纪，特别是40年代以后，科学技术、工业生产、交通运输都发生了迅猛发展，尤其是石油工业的崛起，工业分布过分集中，城市人口过分密集，环境污染由局部逐步扩大到区域，由单一的大气污染扩大到气体、水体、土壤和食品等各方面的污染，有的已酿成震惊世界的公害事件，参见表1-1。

由于这些环境污染直接威胁着人们的生命和安全，成为重大的社会问题，激起广大人民的强烈不满，也影响了经济的顺利发展。例如美国1970年4月22日爆发了2000万人大游行，提出不能再走“先污染、后治理”的路子，必须实行预防为主的综合防治办法。这次游行也是1972年6月5日斯德哥尔摩联合国人类环境会议召开的背景，会议通过的《人类环境宣言》唤起了全世界对环境问题的注意。同年10月，联合国大会成立环境规划署，决定每年6月5日为“世界环境日”。工业发达国家把环境问题摆上了国家议事日程，通过制定相关法律，建立相关机构，加强管理，采用新技术，使环境污染得到了有效控制。

4. 环境问题的第二次高潮

20世纪80年代以后环境污染日趋严重和大范围生态破坏，是社会环境问题的第二次高潮。人们共同关心的影响范围大和危害严重的环境问题有三类：一是全球性的大气污染，如温室效应、臭氧层破坏和酸雨；二是大面积生态破坏，如大面积森林毁坏、草场退化、土壤侵蚀和沙漠化；三是突发性的严重污染事件频繁。见表 1-2。

表 1-1 世界八大公害事件

序号	公害名称	国家	时间	事件及其危害概况
1	马斯河谷烟雾事件	比利时	1930 年 12 月	马斯河谷地带分布着三个钢铁厂、四个玻璃厂、三个炼锌厂和炼焦、硫酸、化肥等许多工厂。1930 年 12 月初，在两岸耸立 90m 高山的峡谷地区，出现了大气逆温层，浓雾覆盖河谷，工厂排到大气中的污染物被封闭在逆温层下，不易扩散，浓度急剧增加，造成大气污染事件。一周内几千人受害发病，60 人死亡，为平时同期死亡人数的 10.5 倍，也有大量家畜死亡。发病症状流泪、喉痛、胸痛、咳嗽、呼吸困难等。推断当时大气二氧化硫浓度为 25～100mg/m^3
2	多诺拉烟雾事件	美国	1948 年 10 月	多诺拉镇是一个两岸耸立着 100m 高山的马蹄形河谷，盆地中有大型炼钢厂、硫酸厂和炼锌厂。1948 年 10 月，该镇发生轰动一时的空气污染事件，这个小镇当时只有 14000 人，4 天内就有 5900 人因空气污染而患病，20 人死亡
3	伦敦烟雾事件	英国	1952 年 12 月	伦敦位于泰晤士河开阔河谷中，1952 年 12 月 5～9 日，几乎在英国全境有大雾和逆温层。伦敦上空因受冷高压影响，出现无风状态和 60～150m 低空逆温层，使从家庭和工厂排出的燃煤烟尘被封盖滞留在低空逆温层下，导致 4000 人死亡
4	洛杉矶光化学烟雾事件	美国	1955 年	洛杉矶市有 350 多万辆汽车，每天有超过 1000t 烃类、30t 氮氧化合物和 4200t 一氧化碳排入大气中，经太阳光能作用，发生光化学反应，生成一种浅蓝色光化学烟雾，在 1955 年一次事件中，仅 65 岁以上老人就死亡 400 人
5	水俣病事件	日本	1953～1979 年	熊本县水俣湾地区自 1953 年以来，病人开始面部呆痴、全身麻木、口齿不清、步态不稳，进而耳聋失聪，最后精神失常、全身弯曲、高叫而死。还出现“自杀猫”、“自杀狗”等怪现象。截至 1979 年 1 月受害人数达 1004 人，死亡 206 人。到 1959 年才揭开谜底，是某工厂排出的含汞废水污染了水俣海域，鱼贝类富集了水中的甲基汞，人或动物吃鱼贝后，引起中毒或死亡
6	富山事件	日本	1955～1965 年	1955 年后，在日本富山神通川流域发现一种怪病，发病者开始手、脚、腰等全身关节疼痛。几年后，骨骼变形易折，周身骨骼疼痛，最后病人饮食不进，在疼痛中死去或自杀。到 1965 年底，近 100 人因“骨痛病”死亡。到 1961 年才查明是由于当地铝厂排放含镉废水，人吃了受镉污染的大米或饮用含镉的水而造成
7	四日市事件	日本	1955～1972 年	四日市是一个以“石油联合企业”为主的城市。1955 年以来，工厂每年排到大气中的粉尘和 SO_2 总量达 13 万吨，使这个城市终年烟雾弥漫。居民高发支气管炎、支气管哮喘、肺气肿及肺癌等呼吸道疾病，称为“四日气喘病”。截至 1972 年，日本全国患这种病者高达 6376 人
8	米糠油事件	日本	1968 年	九州发现一种怪病，病人开始眼皮肿、手掌出汗、全身起红疙瘩，严重时恶心呕吐、肝功能降低，慢慢地全身肌肉疼痛、咳嗽不止，有的引起急性肝炎或医治无效而死。该年 7～8 月患者达 5000 人，死亡 16 人。这是由于一家工厂在生产米糠油的工艺过程中，使载热体多氯联苯混入油中，造成食油者中毒或死亡

表 1-2 20 世纪 80 年代以来的典型公害事件

事件名称	发生地点	时间	影响情况
博帕尔农药泄漏事件	印度博帕尔市	1984 年 12 月 3 日	博帕尔市美国联合碳化公司农药厂发生异氰酸甲酯罐爆裂外泄，进入大气约 45 万吨，受害面积达 40km²，受害人 10 万～20 万，死亡 6000 多人
切尔诺贝利核电站泄漏事件	乌克兰基辅	1986 年 4 月 26 日	切尔诺贝利核电站 4 号反应堆爆炸，引起大火，放射性物质大量扩散。周围 13 万居民被疏散，300 多人受严重辐射，死亡 31 人，经济损失 35 亿美元
上海甲肝事件	中国上海市	1988 年 1 月	上海市部分居民食用被污染的毛蚶而中毒，然后迅速传染蔓延，有 29 万人患甲肝
洛东江水源污染事件	韩国洛东江畔	1991 年 3 月	洛东江畔的大丘、釜山等城镇斗山电子公司擅自将 325t 含酚废料倾倒于江中。自 1980 年起已倾倒含酚废料 4000 多吨，洛东江已有 13 支支流变成了“死川”，1000 多万居民受到危害
海湾石油污染事件	海湾地区	1991 年 1 月 17 日～2 月 28 日	历时 6 周的海湾战争使科威特境内 900 多口油井被焚或损坏；伊拉克、科威特沿海两处输油设施被破坏，约 15 亿升原油漂流；伊拉克境内大批炼油和储油设备、军火弹药库、制造化学武器和核武器的工厂起火爆炸，有毒有害气体排入大气中，随风漂移，危害其他国家，如伊朗已连降几次“黑雨”。海湾战争是有史以来使环境污染和生态破坏最严重的一次战争

从以上典型污染事件可以看出，目前环境问题的影响范围逐步扩大，不仅对某个国家、某个地区，而且对人类赖以生存的整个地球环境造成危害。环境污染不但明显损害人类健康，而且全球性的环境污染和生态破坏，也阻碍着经济的持续发展。就污染源而言，以前较易通过污染源调查弄清产生环境问题的来龙去脉，但现在污染源和破坏源众多，不但分布广，其来源复杂，既来自人类经济生产活动，也来自日常生活活动；既来自发达国家，也来自发展中国家。突发性事件的污染范围大、危害严重，经济损失巨大。

（二）当前的主要环境问题

当前全球范围面临的环境问题主要是人口、资源、生态破坏和环境污染。它们之间相互关联、相互影响，是当今世界环境科学关注的主要问题。

1. 人口问题

人口急剧增长是当今影响环境的最主要、最根本的因素。据统计，人类历经100万年至1830年达到10亿人口，到1975年达到40亿，1998年达到59亿，2000年已超过60亿，2010年达到69亿。近百年来，世界人口的增长速度达到了人类历史最高峰！《2010年世界人口状况报告》预测，到2050年，世界人口将超过90亿，人口过亿的国家将增至17个；印度将取代中国成为世界第一大国；其中非洲地区人口将从现在的10.33亿增至19.85亿，增幅最大；亚洲地区的人口也将有较大幅度的增长，将从目前的41.67亿增至52.32亿；而欧洲人口将从目前的7.33亿减至6.91亿，将是唯一人口减少的大洲。

为了供养如此大量人口，需要大量的自然资源来支持，如耕地、能源、矿产等资源的需求不断加大。同时，在生产过程中废物排放量也在不断加大。因此，随着人口的急剧增加，水资源、土地资源的污染程度一旦超过了地球环境的合理承载能力，必然造成生态破坏和环境污染。

我国是一个人口大国，1949年全国人口5.4亿，1969年为8.1亿，1989年为11.3亿，第六次人口普查（2010年11月1日）登记的全国总人口为13.397亿人。随着人口老龄化、分布不平衡、农村人口比重大、人口迁移及整体素质偏低的问题日益突出，严重阻碍了我国的经济发展。

2. 资源问题

随着全球人口的增长和经济的发展对资源的要求与日俱增，人类正遭受着某些资源短缺和耗竭的严重挑战。全球资源危机主要表现在以下几方面。

（1）土地资源不断减少和退化　目前人类开发利用的耕地和牧草不断减少或退化，沙漠化、盐碱化问题比较严重。据联合国环境规划署的资料，1975～2000年，全球有3亿公顷耕地被侵蚀，另有3亿公顷被压在新城镇的公路之下。全世界三分之二的土地即20亿公顷土地不同程度地受到沙漠化的影响，约有8.5亿人口生活在不毛之地和贫瘠的土地上，导致许多国家粮食不能自给，粮食供应紧张。南亚的20%人口严重发育不良，北非有2000万人、非洲南部撒哈拉地区15000万人营养不良。世界各国通过开垦荒地扩大耕地面积提高粮食产量会带来水土流失、生态破坏的危险，同时化肥、农药的使用又会加大对水体、土壤的污染。

中国耕地面积1996年为19.51亿亩（15亩＝1公顷，后同），2008年为18.2574亿亩，12年间，中国的耕地面积净减少了1.2526亿亩（2008年全国土地利用变更调查结果显示）。与1996年相比，中国目前耕地面积超过1亿亩的省份只有五个，相当于减少了一个大省。

目前，我国土地资源形势日趋严峻，人均耕地面积排名世界第126位，是世界人均耕地面积的40%，而且总量持续减少，总体质量下降，后备资源不足，水土流失和土壤沙漠化问题严重。

据全国第二次水土流失和年度监测结果（见表1-3），20世纪90年代末，我国水土流失面积$356\times10^4 km^2$，其中水蚀面积$165\times10^4 km^2$，风蚀面积$191\times10^4 km^2$。

表1-3 各省（自治区、直辖市）水蚀与风蚀面积 单位：km^2

地区	水蚀面积	风蚀面积	合计	地区	水蚀面积	风蚀面积	合计	地区	水蚀面积	风蚀面积	合计
北京	4383	0	4383	安徽	18775	0	18775	贵州	73179	0	73179
天津	463	0	463	福建	14832	87	14919	云南	142562	0	142562
河北	54662	8295	62957	江西	35106	0	35106	西藏	62744	49893	112637
山西	92863	0	92863	山东	32432	3555	35987	重庆	52040	0	52040
内蒙古	150219	594607	744826	河南	30073	0	30073	陕西	118096	10708	128804
辽宁	48221	2333	50554	湖北	60843	0	60843	甘肃	119370	141969	261339
吉林	19296	14278	33574	湖南	40393	0	40393	青海	53137	1289722	182109
黑龙江	86539	8907	95446	广东	11010	0	11010	宁夏	20907	15943	36850
上海	0	0	0	广西	10369	4	10373	新疆	115425	920726	1036151
江苏	4105	0	4105	海南	205	342	547	台湾	7844	0	7844
浙江	18323	0	18323	四川	150400	6121	156521	合计	1648816	1906740	3555556

（2）森林资源及生物多样性危机　森林是陆地生态系统的主体，据估计，1981年～1990年间全世界每年损失森林平均达到1690万公顷。目前全世界每年损失森林面积1800万～2000万公顷。森林破坏导致了土地沙化的进程加快，使全世界饥饿的难民由4.6亿增加到5.5亿。森林锐减严重威胁着地球生物的多样性，目前已有3956个物种濒临灭绝，每天消失40～140个物种。截止到2004年底，世界自然保护联盟（IUCN）的科学家估计全世界有23%的哺乳动物、12%的鸟类、61%的爬行类、31%的两栖类和46%的鱼类处于濒危状态。

我国森林覆盖率低，仅为13.7%，居世界第131位。大规模的砍伐及破坏使森林资源损失较快，西双版纳的天然森林自1950年以来每年以25万亩的速度消失，使地表裸露，丧失涵养水源、调节小气候的功能。

我国土地沙漠化的速度十分惊人。据统计：20世纪50～70年代，每年我国土地沙漠化的面积增加$1500km^2$，80年代达到$2100km^2$，90年代增加到$3460km^2$。目前总面积已达到$267.4\times10^4 km^2$。我国在20世纪50年代沙尘暴每年发生6次，60年代每年发生8次，70年代每年发生12次，80年代14次，90年代猛增至20次以上。

1993年、1994年、1995年连续三年沙尘暴袭击宁夏，1996年5月30日敦煌地区沙尘暴达7h40min，最大风力10级。2000～2006年，每年3、4月间华北地区京津一带受沙尘暴影响十几次。2006年4月16日，北京地区一晚天降浮沉达30万吨，影响面积达30.4万平方公里。2010年4月24日19时9分，甘肃民勤县发生特强沙尘暴，最小能见度为0，瞬间极大风速达到28m/s（阵风10级），导致发生停电、火灾等多起事故。

（3）水资源严重短缺　水是人类社会经济发展的基础自然资源，也是人们生存、生活不可替代的生命源泉。但是目前全球一半的河流水量大幅减少或被严重污染，世界上80个国家占全球40%的人口严重缺水，约有20亿人用水紧张，10亿人得不到良好的饮用水。全世界每年约有超过4200亿立方米的污水排入江河湖海，污染5500亿立方米的淡水，约占全球径流量14%以上。水资源危机已经成为当今世界许多国家社会经济发展的制约因素。在我国，虽然水资源总量约有2.8万亿立方米，但是人均占有水资源量不足2200m³，约占世界人均水量的1/4，列世界第121位，是世界人均水资源极少的13个贫水国之一。

新中国成立以来至20世纪90年代，我国用水总量迅速增长，从1994年的约1000亿立方米增长到1997年的5566亿立方米。之后，一直趋于稳定。到2002年，全国总供水量5497亿立方米。其中地表水源供水量占80.1%，地下水源供水量占19.5%，其他水源供水量（指污水处理再利用量和集雨工程供水量）仅占0.4%。2002年用水量中，农业用水3736亿立方米，占总用水量的68.0%，工业用水1142亿立方米，占20.8%，生活用水619亿立方米，占11.2%。与2001年比较，全国总用水量减少70亿立方米，其中生活用水增加19亿立方米，工业用水增加1亿立方米，农业用水减少90亿立方米。

全国660多个城市中有400个城市缺水，其中大部分属于因污染导致的水质型缺水。每年水污染造成的经济损失约为全年GNP的1.5%～3%。

据预测（以保证率75%计算），2020年天津需水量56.87亿立方米，2030年天津需水量60.43亿立方米，未来天津将面临较为严峻的水资源短缺问题。为应对水资源短缺困境，1972年天津首次进行“引黄济津”调水工程，随后又于1973年、1975年、1981年、1982年等多次进行引黄河水入津。2011年底，新世纪以来的第7次引黄济津应急调水开始实施，此次调水有效缓解天津南部地区干旱缺水问题，改善水生态环境，为天津成功举办2013年第六届东亚运动会奠定水源基础。

根据中国工程院数据，全国可利用水资源量，不考虑从西南调水，扣除生态环境用水后约为8000亿～9500亿立方米。2050年全国需水量可能达到7000亿～8000亿立方米，届时将接近可利用水资源的极限。与此同时，水环境污染日趋严重。全国7大重点流域地表水有机污染普遍，特别是流经城市的河段有机污染较重，主要是湖泊富营养化问题突出，多数城市的地下水受到了一定程度的污染。见表1-4。

我国水资源短缺，用水效率低下，用水浪费的现象普遍存在。我国的用水总量和美国相当，但GDP仅为美国的1/8。全国农业灌溉水的利用系数平均为0.45，而先进国家为0.7甚至0.8。1997年全国工业万元产值用水量为136m³，是发达国家的5～10倍，工业用水的重复利用率据统计为30%～40%。水资源短缺和水环境污染已成为制约我国经济和社会发展的重要因素。

3. 大气环境污染

人口的增长加剧了以矿物燃料为主的能源消耗，加快了对大气的污染，形成了全球性环境问题。

(1) 酸雨严重　SO_2和NO_x是形成酸雨的主要物质。酸雨的危害主要是破坏森林生态系统、改变土壤性质和结构、破坏水体生态系统、腐蚀建筑物和损害人体的呼吸系统和皮肤。如欧洲15个国家中有700万公顷森林受到酸雨的影响；我国的酸雨面积已占国土面积的40%，成为继欧洲和北美之后的第3大酸雨区。江苏、浙江、安徽、福建、江西、湖北、湖南、广东、广西、四川、贵州等11个省、自治区酸雨污染较为严重，酸沉降引起的森林木材储蓄量减少和农作物减产所造成的直接经济损失每年分别高达44亿和51亿人民币，11个省的年生态效益经济损失约为459亿元。

表 1-4　七大水系水质状况

流域名称	2008 年				2009 年				2010 年			
	Ⅰ～Ⅲ类	Ⅳ类	Ⅴ类	劣Ⅴ类	Ⅰ～Ⅲ类	Ⅳ类	Ⅴ类	劣Ⅴ类	Ⅰ～Ⅲ类	Ⅳ类	Ⅴ类	劣Ⅴ类
长江水系	85.6%	6.7%	1.9%	5.8%	87.4%	5.8%	2.9%	3.9%	88.60%	6.6%	1.0%	3.8%
黄河水系	68.2%	4.5%	6.8%	20.5%	68.2%	4.5%	2.3%	25.0%	68.2%	4.5%	6.8%	20.5%
珠江水系	84.9%	9.1%	3.0%	3.0%	84.9%	12.1%	—	3.0%	84.9%	12.1%	—	3.0%
松花江水系	33.3%	45.2%	7.2%	14.3%	40.5%	47.6%	2.4%	9.5%	47.6%	35.7%	4.8%	11.9%
淮河水系	38.4%	33.7%	5.8%	22.1%	37.3%	33.7%	11.6%	17.4%	41.9%	32.5%	9.3%	16.3%
海河水系	28.6%	14.3%	6.3%	50.8%	34.4%	10.9%	12.5%	42.2%	37.1%	11.3%	11.3%	40.3%
辽河水系	35.1%	13.5%	18.9%	32.5%	41.7%	13.9%	8.3%	36.1%	40.5%	16.3%	18.9%	24.3%
浙闽区河流	71.9%	28.1%	—	—	68.7%	31.3%	—	—	80.6%	19.4%	—	—
西南诸河	88.2%	11.8%	—	—	88.2%	—	5.9%	5.9%	88.2%	—	—	11.8%
西北诸河	92.8%	3.6%	—	3.6%	73.1%	19.3%	3.8%	3.8%	92.8%	—	3.6%	3.6%

(2) 臭氧层破坏　臭氧可以减少太阳紫外线对地表的辐射，减少人类白内障和皮肤癌等疾病的发生，提高人体的免疫力。由于 NO_x、CFC 等物质的大量使用，破坏了臭氧层。据新华社报道美国宇航局利用地球观测卫星上的“全臭氧测图分光计”测定，2000 年 9 月 3 日在南极上空臭氧层空洞面积达 2830 万平方公里，相当于美国领土面积的三倍，而 1998 年 9 月 19 日测得臭氧空洞面积为 2720 万平方公里。事实上，自从 20 世纪 80 年代中期以来，科学家发现在南极上空每年春季都会出现臭氧层的空洞现象。而在 2011 年，北极上空也出现了与南极臭氧层空洞类似的臭氧耗损特征。因此，用“天破了”来形容臭氧层的破坏并不过分，这意味着有更多的紫外线射到地面。科学家预言：2050 年时，即使不考虑在南北极上空的特殊云层化学，在高纬度地区，臭氧的消耗量将是 4%～12%。这就要求停止使用氯氟烃和其他危害臭氧层的物质。

1993 年 2 月，我国政府正式批准了《中国消耗臭氧层物质逐步淘汰方案》，确定在 2010 年完全淘汰消耗臭氧层物质。2007 年，原国家环保总局下发《关于加强消耗臭氧层物质淘汰管理工作的通知》（环发［2007］40 号），要求各级环保部门要进一步提高对臭氧层保护工作的认识。但与此同时，中国已从世界各地引进了数十条有氟制冷生产线，电冰箱生产能力达到 1000 万台。据有关部门预测，未来 10 年中国大部分家庭仍将使用有氟制冷。即使立即停止使用 CFC，它所造成的大气污染将存在 70 年，这期间将继续破坏臭氧层。

(3) 温室效应和气候变化　由于人类大量使用矿物燃料，热带森林滥伐毁坏等使大气中 CO_2 的浓度由 19 世纪中叶的 260～280cm^3/m^3 增加到 19 世纪 80 年代的 340cm^3/m^3，据预测至 21 世纪中叶还可能达到 600cm^3/m^3。CO_2 可让太阳光射入，大量吸收大气表层和地表能生热的红外辐射，从而使低层大气温度升高。当 CO_2 含量过大时，就会形成一座“玻璃温室”，即大气“温室”效应。导致地球温度升高从而造成很多影响：改变降雨和蒸发体系，影响农业和粮食资源，改变大气环流，进而影响海洋水流，冰川融化海平面上升，富营养区的迁移、海洋生物的再分布，在我国北方近几年还呈现出“冬暖、夏热，春来早”的气候特点。据观测，1988 年全球平均气温比 1949～1979 年多年的平均气温高 0.34℃，近百年来，全球平均海平面上升了 14cm。估计今后南、北两极的冰川进一步融化，在 21 世纪末海平面会再上升 1m 左右，将会造成世界沿海地区的大灾难。

(4) 机动车污染日益严重 中国环境保护部发布 2011 年《中国机动车污染防治年报》(以下简称《年报》)，公布“十一五”期间全国机动车污染排放情况。《年报》显示，我国已连续两年成为世界汽车产销第一大国，机动车污染日益严重，已经是大气环境污染治理最突出、最紧迫的问题之一。

据《年报》统计，“十一五”期间，我国机动车保有量呈快速增长态势，由 1.18 亿辆增加到 1.9 亿辆，平均每年增长 10%。其中，汽车保有量由 3088 万辆增加到 7721.7 万辆，保有量增加了 150%。按汽车排放标准分类，达到国Ⅲ及以上排放标准的汽车占汽车总保有量的 41.1%，国Ⅱ标准的汽车占 25.5%，国Ⅰ标准的汽车占 20.6%，其余 12.8%的汽车还达不到国Ⅰ排放标准。如果按环保标志进行分类，“绿标车”占 79.8%，其余 20.2%的车辆为“黄标车”。机动车保有量快速增加，使机动车污染防治的重要性和紧迫性日益凸显。监测表明，我国城市空气开始呈现出煤烟和机动车尾气复合污染的特点。一些地区灰霾、酸雨和光化学烟雾等区域性大气污染问题频繁发生，这些问题的产生都与车辆尾气排放密切相关。同时，由于机动车大多行驶在人口密集区域，尾气排放会直接影响群众健康。2010 年，全国机动车排放污染物 5226.8 万吨，其中排放氮氧化物 (NO_x) 599.4 万吨，排放碳氢化合物 (HC) 487.2 万吨，排放一氧化碳 (CO) 4080.4 万吨，排放颗粒物 (PM) 59.8 万吨，其中汽车排放的 NO_x 和 PM 超过排放总量的 85%，HC 和 CO 超过 70%。按汽车车型分类，全国货车排放的 NO_x 和 PM 明显高于客车，其中重型货车是主要贡献者；而客车的 CO 和 HC 排放量则明显高于货车。按燃料分类，全国柴油车排放的 NO_x 接近汽车排放总量的 60%，排放 PM 超过 90%；而汽油车的 CO 和 HC 排放量则较高，超过排放总量的 70%。按排放标准分类，占汽车保有量 12.8%的国Ⅰ前标准汽车，其排放的污染物占汽车排放总量的 40.0%以上；而占保有量 41.1%的国Ⅲ及以上标准的汽车，其排放量不到排放总量的 15.0%。按环保标志分类，仅占汽车保有量 20.2%的“黄标车”却排放了 70.4%的 NO_x、64.2%的 HC、59.3%的 CO 和 91.1%的 PM。

“十一五”以来，国家不断加大机动车污染防治力度，从新车环境准入、在用车环境监管、车用燃料清洁化等方面采取综合措施，加快推进机动车排放标准，加速淘汰高排放车辆，强化机动车环境监管体系，大力实施公交优先发展战略，积极倡导“绿色出行”理念，推动车用燃料无铅化和低硫化，机动车污染防治工作已取得初步成效。2005～2010 年，全国机动车保有量增长了 60.9%，但污染物排放量仅增加了 6.4%；其中，汽车保有量增长了 150%，污染物排放量仅增加 7.4%。

4. 海洋污染

随着工业化进程和海洋运输业及海洋采矿发展，经由各种途径进入海洋的生活污水、工业废水、养殖污水大量排放，废油、有毒化学品与日俱增，超过了海洋自净能力，富营养化加强，使海洋中某些浮游生物爆发性增殖，消耗大量的溶解氧，导致水生生物的死亡。据国家海洋局发布的 2010 年《中国海洋环境质量公报》显示，我国海洋环境质量总体维持在较好水平，主要海洋功能区环境质量基本满足海域要求，海洋赤潮和绿潮灾害有所减轻，但江河污染物入海量增加，溢油等突发事故灾害对海洋生态环境的损害严重。近岸局部海域富营养化、海洋环境灾害频发和海岸带环境破坏是影响我国海洋环境的突发问题。

2011年6月中上旬以来，中国海洋石油总公司与美国康菲石油公司合作开发的渤海蓬莱19-3油田发生油田溢油事件，这是近年来中国内地第一起大规模海底油井溢油事件。据康菲石油（中国）有限公司统计，共有约700桶原油渗漏至渤海海面，另有约2500桶矿物油油基泥浆渗漏并沉积到海床。国家海洋局表示，这次事故已造成5500平方公里海水受污染，大致相当于渤海面积的7%。

而之前在墨西哥湾发生的另一起严重海油泄漏事件也早敲响了海洋环境污染的警钟。2010年4月20日，英国石油公司所属一个名为“深水地平线”（Deepwater Horizon）的外海钻油平台故障，发生爆炸并导致了漏油事故。据估计每天平均有12000～100000桶原油漏到墨西哥湾，导致至少2500平方公里的海水被石油覆盖。专家们担心此次漏油会导致一场环境灾难影响多种生物。

中国渤海是一个内海，面积达7.8万平方公里，它只有旅顺口到长岛之间一个水口，其水体交换能力较弱。近年来，渤海每年接纳各种污水约32亿吨，其中石油类 2.12×10^4t，氨氮类 1.19×10^4t。在环渤海部分海域多次发生“赤潮”，造成大面积海洋生物死亡。在不足100km^{2}的锦州湾，众多的冶金、石油、化工、造船等大中型企业，每年排放污水3000多万吨，十几万吨的矿物废渣每年以10m的速度向海洋“进军”，大量有毒物质进入海洋。而作为内海，约需40～60年才能完成一次完整的水体交换，因此，若不采取强有力的大区域综合治理措施，渤海将会全部真正变成一个可怕的死海。

5. 垃圾成灾

目前全世界排放废渣超过30亿吨，可谓垃圾如山。垃圾种类繁多，成分复杂。发达国家因废物越来越多、污染越来越严重，纷纷向发展中国家转嫁。世界绿色和平组织的一份调查表明，发达国家每年以5000万吨的规模向发展中国家转嫁危险废物，仅美国1995年就向海外输出了近1000万吨垃圾。1996年北京平谷县发现630t美国“洋垃圾”。据统计，全世界数量惊人的电子垃圾，80%被运到亚洲，其中90%丢弃在中国，意味着我国每年要容纳全世界70%以上的电子垃圾。有害物的转移，造成全球环境的更广泛污染。在我国，城市垃圾的影响已日渐突出，固体废物的资源化处理是摆在环保工作者面前的一个重要课题。

（三）中国解决环境问题的根本途径

当前，中国的环境污染依然处于较高水平，生活污染的比重在不断增加，农业污染问题日渐突出，生态恶化的趋势还没有得到有效控制，一些地区的环境污染和生态破坏非常严重，环境形势依然严峻。环境保护成为人们议论得越来越多的话题。环境保护与经济发展是对立统一体，两者密不可分，既要发展经济满足人类日益增长的基本需要，又不要超出环境的容许极限，使经济能够持续发展，提高人类的生活质量。对我国而言要协调好这二者关系，必须有效地控制人口增长，加强教育，提高人口素质，增强环境保护意识，强化环境管理，依靠强大的经济实力和科技的进步。这是我国继续环境问题实现可持续发展的根本途径和关键所在。

人口增加就需要增加消耗、增加活动和居住场所，从而对环境特别是生态环境造成巨大压力，甚至引起破坏。控制人口增长就是从源头上抑制资源消耗的猛烈上升、各种废物的大量增加。与此同时，要加强教育，普遍提高群众的环境意识，树立节约和合理利用自然资源意识，促使人们在进行任何一种社会活动或生产活动或科技活动与发明创造时，要摆正人类在自然界中的位置，考虑到是否会对环境造成危害；能否采取相应的措施，使对环境的危害降到最低限度。总之要自觉维护生态平衡，使经济建设与资源、环境相协调，实现良好循环。

其次，解决环境问题必须要有相当的经济实力，即需要付出巨大的财力、物力，并且需要经过长期的努力。有限的环保投资，对于环境污染和生态破坏的欠账十分巨大的中国来说，是远不能达到有效控制污染和生态环境破坏的目的。因此更有必要借助科技的进步解决环境问题。

科技进步与发展，虽然会产生各种环境问题，但也必须靠科技进步来解决这些环境问题。例如燃煤带来一系列环境污染，需要科技进步来改善和提高燃煤设备的性能和效率，寻找洁净能源或氟氯烃的替代物，从根本上清除污染源或降低污染源的危害程度。要以较低的或有限的环保投资获得较佳的环保效益，借助科技进步是解决环境问题的必由之路。

三、环境科学

人类在与环境问题作斗争的过程中，对环境问题的认识逐步深入，积累了丰富的经验和知识，促进了各学科对环境问题研究。经过20世纪60年代的酝酿，到70年代初，才从零星、不系统的环境保护和科研工作汇集成一门独立的、应用广泛的新兴学科——环境科学。

1. 环境科学的基本任务

环境科学是以“人类-环境”这对矛盾为对象，研究其对立统一关系的发生与发展、调节与控制以及利用与改造的科学。由人类与环境组成的对立统一体，称为“人类-环境”系统，就是以人类为主体的生态系统。

环境科学在宏观上是研究人类与环境之间相互作用、相互促进、相互制约的对立统一关系，坚持社会经济发展和环境保护协调发展的基本规律，调控人类与环境间的物质流、能量流的运行、转换过程、维护生态平衡。在微观上研究环境中的物质尤其是污染物在有机体内迁移、转化和蓄积的过程及其运动规律，探索它对生命的影响及作用的机理等。其最终达到的目的：一是可更新资源得以永续利用，不可更新的自然资源将以最佳的方式节约利用；二是使环境质量保持在人类生存、发展所必需的水平上，并趋向逐渐改善。

环境科学的基本任务是：

① 探索全球范围内自然环境演化的规律；

② 探索全球范围内人与环境相互依存关系；

③ 协调人类的生产、消费活动同生态要求的关系；

④ 探索区域环境污染综合防治的技术与管理措施。

2. 环境科学的内容及分支

环境科学是综合性的新兴学科，已逐步形成多种学科相互交叉渗透的庞大的学科体系。按其性质和作用分为基础环境学、应用环境学及环境学三部分。

(1) 基础环境学 包括环境数学、环境物理学、环境化学、环境地学、环境生物学、污染毒理学。

(2) 环境学 包括大气环境学、水体环境学、土壤环境学、城市环境学、区域环境学。

(3) 应用环境学 包括环境工程学、环境管理学、环境规划、环境监测、环境经济学、环境法学、环境行为学、环境质量评价。

归纳起来，环境科学包括：人类与环境的关系；污染物在环境中的迁移、转化、循环和积累的过程与规律；环境污染的危害；环境状况的调查、评价和环境预测；环境污染的控制与防治；自然资源的保护与合理利用；环境监测、分析技术与环境预报；环境区域规划与环境规划。

环境科学研究的核心问题是环境质量的变化和发展。通过研究人类活动影响下环境质量的发展变化规律及其对人类的反作用，提出调控环境质量的变化和改善环境质量的有效措施。

第二节　人类与环境

一、人类与环境的关系

自然环境和生活环境是人类生存的必要条件，其组成和质量好坏与人体健康的关系极为密切。

人类和环境都是由物质组成的。物质的基本单元是化学元素，它是把人体和环境联系起来的基础。地球化学家们分析发现人类血液和地壳岩石中化学元素的含量具有相关性，有60多种化学元素在血液中和地壳中的平均含量非常近似。这种人体化学元素与环境化学元素高度统一的现象表明了人与环境的统一关系。

人与环境之间的辩证统一关系，表现在机体的新陈代谢上，即机体与环境不断进行物质交换和能量传递，使机体与周围环境之间保持着动态平衡。机体从空气、水、食物等环境中摄取生命必需的物质，如蛋白质、脂肪、糖、无机盐、维生素、氧气等，通过一系列复杂的同化过程合成细胞和组织的各种成分，并释放出热量保障生命活动的需要。机体通过异化过程进行分解代谢，经各种途径如汗、尿、粪便等排泄到外部环境（如空气、水和土壤等）中，被生态系统的其他生物作为营养成分吸收利用，并通过食物链作用逐级传递给更高级的生物，形成了生态系统中的物质循环、能量流动和信息传递。一旦机体内的某些微量元素含量偏高或偏低，就打破了人类机体与自然环境的动态平衡，人体就会生病。例如脾虚患者血液中铜含量显著升高；肾虚患者血液中铁含量显著降低；氟含量过少会发生龋齿病，过多又会发生氟斑牙。

环境如果遭受污染，导致某些化学元素和物质增多，如汞、镉等重金属和难降解的有机污染物污染的空气和水体，继而污染土壤和生物，再通过食物链和食物网进入人体，在机体内积累到一定剂量时，就会对人体造成危害。为此，保护环境，防止有害、有毒等化学元素进入人体，是预防疾病、保障人体健康的关键。

人类在漫长的历史长河中，通过对自然环境的改造以及自然环境对人的反作用，形成了一种相互制约、相互作用的统一关系，使人与环境成为不可分割的对立统一体。

二、环境污染对人体的危害

人类活动排放各种污染物，使环境质量下降或恶化。污染物可以通过各种媒介侵入人体，使人体的各种器官组织功能失调，引发各种疾病，严重时导致死亡，这种状况称为“环境污染疾病”。

环境污染对人体健康的危害是极其复杂的过程，其影响具有广泛性、长期性和潜伏性等特点，具有致癌、致畸、致突变等作用，有的污染物潜伏期达十几年，甚至影响到子孙后代。表1-5列出室内的污染物及危害，提醒人们要避免它们对人体健康的影响。

环境污染对人体的危害，按时间分为急性危害、慢性危害和亚急性危害。在短时间内（或者一次性的）有害物大量侵入人体内引起的中毒为急性中毒，如20世纪30～70年代世界几次烟雾污染事件，都属于环境污染的急性危害，其中1952年伦敦烟雾事件死者多属于

表 1-5 室内主要污染物及危害

污染物	来源	危害
石棉	防火材料，绝缘材料，乙烯基地板，水泥制品	致癌
生物悬浮颗粒	藏有病菌的暖气设备、通风和空调设备	流行性感冒，产生过敏
一氧化碳	煤气灶、煤气取暖器、壁炉、抽烟	引起大脑和心脏缺氧，重者死亡
甲醛	家具胶黏剂、海绵绝缘材料、墙面木镶板	引致皮肤敏感刺激眼睛
挥发性有机物	室内装修料、油漆、清漆、有机溶剂、炒菜油烟、空气清新剂、地毯、家具	多种刺激性或毒性引起头疼，过敏，肝脏受损，甚至致癌
可吸入颗粒	抽烟、烤火、灰尘、烧柴	损伤呼吸道和肺
无机物颗粒，硝酸颗粒，硫酸颗粒，重金属颗粒	户外空气	损伤呼吸道和肺
砷	抽烟，杀虫剂、鼠药、化妆品	伤害皮肤、肠道和上呼吸道
镉	抽烟，杀真菌剂	伤害上呼吸道、骨骼、肺、肝、肾
铅	户外汽车尾气	毒害神经、骨骼和肠道
汞	杀真菌剂，化妆品	毒害大脑和肾脏
二氧化氮	户外汽车尾气，煤气灶	刺激眼和呼吸道，诱发气管炎，致癌
二氧化硫	家庭燃煤，户外空气	损伤呼吸系统
臭氧	复印机，静电空气清洁器，紫外灯	尤其对眼睛和呼吸道有伤害
氡气	建筑材料，户外的土壤气体	诱发肺癌
杀虫剂	杀虫喷雾剂	致癌，损伤肝脏

注：表中的信息大部分来自美国 1995 年出版的《环境科学》(Environmental Science by Daniel Botkin & Edward keller)。

急性闭塞性换气不良，造成急性缺氧或引起心脏病恶化而死亡。少量的有害物质经过长期的侵入人体所引起的中毒，称为慢性中毒。这种慢性中毒作用既是环境污染物本身在体内逐渐积累的结果又是污染引起机体损害逐渐积累的结果。如镉污染引起的骨痛病，氟污染导致氟斑牙、氟骨病等。介于急性中毒和慢性中毒之间的称为亚急性中毒。

污染物在人体内的过程包括毒物的侵入和吸收、分布和积蓄、生物转化及排泄。其对人体的危害性质和危害程度主要取决于污染物的剂量、作用时间、多种因素的联合作用、个体的敏感性等因素。主要应从以下几方面探讨污染物与疾病症状之间的相互关系：污染物对人体有无致癌作用；对人体有无致畸变作用；有无缩短寿命的作用；有无降低人体各种生理功能的作用等。

有毒污染物一般可以通过呼吸道系统、消化系统、皮肤等途径侵入人体，因此加强预防，是保证人体不受污染危害的重要措施。表 1-4 列出室内的污染物及危害，提醒人们要避免它们对人体健康的影响。

第三节　化工与环境保护

一、化工与经济发展

化学工业是以自然矿物质或以化学物质为原料生产化工产品的产业，是典型的技术密集型、资金密集型、人才密集型产业。一个国家的化工技术水平完全可以代表该国的经济发展水平。目前，全世界范围内化学工业共有 7 万～8 万种产品，中国大约有 4 万多种。

化学工业可分为氮肥、磷肥、钾肥、无机盐、硫酸、纯碱、氯碱、基本有机化工原料、合成材料及聚合物、涂料、染料、农药、电子化学品、新领域精细化工、橡胶、炼油、化学矿山、化工机械制造等18个类别。化工涉及的相关领域广、依存度高、带动性强，在国民经济中具有举足轻重的作用。

经过近百年的发展，化工行业已经成为拉动经济增长的中坚力量。上到载人航天，下到百姓生活，从食物到衣服、从汽车到房屋、从化肥到建材、从原料到燃料、从潜海到航空、从民生到国防，化学工业与经济社会发展及人类衣食住行息息相关。设想，如果没有化学工业，人类生活将会怎样？

1. 没有化肥，百姓难吃饱饭

我国人口众多却耕地稀缺，用占世界9%的耕地生产了占世界19%的谷物、49%的瓜果蔬菜和19%的水果，养活了占世界21%的人口。农业生产取得巨大成就，化肥的贡献率40%以上。施用化肥可提高水稻、玉米、棉花单产40%～50%，提高小麦、油菜等越冬作物单产50%～60%，提高大豆单产近20%。2010年我国粮食产量为5.4641亿吨，比2006年增加4837万吨，如果以40%的贡献率，化肥增产粮食1934.8万吨，折合人民币464.35亿元（以粮食均价2.4元/kg计）。

此外，化工产业提供大量的农用塑料薄膜，加上农药的合理使用以及大量农业机械所需各类燃料，使其成为支援农业的主力军。实测结果表明，覆膜种植不仅能增加土壤表层温度、保墒，还能改善作物生长环境，促进作物生长，使作物生育进程提前7～10天，同时提高作物的产量。特别是在西藏、青海、新疆、甘肃、宁夏、河北、陕西等高寒或缺水地区，如果离开了覆膜或大棚，农民就不知道该如何种植经济作物。在东北地区，大棚育苗成为农业生产不可少的一个环节。甚至在成都和昆明等温热地区，育苗中种花塑料大棚也随处可见。

2. 没有农药，收成难有保证

我国农作物有害生物达1700多种，重大有害生物年发生面积为60亿～70亿亩次（15亩=1公顷，后同），是生态条件复杂的农作物病虫害多发国。农药的合理实施，为确保粮食安全和生态安全做出了突出贡献。

随着全球气候变暖，生物灾害出现新特点，我国农作物遭受生物灾害的损害也出现新变化，生物灾害暴发的频率逐年提高，年发生面积5000万亩次以上的农作物灾害种类由20世纪50年代的10多种，发展到现在30多种，迁飞性种类此起彼伏，农区飞蝗、草地螟、稻飞虱、稻纵卷叶螟等都呈现大发生态势。区域性种类突发成灾，水稻条纹叶枯病年发生面积2000多万亩次、水稻螟虫3亿多亩次，小麦吸浆虫死灰复燃，农田鼠害也时有大面积发生。

农药工业的发展能够满足有害生物防治的需要。选择性除草剂的广泛应用，使直播水稻的大面积推广成为现实；高效低毒杀虫菌剂和土壤熏蒸剂的使用推动了设施农业的发展；很多农作物新品种，如转基因作物的种植更是离不开农药的使用。可以说没有农用化学品就没有现代农业，没有农用化学品世界将发生饥荒。

3. 没有化纤，人类衣难遮体

纺织纤维、染料和纺织印染助剂，是发展服装工业必不可少的三类原料。我国化纤产量已连续多年位居世界第一，2010年化纤产量超过3000万吨，占世界总产量的54%，为纺织工业提供了2/3的纤维原料。染料行业提供2000多个品种80万吨产品满足了纺织工业的印染需求。全国生产的29个门类1500种助剂，提高了国产纺织品的附加值和在国际市场上的竞争力。

(1) 色谱齐全、色牢度好颜色鲜亮的化学合成染料为人们生活增添了更多美的元素。近些年来，无论是单一纤维用、混纺织物用以及印刷油墨用、塑料涂料用，各种染料和有机颜料门类齐全、品种繁多、性能完善，特别是高档染料如分散染料、活性染料、弱酸性染料、阳离子染料、还原性染料等都形成了相当大的工业规模。新型环保染料成为近年来发展的重点，“十二五”期间，我国染料、颜料行业将转入技术与产业升级整体的提高阶段，进入染料、颜料生产制造工艺的规模化、清洁化和产品的高品质化阶段。

(2) 化学纤维分为人造纤维（再生纤维）和合成纤维及无机纤维，其中合成纤维占大部分。合成纤维种类繁多，已经投入工业生产的有三四十种，即人们通常所说的锦纶（尼龙）、涤纶、腈纶、丙纶、维纶等，常见的还有氨纶、氯纶、芳纶等。最重要的是锦纶、涤纶和腈纶三大类，占合成纤维的90%以上。合成纤维具有强度高、耐磨、耐酸、耐碱、耐高温、质轻、保暖、电绝缘性好及不怕霉蛀等特点，在国民经济的各个领域得到了广泛应用。在民用方面，既可以纯纺，也可以与天然纤维或人造纤维混纺、交织。技术进步使化纤产品具有更优异的性能，应用领域从传统的服装领域向产业用和家纺领域转移。化纤产品的功能化和差别化也得到了提高，新一代直纺涤纶超细长丝及高效新型卷绕头技术、蛋白纤维等一系列功能化、差别化纤维生产技术实现产业化，为纺织面料及服装、家纺产品提供了新的优质纤维材料。

(3) 纺织助剂对纺织工业的发展具有巨大的促进作用，它不仅可以改造染整工艺，使纺织品更趋向高档化和时尚化，还可以赋予纺织品防腐、抗菌、防水、防污、阻燃、抗皱、柔软、增艳、透湿和消除静电等性能，使纺织品具有不同的风格和特色，对纺织品的升级换代、提高附加值起着重要的作用。

纺织助剂一般分为前处理剂、印染助剂、后整理剂和其他助剂几种。前处理剂的使用主要是为了除去织物上天然的或人为的杂质，使其充分发挥织物的优良特性，如洁白、柔软及良好的渗透性能，以适应后续工艺的需要，主要包括润湿剂、渗透剂、漂白剂、净洗剂等。印染助剂是指在染色和印花过程中，除染料和涂料外，使用的其他助剂，主要包括乳化剂、分散剂、匀染剂、固色剂、荧光增白剂、涂料印花助剂、还原剂、防染剂、增染剂、防泳移剂等。后整理剂的使用主要是通过物理-化学的加工改进织物外观与内在质量、改善手感、稳定形态，提高性能或赋予织物某些特殊功能，如防缩、抗菌、防皱、阻燃、抗静电、防污、防油等。其他助剂主要包括环境友好型助剂、多功能助剂等一些新型助剂。近些年来，世界市场开发的新型环保纺织助剂不少于1100种，具有优异的生物降解性、低毒性，低甲醛或无甲醛，不含环境激素，有害化学物质的含量不超过允许含量。

4. 没有建材，人们无法安居

20世纪50年代，除了大白涂料和沥青防水材料，房屋建筑中几乎没有化学建材的踪影。经过几十年的发展，塑料门窗、塑料管道、防水涂料等得到大量应用。从20世纪90年代起，随着化学建材的蓬勃发展，各种合成树脂和塑料以其可塑性好、成型方法简便、重量轻、不生锈、耐腐蚀等特点，在门窗、管道、墙板、地板等领域，越来越多地代替了传统建材，成为第四大建筑材料。一方面，化学建材可以替代钢铁、木材、黏土等宝贵资源；另一方面，化学建材的生产能耗远远低于传统建材，且在防腐、装饰效果和使用寿命方面具有无可比拟的优越特性。渗漏是影响我国房屋质量的最常见问题，每平方米100元左右的改性沥青防水材料，贵的聚氨酯防水涂料以及建筑密封膏都走进了百姓家，成为防水保护神。

5. 没有电缆，通信依然遥远

我国自主研发生产的上万种电子化学品，为新中国的通信行业的飞速发展与办公自动化立下了汗马功劳。

如今全球一半以上的电脑都是中国生产的。其中为电脑所需的配套化工产品包括：用于显示器的液晶材料、取向剂、导电胶、黏合剂及清洗剂，集成电路制造所需的光刻胶、高纯试剂、助焊剂、塑封料，制造芯片的超纯硅原料，外壳和部件所用的塑料材料，打印机所用的硒鼓等。

电池技术突破的关键是电池材料，化工技术为开发新型电池材料发挥了重要作用。号称锂电池“血液”的电解液，由六氟磷酸锂加上有机溶剂配成，是锂电池获得高压、高比能等优点的保证。

在信息化时代，承担信息传输使命的光纤光缆、电线电缆，都用到电缆料。其热塑性树脂中应用最广泛的是聚乙烯、聚氯乙烯和聚丙烯等。更多的化工新材料研发使用，使办公设施外观漂亮，且轻巧耐用，如复印机、打印机、电话机、电脑等很多零件来自于国产高性能塑料。

6. 没有医药，康乐成为奢望

从医药中间体到高新包装材料，从塑胶跑道到碳纤维羽毛球拍，从保湿剂到抗氧剂，化工已成为保护人们健康的重要力量。

现代医学的发展消灭了天花、霍乱等病源，减少了难产和夭折，这都离不开化工的进步。青霉素的合成引发了人类历史上第一次医学革命，药物的研制与合成，更离不开化工的贡献。药物的原料由化工产品或化工中间体提供，其制备技术也离不开化工技术。

新材料的发展带来了更多更好的健身方式，促进了体育事业的进步，比如蹦极运动的推广源于符合材料特殊绳索的出现，聚酯面料的速干衣则能够将汗水迅速蒸发，使人们跑步更加舒适。

靶向药物在治疗癌症时能选择性地到达特定生理部位、器官、组织或细胞，并在靶位发挥药物治疗作用。靶向药物利用生物力学、前体药物、大分子载体、纳米粒和脂质体等介质把药物专门瞄准制造癌细胞的分子。如新治癌菌素及阿霉素脂质体就采用聚苯乙烯马来酸酐作为载体。

人造器官是指能够全部或部分代替人体器官功能的功能化器具，是解决患者自身器官坏死、用于功能恢复性患者治疗或在脏器手术时起临时功能的重要设备。如目前许多科学家已从生物高分子材料或合成高分子材料中制造出了一二十种人造皮肤。他们把这些材料纺织成带微细孔眼的皮片，上面还盖着薄薄的、模仿“表皮”的制品。假肢材料过去多用铝等硬金属材料制造，随着化学工业的发展，硅橡胶、聚乙烯、聚丙烯酸树脂3种化学物质成为常用的假肢材料。这些化学材料制造工艺简化，能使假肢制品更符合生理、力学的要求，同时减轻了假肢的质量。

7. 没有轮胎，汽车难以上路

2010年，中国汽车产销量双双超过1800万辆，连续两年成为世界最大汽车生产国和消费国，且创出全球历史新高。高速铁路从无到有，到创造了多个世界之最；我国造船业已超过韩国，成为世界第一造船大国。

轮胎性能的优劣直接关系到汽车驾驶的舒适与安全。保证轮胎和地面有良好的附着性，并承受汽车的重量，追求绿色节能环保，开发功能性轮胎品种，越来越受到人们的重视。1949年中国轮胎产量只有2.6万条，只能生产斜交胎，2010年轮胎产量达到4.2亿条，居世界第一位。1982年第一条工业化的国产轿车子午线轮胎下线，到2010年达到3.4亿条。

目前中国已能生产子午线和斜交两大结构的载重、轻载、轿车、农用、工程、工业等六大轮胎，规格品种约2000个，可基本满足国内外用户的需求。

以塑代钢，增加复合材料在汽车中的应用，是汽车工业实现节能减排的最佳解决方式。依据功能分为内饰件、外装件和功能结构件，大量使用塑料复合材料。如保险杠等外件以塑代钢，可以减轻汽车重量；仪表板、座椅、头枕等内饰件采用能吸收冲击能量和振动能量的弹性体和发泡塑料制造，可减轻碰撞对人体的伤害，提高汽车的安全系数；燃油箱、发动机和底盘上的零件等功能结构件，则多采用高强度工程塑料或特种工程塑料来达到减轻重量、降低成本、简化工艺的目的。

至2011年，我国高速铁路运营里程达8800km。根据规划，到2020年中国铁路运行里程超过12万千米，其中1.6万千米为高速铁路。在高速铁路的快速发展中，化学建材、工程塑料、聚氨酯、泡沫材料、涂料等起到了非常重要的作用。

8. 没有橡塑，飞机也难上天

国产大型商用飞机计划2014年首飞，2016年完成适航取证并投放市场。复合材料能提高飞机的结构效能并降低制造成本，从根本上改变飞机结构设计和制造传统。国产大型客机C919油耗方面比现在的飞机降低12%～15%；噪声指标高于欧洲标准；碳排放要比现在的飞机降低50%左右。

9. 没有燃料，社会无法运转

石油和化工行业是能源的主要供应者，由石油炼制生产的汽油、煤油、柴油、重油以及天然气源源不断地为汽车、拖拉机、飞机、轮船等交通工具提供动力燃料。目前我国已开发出车用替代燃料包括液化石油气、天然气、醇类燃料、二甲醚和生物柴油等。甲醇汽油和乙醇汽油在部分省市试点，2009年，我国乙醇汽油总消费量近20%，车用燃料甲醇和车用乙醇汽油两个国家标准已在2009年11月1日、12月1日分别正式实施，浙江、江西等地已开始着手推广使用。

10. 没有新材料，国防无保障

我国国防尖端科学技术的研究开发、新武器的研制、武器装备的更新换代、军队装备的现代化都离不开化工新材料的支撑。其中特种橡胶、特种合成塑料、特种合成纤维、特种涂料等是国防技术的“特种部队”。

(1) 特种橡胶　利用特种橡胶的弹性和密封性制造歼击机、运输机、轰炸机的燃料油容器；救生艇调整深水中的姿态和方向，要靠液压水银球橡胶隔膜。

(2) 特种合成树脂　如果没有有机硅模塑料制成的微动开头，歼击机就不能上天。氟树脂更是在原子能、航天航空、电子国防等获得广泛应用。

(3) 特种合成纤维　主要有碳纤维、芳纶纤维、超细纤维、聚四氟乙烯纤维、维纶纤维等。芳纶是制造高强度轻质装甲和特种防护的首选材料，有“防弹纤维”美誉。

(4) 特种涂料　最早运用在航空和军舰上，后来拓展到航天、核工业、兵器等领域。如飞机上的标志漆、雷达天线罩等。坦克、跑车的隐身，就是防红外伪装涂料的功劳。2011年7月，我国自主设计、集成的载人潜水器顺利完成5000m海试。它的船体采用复合泡沫材质以保持浮力，船舱由坚固的轻型钛合金组成以承受压力，采用的锂离子电池重量仅为铅酸电池的一半，能使停留时间达10h以上。

二、化工与环境污染

化学工业是对环境中的各种资源进行化学处理和转化加工的生产部门，特点是产品多样化、原料路线多样化和生产方法多样化。由于其生产特点决定了化学工业是环境污染较为严重的行业。化工生产的废物从化学组成上讲是多样化的，而且数量也相当大。这些废物含量在一定浓度时大多是有害的，有的还是剧毒物质，进入环境就会造成污染。有些化工产品在使用过程中又会引起一些污染，甚至比生产本身所造成的污染更为严重、更为广泛。

（一）化工污染的来源

化工污染物按其性质可分为无机化工污染和有机化工污染；按污染物的形态可分为废气、废水和废渣。其产生的原因和进入环境的途径是多种多样的，概括起来，污染物的来源分以下两个方面。

1. 化工生产的原料、半成品及产品

因转化率的限制，化工生产中原料不可能全部转化为半成品或成品。未反应的原料，虽有部分可以回收利用，但最终有一部分回收不完全或不可能回收而排掉。如化学农药的主要原料利用率只有30%～40%，约60%～70%以“三废”形式排入环境。

化工原料有时本身纯度不够。所含杂质不参加化学反应，最后要排放掉；有的杂质也参与化学反应，故生成物也含杂质，对环境而言可能是有害的污染物。如氯碱工业电解食盐水只有利用食盐中的氯化钠生产氯气、氢气和烧碱，其余原料10%左右的杂质则排掉成为污染源。

由于生产设备、管道不严密，或者操作、管理水平跟不上，物料在生产过程以及贮存、运输中，会造成原料、产品的泄漏。

2. 化工生产过程的排放

(1) 燃烧过程　燃料燃烧可以为化工生产过程提供能量，以保证化工生产在一定的温度和压力下进行。但燃烧产生大量烟气和烟尘对环境产生极大的危害。

(2) 冷却水　无论采用直接冷却还是采用间接冷却，都会有污染物质排出。另外升温后的废水对水中溶解氧产生极大影响，破坏水生生物和藻类种群的生存结构，导致水质下降。

(3) 副反应　化工生产主反应的同时，往往伴随着一系列副反应和副产物。有的副产物虽经回收，但由于数量不大、成分复杂，也作为废料排弃，从而引起环境污染。

(4) 生产事故　比较经常发生的是设备事故。由于化工生产的原料、成品、半成品很多具有腐蚀性，容器、管道等易损。如检修不及时，就易出现“跑、冒、滴、漏”等现象，比较偶然发生的事故是工艺过程事故。由于化工生产条件的特殊性，如反应条件控制不好，或催化剂没及时更换，或为了安全大量排气、排液等，这些过程事故所排放的“废物”数量大、浓度高，会造成严重污染，甚至人身伤亡。

（二）化工污染的特点

化工生产排出的废物对水和大气都会造成污染，尤其对水的污染更为突出。化工废水分为生产废水和生产污水。生产废水较为清洁、不经处理即可排放或回收，如冷凝水。生产废水是指那些污染较为严重、必须经处理后方可排放的废水。

1. 废水污染的特点

(1) 有毒性和刺激性　化工废水中有些含有如氰、酚、砷、汞、镉或铅等有毒或剧毒的物质，在一定的浓度下，对生物和微生物产生毒性影响。另外也含有无机酸、碱类等刺激性、腐蚀性的物质。

(2) 有机物浓度高　特别是石油化工废水中各种有机酸、醇、醛、酮、醚和环氧化物等有机物的浓度较高，在水中会进一步氧化分解，消耗水中大量的溶解氧，直接影响水生生物的生存。

(3) pH不稳定 化工排放的废水时而强酸性、时而强碱性的现象是常有的，对生物、构筑物及农作物都有极大的危害。

(4) 营养化物质较多 含磷、氮量过高的废水会造成水体富营养化，使水中藻类和微生物大量繁殖，严重时会造成“赤潮”，影响鱼类生长。

(5) 恢复比较困难 受到有害物质污染的水域要恢复到水域的原始状态是相当困难的。尤其被生物所浓集的重金属物质，其危害停止排放后仍难以消除。

2. 废气污染的特点

易燃、易爆气体较多。如低沸点的酮、醛，易聚合的不饱和烃等，大量易燃、易爆气体如不采取适当措施，容易引起火灾、爆炸事故，危害很大。

排放物大多都有刺激性或腐蚀性。如二氧化硫、氮氧化物、氯气、氟化氢等气体都有刺激性或腐蚀性，尤以二氧化硫排放量最大。二氧化硫气体直接损害人体健康，腐蚀金属、建筑物和器物的表面，还易氧化成硫酸盐降落地面，污染土壤、森林、河流和湖泊。

废气中浮游粒子种类多、危害大。化工生产排出的浮游粒子包括粉尘、烟气和酸雾等，种类繁多，对环境的危害较大。特别当浮游粒子与有害气体同时存在时能产生协同作用，对人的危害更为严重。

3. 废渣污染的特点

化学工业生产排出的废渣主要有硫铁矿烧渣、电石渣、碱渣、塑料废渣等。对环境污染表现在以下方面。

(1) 直接污染土壤 存放废渣占用场地，在风化作用下到处流散既会使土壤受到污染，又会导致农作物受到影响。土壤受到污染很难得到恢复，甚至变为不毛之地。

(2) 间接污染水域 废渣通过人为投入、被风吹入、雨水带入等途径进入地面水或渗入地下而对水域产生污染，破坏水质。

(3) 间接污染大气 在一定温度下，由于水分的作用会使废渣中某些有机物发生分解，产生有害气体扩散到大气中，造成大气污染。如重油渣及沥青块，在自然条件下产生的多环芳烃气体是致癌物质。

(三) 化工污染防治途径

要有效控制污染源，应从两方面考虑：一是减少排放；二是加强治理。治理包括对废物的资源化利用。

1. 采用少废无废工艺，加强企业管理

化工生产一种产品往往有多种原料路线和生产方法，不同的原料路线和生产方法产生的污染物的种类和数量有很大的差异。采用和开发无废少废工艺可将污染物最大限度地消除在工艺过程中。如制造乙醛时，用乙炔为原料，硫酸汞作催化剂，利用水合法：

$$CH\equiv CH + H_2O \xrightarrow{HgSO_4} CH_3-CHO$$

由于催化剂硫酸汞溶液每升中相当含有硫酸200g、汞0.4～0.5g和氧化铁40g，此法易造成汞污染。改用乙烯为原料，利用直接氧化法：

$$CH_2=CH_2 + \frac{1}{2}O_2 \longrightarrow CH_3-CHO$$

此反应不用汞作催化剂，从而避免汞的污染。

在改变原料路线、生产方法的同时，改进生产设备也是实现清洁生产、控制污染源的重要途径。如化学物质的直接冷却改为间接冷却，可以减少污染物的排放量。另外，提高设备、管道的严密性，加强企业的管理，提高操作人员的素质，减少原料产品漏损，降低污染程度。

生产过程采用密闭循环系统是防治化工污染的发展方向。在生产过程的废物通过一定的治理技术，重新回到生产系统中加以使用，避免污染物排入周围环境，同时提高原料的利用率、产品的产率。如日本发展了联合制碱工艺代替氨碱法工艺生产纯碱，基本不排放废液。这种密闭循环系统又称“零排放”系统，既可降低原料的消耗定额，又减少污染物危害。

2. 加强废物综合利用的资源化

要实现化工的可持续发展，必须走由“末端治污”向“清洁生产”转变的道路，加强废物的资源化利用。近年来在化肥、氯乙烯、炭黑等行业的污染治理中，开发推广了不少资源合理利用项目，说明化工行业“三废”综合利用有巨大潜力。促进化工行业综合利用向广度和深度发展的主要问题是：要尽快开发和完善净化分离废物的关键技术。

三、化工责任关怀

石油和化工行业与国民生计息息相关，其重要地位和作用无可替代。然而，由于这个行业的特殊性，也让其成为了人们诟病的重点，在安全环保意识普遍增强的当今，社会公众“谈化色变”心理加重。这其中既有个体化工安全事故的负面影响，也有因缺乏科学普及不足导致的认知上的盲区，在突发性社会热点事件中，化工产品和化工产业被误指为“元凶”和“祸首”的并不鲜见。

1. 化学工业对社会的庄严承诺：责任关怀

责任关怀是化学工业针对自身的发展情况，提出的一整套自律性的，持续改进环保、健康及安全绩效的管理体系。通过信息分享，严格的检测体系，运行指标和认证程序，向世人展示化工企业在健康、安全和环境质量方面所作的努力。

1985 年加拿大化学品制造商协会首次提出责任关怀理念，1988 年这一理念被美国化工界的有识之士所接受，美国化工协会开始实施责任关怀，1995 年日本责任关怀委员会成立，2006 年责任关怀全球宪章发布。目前全球 50 多个国家和地区的化工企业实施责任关怀。

在中国石化企业，责任关怀理念推广迅速，且在区域逐步扩大、层次不断提高、企业数量逐渐增多，极大地促进了我国石化行业环保、安全、健康工作，对提升企业、行业的社会形象起到了积极作用。

中外推广责任关怀走出了两条不同之路。国外是由大型化工企业自行发起，最终形成一套完整的理念。我国是由行业在政府部门的支持下通过借鉴国外的理念，制定适合国情的准则，通过大力宣传、培训，逐渐推广到企业。大连大孤山环保局、山西安全生产监督管理局在整个区域导入或在一些领域内实施责任关怀进行了一系列有益的尝试。天津经济开发区(南港工业区)、江苏如东沿海经济开发区、江苏泰兴经济开发区承诺实施责任关怀，标志着责任关怀在我国石油和化工行业快速推进。

2. 化工创造人类美好生活

化学工业在解决粮食和能源的问题、战胜疾病、改善环境、巩固国防等问题，起着不可替代的作用。

在食品工业，保鲜剂让四季安全尝鲜，防腐剂延长食品保质期，抗氧化剂保证了食品长途运输，水分保持剂保证了食品的鲜味，乳化剂使巧克力、面包延长保存期，酶制剂、膨化剂使馒头、面包更可口等。

在化妆品行业，表面活性剂能给化妆品“打底”，香水更是化学调剂师的杰作，保湿剂则是化妆品的绿色之源。很多精细化学品以其在洗涤、洗浴、护肤、美容等方面的卓越功能，促进了现代日化工业的蓬勃发展。

2007年6月，太湖蓝藻暴发导致无锡市民无水可饮，国人震惊。有关政府部门要关停几千家化工企业，但是化工企业排放污水是真正的元凶吗？据全国水资源综合规划专家组成员、中国农业科学院专家认为，太湖蓝藻污染，化工污水不是主导因素，充其量只能起到“协同”作用。其真正原因农业面源污染所占比重最大，其次是城市生活污染，太湖流域是集中度高的农业种植区，现有的农业生产方式造成了相当严重的面源污染；其次过度的网箱养殖，大量投饵料和鱼类排泄物加剧了水体富营养化。

PX学名1,4-对二甲苯，是一种重要的有机化工原料，是制造纤维、装饰材料、饮料包装瓶、胶片片基、磁带卡盒、光盘、磁卡等的基础材料。几年前的厦门PX事件、大连PX事件，使人们产生极大关注。但是PX真像传闻所说的是高致癌物吗？国际化学品安全说明书显示，PX属于低毒类化学物质。如果用“半数致死剂量（LD_{50}）”的方法进行准确衡量，PX的大鼠口服LD_{50}为5g/kg，酒精和食盐LD_{50}为7.06g/kg和3g/kg。就是说，PX的本身毒性低于酒精高于食盐。实际上，普通汽油中含有10%左右的PX。PX为国际通用的安全数据卡危险标记7的易燃液体，与汽油相同等级。

通过以上例子说明，化工产品关键在于合理使用，只要执行各种管理和规范，化工产品的生产、储运、使用中的安全和环保问题完全可以避免和解决。

3. 化工技术在环保中起主导作用

化工发展的历史表明，它在创造奇妙的新物质方面起到了核心作用，是开启物质世界中“取之不尽”的资源宝库的钥匙；同时化工技术的发展促进了科学技术的进步，改善和提高了人类物质生活质量。今后的化工发展更加注重资源的合理开发、无害化使用、再生和循环利用等。

(1) 绿色化学环境友好　美国化学会提出的“绿色化学”理念，其主要特点是充分利用资源和能源，采用无毒、无害的原料；在无毒、无害的条件下进行反应，以减少废物向环境排放；提高原子的利用率，力图使所有作为原料的原子都被产品所消纳，实现“零排放”；生产出有利于环境保护、社区安全和人体健康的环境友好产品。

(2) 纳米技术创意生活　纳米技术掀起阵阵热潮，背后则是化工技术的支撑。0.1～100nm的材料，主要应用在材料和制备、医学与健康、航天和航空、环境和能源、生物技术和农产品等领域。

(3) 二氧化碳利用环保又增效　作为全球变暖的主要因素之一，温室气体二氧化碳的减排乃至降低其在大气中的浓度，已成为各国共同面对的重大挑战。借助化工技术进行资源化转化利用，不仅能消减它对环境的影响，还能制备出各种化工原料、燃料等产生效益，可谓一举两得。利用二氧化碳合成基础化学品意义重大，如用它合成有机碳酸酯，可广泛用于锂离子电池的电解液，还可用作汽油或柴油添加剂等；合成氨基甲酸盐和异氰酸酯，是农药、医药以及合成树脂等的重要中间体；合成羧酸、酯、内酯等产品，由苯酚与二氧化碳反应制备水杨酸已经实现了工业化。利用二氧化碳作为碳源，通过加氢还原合成甲烷、甲醇、二甲醚、甲酸和低碳烷烃等气体或者液体燃料，既可以减少对石化燃料的依赖，也不会产生更多的二氧化碳，有助于自然界的碳平衡，有十分重要的社会经济价值。二氧化碳还可以与甲烷重整制取合成气，随后再合成有机化学品和有机染料，在化工、环境、能源等许多方面有重要价值。

（4）膜技术突破水资源困境　膜技术可以将苦涩的海水变成清澈的饮用水。海水淡化利用、海水脱盐生产淡水，不受时空和气候影响，水质好，是实现水资源增量一个重要手段。海水淡化已经实现4～5元/t的综合成本，价格渐趋合理。目前全球海水淡化厂有1.5万座，日产水6520万吨，近1.4亿人依赖淡化水生存，其中膜法海水淡化工程约占60%。我国的反渗透膜年产量已达300万平方米。

复习思考题

1. 什么是环境？
2. 什么是环境问题？
3. 《人类环境宣言》是哪年提出的？其背景是什么？
4. 20世纪80年代以后环境问题主要是哪几类？
5. 当前主要环境问题是哪些？
6. 我国实现可持续发展的关键是什么？
7. 环境科学的基本任务是什么？
8. 环境科学的主要内容是什么？
9. 人类与环境的辩证统一关系表现在哪里？
10. 污染物在哪几方面对人体产生影响？
11. 化工污染的来源是什么？
12. 化工污染物的特点是什么？
13. 化工污染的防治途径是什么？
14. 化工责任关怀的核心内涵是什么？

阅读材料

世界环境日

1972年6月5日，来自113个国家的1300多名代表在斯德哥尔摩召开联合国人类环境会议，通过了划时代的历史性文献——《人类环境宣言》。1972年10月联合国大会决定成立环境规划署，同时确定每年6月5日为“世界环境日”，要求各国在每年这一天开展各种活动，提醒全世界人民注意全球环境状况以及人类活动可能对环境造成的危害，并且宣传保护和改善人类环境的重要性。联合国环境规划署确定每年“世界环境日”活动的主题，并且在这一天发表《世界环境现状年度报告》，同时表彰保护环境“全球500佳”。

历年“世界环境日”主题：

1974年　只有一个地球

1975年　人类居住

1976年　水：生命的重要源泉

1977年　关注臭氧层破坏、水土流失、土壤退化和滥伐森林

1978年　没有破坏的发展

1979 年　为了儿童和未来——没有破坏的发展
1980 年　新的 10 年，新的挑战——没有破坏的发展
1981 年　保护地下水和人类食物链；防治有毒化学品污染
1982 年　纪念斯德哥尔摩人类环境会议 10 周年——提高环境意识
1983 年　管理和处置有害废弃物；防治酸雨破坏和提高能源利用率
1984 年　沙漠化
1985 年　青年、人口、环境
1986 年　环境与和平
1987 年　环境与居住
1988 年　保护环境、持续发展、公众参与
1989 年　警惕，全球变暖！
1990 年　儿童与环境
1991 年　气候变化——需要全球合作
1992 年　只有一个地球——一齐关心，共同分享
1993 年　贫穷与环境——摆脱恶性循环
1994 年　一个地球，一个家庭
1995 年　各国人民联合起来，创造更加美好的世界
1996 年　我们的地球、居住地、家园
1997 年　为了地球上的生命
1998 年　为了地球上的生命——拯救我们的海洋
1999 年　拯救地球就是拯救未来
2000 年　环境千年，行动起来
2001 年　世间万物，生命之网
2002 年　让地球充满生机
2003 年　水——二十亿生命之所系！
2004 年　海洋存亡，匹夫有责
2005 年　营造绿色城市　呵护地球家园
中国主题是“人人参与，创建绿色家园”
2006 年　荒漠和荒漠化
中国主题是“生态安全与环境友好型社会”
2007 年　冰川消融，后果堪忧？
中国主题是“污染减排与环境友好型社会”
2008 年　转变传统观念，推行低碳经济
中国主题是“绿色奥运与环境友好型社会”
2009 年　关注气候变化
中国主题是“减少污染——行动起来”
2010 年　多样的物种，唯一的星球，共同的未来
中国主题是“低碳减排，绿色生活”
2011 年　森林：大自然为您效劳
中国主题是“共建生态文明，共享绿色未来”

国际化学年的由来

2011年，正值国际纯粹与应用化学联合会的前身——国际化学会联盟成立100周年，也适逢女科学家居里夫人获得诺贝尔化学奖100周年。2008年12月31日，联合国第63届大会通过议案，将2011年确立为国际化学年。化学对人类认识世界和宇宙来说必不可少。国际化学年在全球范围内对化学发展起到促进作用，彰显化学对于知识进步、环境保护和经济发展的重要贡献。人类要应对可持续发展面临的巨大挑战，必须提高公众对化学的认知度。中国是化学研究与化工产业的大国，也是国际化学会联盟的会员国，在推动此项议案通过的过程中发挥了积极的作用。中国响应联合国决议，在2011年以“化学——我们的生活，我们的未来”为主题举办了系列活动，以增加公众对于化学魅力的认识和欣赏。

激动人心的“化工时刻”

第一枚导弹中的高纯液氧推进剂

1960年11月5日，我国自制的第一枚仿苏P-2型近程导弹发射成功，为我国独立研制新型导弹与火箭打下了良好的基础。其中国产高纯液氧推进剂让国人扬眉吐气。

第一颗原子弹中的离子交换树脂

1964年10月16日，我国第一颗原子弹爆炸成功。从铀矿的勘探、开采，铀的提取，核燃料元件的制造，一直到核反应堆及辐照过的燃料后处理，都离不开离子交换树脂。

第一颗氢弹中的重水

1967年6月17日，我国第一颗氢弹成功爆炸。它所用的“炸药”是氢化锂和氘化锂。锂和氘则来自于高纯度重水。

第一颗人造卫星中的固体润滑剂

1974年4月24日，中国发射第一颗人造卫星“东方红”一号飞向太空。其中关键的材料固体润滑剂，保证短波天线在－100～100℃能正常工作。

第一颗通信卫星中的单晶硅

1984年4月8日，我国成功发射了第一颗通信卫星——“东方红”2号。它的能源系统使用了1万多个单晶硅片，保证了大量资料的即时接受、发送、处理。

第一次载人航天飞行中的特种材料

2003年10月15日，神舟五号载人飞船升空。杨利伟身穿的航天服，主体材料是高强度涤纶，气密层由十几种特种橡胶材料制成。

第一颗绕月人造卫星中的高能燃料

2007年10月24日，我国首颗探月卫星“长娥一号”成功发射。卫星和火箭使用的高能液氢、液氧推进剂，用先进的碳纤维材料技术制成的太阳能电池板支架等，都出自化工行业。

第二章 环境污染与生态平衡

第一节 生态学基本原理

环境科学是研究人类活动与环境质量变化基本规律的学科，而生态学则是环境科学的理论基础。

一、生态学的含义及其发展

德国生物学家黑格尔（Ernst Haeckle）于 1869 年提出生态学一词，其定义：生态学是研究动物与它的有机和无机环境的总和关系。后来有人引申为生态学是研究生物与其生存环境之间相互关系的科学。作为生物学的主要分科之一，从植物逐渐涉及动物。

随着人类环境问题的日趋严重和环境科学的发展，生态学扩展到人类生活和社会形态等方面，把人类这一生物种也列入生态系统中，来研究并阐明整个生物圈内生态系统的相互关系问题。同时，现代科学技术的新成就也渗透到生态学的领域中，赋予它新的内容和动力，成为多学科的、当代较活跃的科学领域之一。见图 2-1 所示。

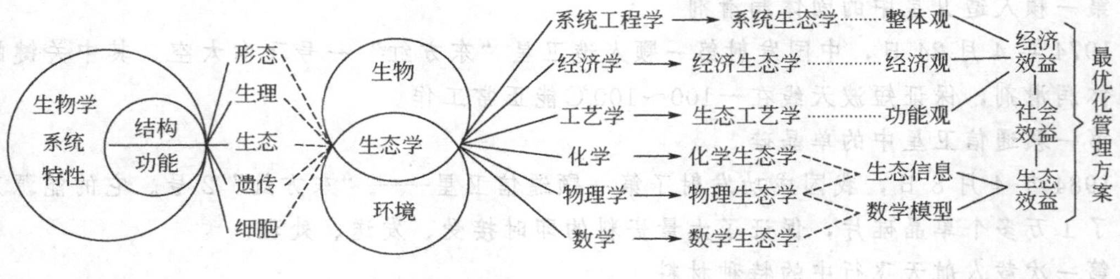

图 2-1 生态学的多学科性及其相互关系

图 2-1 表示，以研究生物的形态、生理、遗传、细胞的结构和功能为基础的生物学部分与环境相结合形成的生态学，又与系统工程学、经济学、工艺学、化学、物理学、数学相结合而产生相应的新兴学科。因此，我国著名生态学家马世骏给出的定义更具现代性，他认为生态学是研究生命系统和环境系统相互关系的科学。所谓生命系统就是自然界具有一定结构和调节功能的生命单元，如动物、植物和微生物。所谓环境系统就是自然界的光、热、空气、水分及各种有机物和无机元素相互作用所共同构成的空间。

生态学发展历程体现的三个特点：从定性探索生物与环境的相互作用到定量研究；从个体生态系统到复合生态系统，由单一到综合，由静态到动态地认识自然界的物质循环与转化规律；与基础科学和应用科学相结合，发展和扩大了生态学的领域。

生态学和环境科学有许多共同的地方。生态学是以一般生物为对象着重研究自然环境因素与生物的相互关系；环境科学则以人类为主要对象，把环境与人类生活的相互影响作为一个整体来研究，和社会科学有十分密切的联系。作为基础理论，生态学的许多基本原理被应用于环境科学中。

二、生态系统

某一生物物种在一定范围内所有个体的总和称为种群（population）；生活在一定区域内的所有种群组成了群落（community）；任何生物群落与其环境组成的自然综合体就是生态系统（ecosystem）。按照现代生态学的观点，生态系统就是生命和环境系统在特定空间的组合。在生态系统中，各种生物彼此间以及生物与非生物的环境因素之间互相作用，关系密切，而且不断地进行着物质和能量的流动。目前人类所生活的生物圈内有无数大小不同的生态系统。在一个复杂的大生态系统中又包含无数个小的生态系统。如池塘、河流、草原和森林等，都是典型的例子。图 2-2 是一个简化了的陆地生态系统，只有当草、兔子、狼、虎保持一定的比例，这一系统才能保持物质、能量的动态平衡。而城市、矿山、工厂等从广义上讲是一种人为的生态系统。这无数个各种各样的生态系统组成了统一的整体，就是人类生活的自然环境。

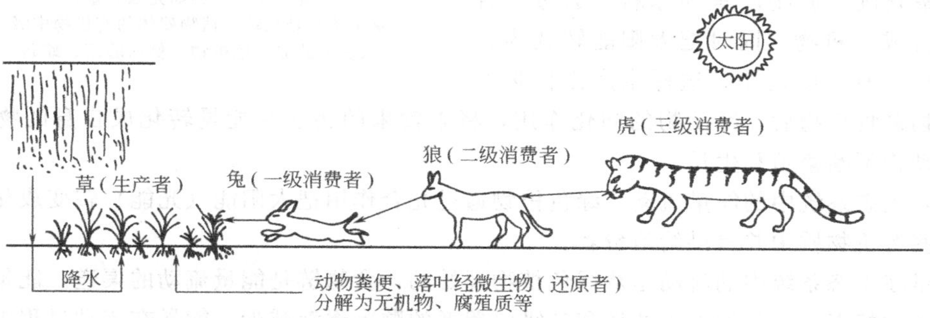

图 2-2 一个简化了的陆地生态系统

1. 生态系统的组成

（1）生产者 自然界的绿色植物及凡能进行光合作用、制造有机物的生物（单细胞藻类和少数自养微生物等）均属生产者，或称为自养生物。生产者利用太阳能或化学能把无机物转化为有机物，这种转化不仅是生产者自身生长发育所必需的，同时也是满足其他生物种群及人类食物和能源所必需的，如绿色植物的光合作用过程

$$6CO_2+6H_2O \longrightarrow C_6H_{12}O_6+6O_2$$

（2）消费者 食用植物的生物或相互食用的生物称为消费者，或称为异养生物。消费者又可分为一级消费者、二级消费者。食草动物如牛、羊、兔等直接以植物为食是一级消费者；以草食动物为食的肉食动物是二级消费者。消费者虽不是有机物的最初生产者，但在生态系统中也是一个极重要的环节。

（3）分解者 各种具有分解能力的细菌和真菌，也包括一些原生动物，称为分解者或还原者。分解者在生态系统中的作用是把动物、植物遗体分解成简单化合物，作为养分重新供应给生产者利用。

（4）无生命物质 各种无生命的无机物、有机物和各种自然因素，如水、阳光、空气等均属无生命物质。

以上四部分构成一个有机的统一整体，相互间沿着一定的途径，不断地进行物质和能量的交换，并在一定的条件下，保持暂时的相对平衡如图 2-3 所示。

生态系统根据其环境性质和形态特征，可以分为陆地生态系统和水域生态系统。

陆地生态系统又可分为自然生态系统如森林、草原、荒漠等和人工生态系统如农田、城市、工矿区等。

水域生态系统又可分为淡水生态系统如湖泊、河流、水库等和海洋生态系统如海岸、河口、浅海、大洋、海底等。

2. 生态系统的基本功能

生态系统的基本功能是生物生产、能量流动、物质循环和信息传递，它们是通过生态系统的核心——有生命部分，即生物群落来实现的。

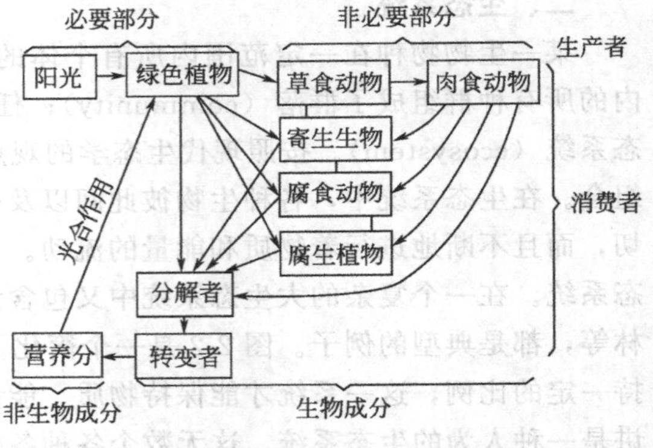

图 2-3 生态系统的组成和主要作用

腐食动物是以动、植物的腐败尸体为食的动物，例如秃鹰、蛆；腐生植物是从动、植物残体的有机物中吸取养分的非绿色植物，例如蘑菇、蛇菇

(1) 生物生产 生物生产包括植物性生产和动物性生产。绿色植物以太阳能为动力，水、二氧化碳、矿物质等为原料，通过光合作用来合成有机物。同时把太阳能转变为化学能贮存于有机物之中，这样生产出植物产品。动物采食植物后，经动物的同化作用，将采食来的物质和能量转化成自身的物质和潜能，使动物不断繁殖和生长。

(2) 生态系统中的能量流动 绿色植物通过光合作用把太阳能（光能）转变成化学能贮存在这些有机物质中并提供给消费者。

能量在生态系统中的流动是从绿色植物开始的，食物链是能量流动的渠道。能量流动有两个显著的特点。一是沿着生产者和各级消费者的顺序逐渐减少。能量在流动过程中大部分用于新陈代谢，在呼吸过程中，以热的形式散发到环境中去。只有一小部分用于合成新的组织或作为潜能贮存起来。能量在沿着绿色植物→草食动物→一级肉食动物→二级肉食动物等逐级流动中，后者所获得能量大约等于前者所含能量的1/10，从这个意义上人类以植物为食要比以动物为食经济得多。二是能量的流动是单一的、不可逆的。因为能量以光能的形式进入生态系统后，不再以光能的形式回到环境中，而是以热能的形式逸散于环境中。绿色植物不能用热能进行光合作用，草食动物从绿色植物所获得的能量也不能返回到绿色植物。因此能量只能按前进的方向一次流过生态系统，是一个不可逆的过程。

(3) 生态系统中的物质循环 生态系统中的物质是在生产者、消费者、分解者、营养库之间循环的。如图 2-4 所示，称为生物地球化学循环。

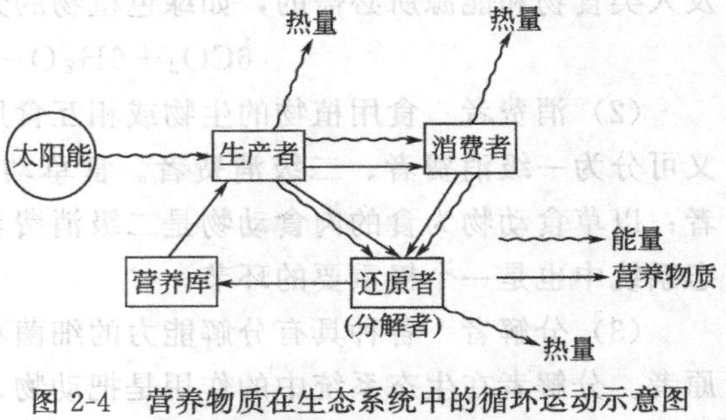

图 2-4 营养物质在生态系统中的循环运动示意图

（能量必须由太阳能予以补充）

生态系统中的物质循环过程是这样的：绿色植物不断地从环境中吸收各种化学营养元素，将简单的无机分子转化成复杂的有机分子，用以建造自身；当草食动物采食绿色植物时，植物体内的营养物质即转入草食动物体内；当植物、动物死亡后，它们的残体和尸体又被微生物（还原者）所分解，并将复杂的有机分子转化为无机分子复归于环境，以供绿色植物吸收，进行再循环。周而复始，促使人们居住的地球清新活跃，生机盎然。

生态系统中的生物在生命过程中大约需要 30～40 种化学元素，如碳、氢、氧、氮、磷、钾、硫、钙、镁是构成生命有机体的主要元素。它们都是自然界中的主要元素，这些元素的循环是生态系统基本的物质循环。例如，大气中的二氧化碳被陆地和海洋中的植物吸收，然后通过生物或地质过程以及人类活动又以二氧化碳的形式返回大气中，这就是碳循环的基本过程。如图 2-5 所示。

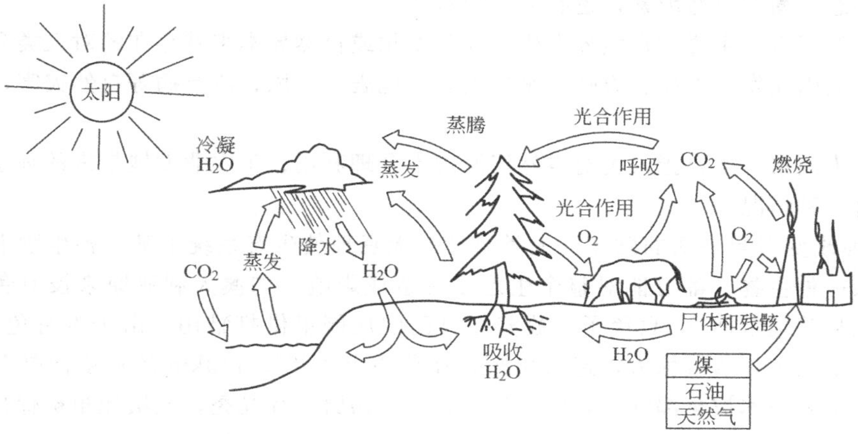

图 2-5 生物圈中水、氧气和二氧化碳的循环

(4) 生态系统中的信息传递　它发生在生物有机体之间，起着把系统各组成部分联成一个统一整体的作用。从生物的角度，信息的类型主要有四种。

① 营养信息　在生物界的营养交换中，信息由一个种群传到另一个种群。如昆虫多的地区，啄木鸟就能迅速生长和繁殖，昆虫就成为啄木鸟的营养信息。这种通过营养关系来传递的信息叫营养信息。

② 化学信息　蚂蚁在爬行时留下“痕迹”，使别的蚂蚁能尾随跟踪。这种生物体分泌出某种特殊的化学物质来传递的信息叫化学信息。

③ 物理信息　通过物理因素来传递的信息叫物理信息。像季节、光照的变化引起动物换毛、求偶、冬眠、贮粮、迁徙；大雁发现敌情时发出鸣叫声等。

④ 行为信息　通过行为和动作，在种群内或种群间传递识别、求偶和挑战等信息叫行为信息。

三、生态系统的平衡

1. 生态平衡的含义

在任何正常的生态系统中，能量流动和物质循环总是不断地进行着。一定时期内，生产者、消费者和还原者之间都保持着一种动态平衡。生态系统发展到成熟的阶段，它的结构和功能，包括生物种类的组成、各个种群的数量比例以及能量和物质的输入、输出等都处于相对稳定的状态，这种相对的稳定状态称为生态的平衡。

平衡的生态系统通常具有四个特征：生物种类组成和数量相对稳定；能量和物质的输入和输出保持平衡；食物链结构复杂而形成食物网；生产者、消费者和还原者之间有完好的营养关系。

只有满足上述特征，才说明生态系统达到平衡，系统内各种量值达到最大，而且对外部冲击和危害的承受能力或恢复能力也最大。

生态系统能够维持相对的平衡状态，主要是由于其内部具有自动调节的能力。但这种调节能力是有一定限度的，它依赖于种类成分的多样性和能量流动及物质循环途径的复杂性，同时取决于外部作用的强度和时间。例如某一水域中的污染物的量超过水体本身的自净能力时，这个水域的生态系统就会被彻底破坏。

2. 破坏生态平衡的因素

破坏生态平衡有自然因素，也有人为因素。

(1) 自然因素　主要指自然界发生的异常变化或自然界本来就存在的对人类和生物的有害因素。如火山喷发、山崩、海啸、水旱灾害、地震、台风、流行病等自然灾害，都会破坏生态平衡。

(2) 人为因素　主要指人类对自然资源的不合理利用、工农业发展带来的环境污染等问题。主要有三种情况。

① 物种改变引起平衡的破坏　人类有意或无意地使生态系统中某一种生物消失或往系统中引进某一种生物，都可能对整个生态系统造成影响。如澳大利亚原来没有兔子，1859年一位财主从英国带回24只兔子，放养在自己的庄园里供打猎用。由于没有兔子的天敌，致使兔子大量繁殖，数量惊人，遍布田野，在草原上每年以113km的速度向外蔓延，该地区大量的青草和灌木被全部吃光，牛羊失去牧场。田野一片光秃，土壤无植被保护，水土流失严重，农作物每年损失多达1亿美元，生态系统遭到严重破坏。

② 环境因素改变引起平衡破坏　由于工农业的迅速发展，使大量污染物进入环境，从而改变生态系统的环境因素，影响整个生态系统。如空气污染、热污染、除草剂和杀虫剂的使用，施肥的流失、土壤侵蚀及污水进入环境引起富营养化等，改变生产者、消费者和分解者的种类和数量并破坏生态平衡而引起一系列环境问题。

③ 信息系统的破坏　当人们向环境中排放的某些污染物质与某一种动物排放的性信息素接触使其丧失驱赶天敌、排斥异种、繁衍后代的作用，从而改变了生物种群的组成结构，使生态平衡受到影响。

第二节　环境污染与生态平衡

一、环境污染对生态平衡的影响

随着人口不断增长，我国的一些基本自然资源的人均占有量很低。但是为了众多人口的生存，并逐步提高人民的生活水平，需要消耗越来越多的自然资源。由于长期以来对自然保护工作重视不够，资源和环境受到了不同程度的破坏，以至于影响到了生态的平衡。

1. 土地资源的利用和保护

据统计，世界耕地总面积13.46亿公顷，人均0.24hm^2。其中澳大利亚5078万公顷，人均2.88hm^2；加拿大4542万公顷，人均1.57hm^2；美国1.857亿公顷，人均0.72hm^2；印度1.661亿公顷，人均0.19hm^2。我国耕地面积18.2574亿亩（15亩＝1hm^2，后同）（《2008年国土资源公报》），人均0.093hm^2，相当于世界人均水平的38.75%，澳大利亚的3.23%，美国的12.92%，印度的48.95%。我国土地资源的特点是：土地类型多样，水热条件不同，地形复杂；山地面积大；农用土地资源比重小，据《2008年国土资源公报》，我国耕地18.2574亿亩，园地1.77亿亩，林地35.41亿亩，牧草地39.27亿亩，其他农用地3.82亿亩。后备耕地资源不足。我国用占世界7%的耕地，解决了占世界21.6%的人口的吃饭问题，基本上满足了人民生活需要。但是目前农林牧地的生产力不高，土地利用布局不合理，耕地不断减少，土壤肥力下降，土壤污染严重，沙漠化、盐渍化加剧、水土流失严重，这是土地资源开发利用中的主要问题。

针对日趋严重的土地资源问题和土壤污染，应从以下方面加强管理。

(1) 健全法制，强化土地管理　依据《中华人民共和国土地管理法》，明确土地用途管理制度、占用耕地补偿制度、基本农田保护制度，采取有效措施保护土地资源。

(2) 防止和控制土地资源的生态破坏　依据 1999 年 1 月国务院通过的《全国生态建设规划》，积极治理已退化的土地。主要搞好水土保持工作，加强对沙化土地和土壤盐渍化的治理。

(3) 综合防治土壤污染　制定土壤环境质量标准，对土壤主要污染物进行总量控制；控制污灌用水及农药、化肥污染；对农田中废塑料制品（农田白色污染）加强管理；积极防治土壤重金属污染。土壤中的主要污染物质见表 2-1。

表 2-1　土壤中的主要污染物质

污染物种类			主要来源
无机污染物	重金属	汞(Hg)	氯碱工业、含汞农药、汞化物生产、仪器仪表工业
		镉(Cd)	冶炼、电镀、染料等工业、肥料杂质
		铜(Cu)	冶炼、铜制品生产、含铜农药
		锌(Zn)	冶炼、镀锌、人造纤维、纺织工业、含锌农药、磷肥
		铬(Cr)	冶炼、电镀、制革、印染等工业
		铅(Pb)	颜料、冶炼等工业、农药、汽车排气
		镍(Ni)	冶炼、电镀、炼油、染料等工业
	非金属	砷(As)	硫酸、化肥、农药、医药、玻璃等工业
		硒(Se)	电子、电器、涂料、墨水等工业
	放射性元素	铯(^{137}Cs)	原子能、核工业、同位素生产、核爆炸
		锶(^{90}Sr)	原子能、核工业、同位素生产、核爆炸
	其他	氟(F)	冶炼、磷酸和磷肥、氟硅酸钠等工业
		酸、碱、盐	化工、机械、电镀、酸雨、造纸、纤维等工业
有机污染物	有机农药		农药的生产和使用
	酚		炼焦、炼油、石油化工、化肥、农药等工业
	氰化物		电镀、冶金、印染等工业
	石油		油田、炼油、输油管道漏油
	3,4-苯并芘		炼焦、炼油等工业
	有机洗涤剂		机械工业、城市污水
	一般有机物		城市污水、食品、屠宰工业、大棚、地膜所用塑料薄膜、废塑料制品
有害微生物			城市污水、医院污水、厩肥

2. 生物资源的利用和生物多样性保护

生物资源属于可更新资源，它包括动物、植物和微生物资源。当前在人口和经济的压力下，对生物资源的过度利用不仅破坏了生态环境，造成生物多样性丰富度的下降甚至造成许多物种的灭绝或处于濒危境地。

(1) 森林资源的保护和利用　森林不仅为社会提供大量林木资源，而且还具有保护环境、调节气候、防风固沙、蓄水保土、涵养水源、净化大气、保护生物多样性、吸收二氧化碳、美化环境及生态旅游等功能。

中国是一个少林的国家，森林总量不足，分布不均，功能较低。由于国有森林区集中过伐、更新跟不上采伐，山区毁林开荒比例比较严重，火灾频繁及森林病虫害严重，造林保存率低等原因，使森林资源面积不断减少，质量日益下降，不适应国家经济持续发展和维护生态平衡的需要。

中国主要从依法保护森林资源和坚持不懈植树造林两个方面加强森林建设和保护，主要措施是：实行限额采伐，鼓励植树造林，封山育林，扩大森林覆盖面积；提倡木材综合利用和节约木材，鼓励开发利用木材代用品；建立林业基金制度，征收育林费，专门用于造林育林；强化对森林的资源意识和生态意识，实施重点生态工程；开展国际合作，吸收国外森林资源资产化管理经验，争取国外技术援助。

《全国生态建设规划》提出的中期目标：从 2011～2030 年，全国 60%以上适宜治理的水土流失得到不同程度整治，黄河、长江上中游等重点水土流失区治理大见成效；治理荒漠化土地面积 4000 万公顷；新增森林面积 4600 万公顷，全国森林覆盖率达到 24%以上，各类自然保护区面积占国土面积达到 12%；旱作节水农业和生态农业技术得到普遍运用，新增人工草地、改良草地 8000 万公顷，力争一半左右的“三化”草地得到恢复。重点治理区的生态环境开始走上良性循环的轨道。

(2) 草地资源的保护和利用　草地是一种可更新、能增殖的自然资源，它适应性强，覆盖面积大，具有调节气候、保持水土、涵养水源、防风固沙的功能，具有重要的生态学意义。

我国是世界第二大草地资源国家，拥有天然草地近 3.9 亿公顷，仅次于澳大利亚，约占国土总面积的 40%，但人均草地面积仅为 0.33hm^2，约为世界人均草地面积的 1/2。其特点是：面积大、分布广，类型多样，主要分布在西藏、内蒙古、新疆、青海、四川、甘肃、云南等地。我国草地资源退化的速度比较惊人，20 世纪 70 年代草地退化面积占 10%，80 年代初占 20%，90 年代中期占 30%，目前已升至 50%以上，而且仍在以每年 200 万公顷的速度发展。造成草地退化的原因是多方面的，最主要的是人为因素（主要包括过度放牧和刈割）。

我国草地退化严重，鼠害草地面积呈不断扩大趋势，草地质量持续下降，生态功能不断降低，沙化草地已成为重要的沙尘源区。如内蒙古、新疆、甘肃的草地承载力显著下降，而这些地区的超载率却在不断上升。据遥感调查，20 世纪 90 年代的后 5 年，西部地区所减少草地的 54.86%转化为耕地，29.80%转化为未利用地，再加上过牧、过垦等屡禁不止，致使该地区草地植被破坏严重，成为重要的沙尘源区。

针对草原资源状况，中国制定了《全国草地生态环境建设规划》，以加强草地资源的利用和保护。具体措施有四条。

① 治理退化草场。大力建设人工和半人工草场，改良退化草场；采取科学措施，综合防治草原的病虫鼠害；注意防止农药及“三废”对草原的污染。

② 加强畜牧业的科学管理。合理放牧，合理控制牧畜数量，调整畜群结构，实行以草定牧，禁止超载过牧。

③ 实行“科技兴草”，发展草业科学。加强草业生态研究，筛选培育优良牧草。

④ 开展草地可持续利用的工程建设。一是加强自然保护区建设；二是草原退化治理工程建设；三是建设一批草地资源综合开发的示范工程。

(3) 生物多样性保护　生物多样性是人类赖以生存的各种有生命的自然资源的总汇，是开发并永续利用与未来农业、医学和工业发展密切相关的生命资源的基础。生物多样性的消失必然引起人类自然的生存危机以及生态环境，尤其是食品、卫生保健和工业方面的根本危机。保护生物多样性的实质就是在基因、物种、生态环境三个水平上的保护。

中国生物资源无论种类和数量在世界上都占据重要地位，也是野生动物资源最丰富的国家之一。广阔的国土、多样的地貌、气候和土壤条件形成了复杂的生态环境，使中国的生物物种特有性高，如大熊猫、白鳍豚、水杉、银杉等。生物区系起源不仅古老、成分复杂，而且经济物种异常丰富。

尽管我国的生物多样性十分丰富，但生物多样性的保护事业面临许多困难，受到的威胁不断增加。存在的问题是：生物多样性保护的法规、法制需要健全和完善；自然保护的管理水平亟待提高，管理机构有待加强；生物多样性保护的科学研究急需加强，保护的技术还需要发展；同时，资金和技术力量不足也有待解决。

针对存在的问题，要转变观念，控制环境污染和生态破坏，确保生物多样性的丰富程度，实现生物资源的永续利用，保证国民经济和社会发展具有良好的物质基础。

3. 矿产资源开发利用与保护

矿产资源的开采给人类创造了巨大的物质财富，人类开发矿产资源每年多达上百亿吨。近几十年来，世界矿产资源消耗急剧增加，特别是能源矿物和金属矿物消耗最大。作为不可更新的自然资源，矿藏资源的大量减少以致枯竭的威胁，并带来一系列环境污染问题，导致生态环境的破坏。

矿产资源开发不合理会对环境和人类带来严重影响。

① 对土地资源的破坏　大规模矿产采掘产生的废物乱堆滥放造成占压、采空塌陷等损坏土地资源、破坏地貌景观和植被。露天采矿后不进行回填复垦，破坏了矿产及周围地区的自然环境，造成土地资源的浪费。

② 对大气的污染　采矿时穿孔、爆破及矿石运输、矿石风化等产生的粉尘，矿物冶炼排放烟气等，均会造成严重的区域环境大气污染。

③ 对地下水和地表水体的污染　由于采矿和选矿活动，固体废物的风晒雨淋，使地表水或地下水含酸性、含重金属和有毒元素，形成了矿山污水。

有效地控制矿产资源的不合理开发，减少矿产资源开采的环境代价，是我国矿产资源可持续利用的紧迫任务。要提高资源的优化配置和合理利用资源的水平，最大限度地保证国民经济建设对矿产资源的需要。具体措施如下。

① 加强矿产资源的管理　加强对矿产资源的国家所有权的保护，组织制定矿产资源开发战略，资源政策和资源规划。建立统一领导、分级管理的矿产资源执法监督组织体系，建立健全有偿占有开采制度和资产化管理制度。

② 建立和健全矿山资源开发中的环境保护措施　制定矿山环境保护法规、依法保护矿山环境；制定适合矿山特点的环境影响评价办法进行矿山环境质量检测；对当前矿山环境情况进行调查评价，制定保护恢复计划。

③ 努力开展矿产综合利用的研究　研究综合开发利用的新工艺，提高矿物各组分的回收率，尽量减少尾矿，最大限度地利用矿产资源。

二、生态规律在环保中的应用

人口的迅速增长、工农业高度的发展、人类对自然改造能力的增强，使环境遭受了严重污染并引起生态平衡的破坏。生态学不仅是一门解释自然规律的科学，也是一门为国民经济服务的科学。因此，要解决世界上面临的五大环境问题——人口、粮食、资源、能源和环境保护，必须以生态学的理论为指导，按生态学的规律来办事。

1. 生态学的一般规律

生态学所揭示或遵循的规律，对做好环境保护、自然保护工作，发展农、林、牧、副、渔各业均有指导意义。

（1）相互依存与相互制约规律 相互依存与相互制约，反映了生物间的协调关系，是构成生物群落的基础。

普遍的依存与制约，亦称“物物相关”规律。生物间的相互依存与制约关系，无论在动物、植物和微生物中，或在它们之间都是普遍存在的。在生产建设中特别是在需要排放废物、施用农药化肥、采伐森林、开垦荒地、修建水利工程等，务必注意调查研究，即查清自然界诸事物之间的相互关系，统筹兼顾。

通过“食物”而相互联系与制约的协调关系，亦称“相生相克”规律。生态体系中各种生物个体都建立在一定数量的基础上，即它们大小和数量都存在一定的比例关系。生物体间的这种相生相克作用，使生物保持数量上的相对稳定，这是生态平衡的一个重要方面。

（2）物质循环转化与再生规律 生态系统中植物、动物、微生物和非生物成分，借助能量的不停流动，一方面不断地从自然界摄取物质并合成新的物质，另一方面又随时分解为原来的简单物质，即“再生”，重新被植物所吸收，进行着不停的物质循环。因此要严格防止有毒物质进入生态系统，以免有毒物质经过多次循环后富集到危及人类的程度。

（3）物质输入输出的动态平衡规律 当一个自然生态系统不受人类活动干扰时，生物与环境之间的输入与输出是相互对立的关系，生物体进行输入时，环境必然进行输出，反之亦然。对环境系统而言，如果营养物质输入过多，环境自身吸收不了，就会出现富营养化现象，打破了原来输入输出平衡，破坏原来的生态系统。

（4）相互适应与补偿的协同进化规律 生物给环境以影响，反过来环境也会影响生物，这就是生物与环境之间存在的作用与反作用过程。如植物从环境吸收水分和营养元素，生物体则以其排泄物和尸体把相当数量的水和营养素归还给环境。最后获得协同进化的结果。经过反复地相互适应和补偿，生物从光秃秃的岩石向具有相当厚度的、适于高等植物和各种动物生存的环境演变。

（5）环境资源的有效极限规律 任何生态系统中作为生物赖以生存的各种环境资源，在质量、数量、空间和时间等方面都有其一定的限度，不能无限制地供给，而其生物生产力也有一定的上限。因此每一个生态系统对任何外来干扰都有一定的忍耐极限，超过这个极限，生态系统就会被损伤、破坏，以致瓦解。

以上五条生态学规律也是生态平衡的基础。生态平衡以及生态系统的结构与功能又与人类当前面临的人口、食物、能源、自然资源、环境保护五大社会问题紧密相关。如图 2-6 所示。

2. 生态规律在环境保护中的应用

由于人口的飞速增长，各个国家都在拼命发展本国经济，刺激工农业生产的发展和科学技术的进步。随着人们对自然改造能力的增强，开发利用自然资源过程中，生态系统也遭到了严重破坏，引起生态平衡的失调。大自然反过来也毫不留情地惩罚人类：森林面积减少，沙漠面积扩大；洪、涝、旱、风、虫等灾害发生频繁；工业废水、生活污水未有效处理；各种大气污染物浓度上升……地球变得越来越不适合人类生存了。人类终于认识到要按

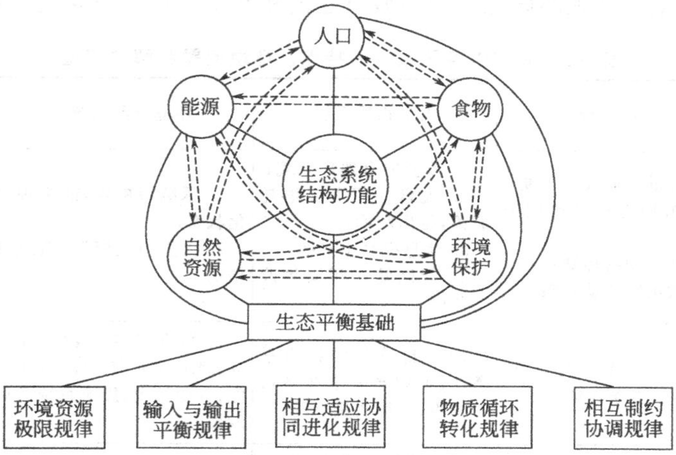

图 2-6 生态平衡与五大环境问题的关系示意图

照生态学的规律来指导人类的生产实践和一切经济活动，要把生态学原理应用到环境保护中去。

(1) 全面考察人类活动对环境的影响 在一定时空范围内的生态系统都有其特定的能流和物流规律。只有顺从并利用这些自然规律来改造自然，人们才能既不断发展生产又能保持一个洁净、优美和宁静的环境。

举世瞩目的三峡工程，曾引起很大争议，其焦点就是如何全面考察三峡工程对生态环境的影响。

长江流域的水资源、内河航运、工农业总产值等都在全国占有相当的比重。兴修三峡工程可有效地控制长江中下游洪水，减轻洪水对人民生命财产安全的威胁和对生态环境的破坏；三峡工程的年发电量相当于4000万吨标准煤的发电量，减轻对环境的污染。但是兴修三峡工程，大坝蓄水175m的水位将淹没川、鄂两省19市县，移民72万人，淹没耕地35万亩（15亩=1公顷）、工厂657家……三峡地区以奇、险为特色的自然景观有所改观，沿岸地少人多，如开发不当可能加剧水土流失，使水库淤积；一些鱼类等生物的生长繁殖将受到影响。

1992年全国人民代表大会经过热烈讨论之后，投票通过了关于兴建三峡工程的议案。从经济效益和生态效益两方面，统筹兼顾时间和空间，贯彻了整体和全局的生态学中心思想。

(2) 充分利用生态系统的调节能力 生态系统的生产者、消费者和分解者在不断进行能量流动和物质循环过程中，受到自然因素或人类活动的影响时，系统具有保持其自身稳定的能力。在环境污染的防治中，这种调节能力又称为生态系统的自净能力。例如水体自净、植树造林、土地处理系统等，都收到明显的经济效益和环境效益。

1978年以来，我国开展了规模宏大的森林生态工程建设，横跃13个省区的“三北”防护林体系，森林覆盖率由5.05%提高到7.09%。其明显的生态效益和经济效益是：改善了局部气候；抗灾能力提高；沙化面积减少，农牧增产增收；解决了地方用材，提高人民收入。

(3) 解决近代城市中的环境问题 城市人口集中，工业发达，是文化和交通的中心。但是，每个城市都存在住房、交通、能源、资源、污染、人口等尖锐的矛盾。因此编制城市生态规划，进行城市生态系统的研究是加强城市建设和环境保护的新课题。见表 2-2。

表 2-2 城市中各子系统的特点、环境问题和解决措施

子系统 / 项目	生物系统	人工物质系统	环境资源系统	能源系统
环境特点	1. 大量增加人口密度； 2. 植物生长量比例失调； 3. 野生动物稀缺； 4. 微生物活动受限制	1. 改变原有地形地貌； 2. 大量使用资源消耗能源，排出废物； 3. 信息提高生产率； 4. 管网输送污染物改造环境	1. 承纳污染物，改变理化状态； 2. 大量消耗资源，造成枯竭	1. 生物能转化后排出大量废物； 2. 自然能源属清洁能源； 3. 化石能源利用后排出废物
环境问题	使环境自净能力降低；生态系统遭受破坏	改变自然界的物质平衡；人工物质大量在城市中积累；环境质量下降	破坏自然界的物质循环；降低了环境的调节机能；资源枯竭，影响系统的发展	产生大量污染物质，环境质量下降
措施	控制城市人口；绿化城市	编制城市环境规划；合理安排生产布局；合理利用资源；进行区域环境综合治理；改革工艺	建立城市系统与其他系统的联系；调动区域净化能力；合理利用资源	改革工艺设备；发展净化设备；寻找新能源

(4) 以生态学规律指导经济建设，综合利用资源和能源　以往的工农业生产是单一的过程，既没有考虑与自然界物质循环系统的相互关系，又往往在资源和能源的耗用方面片面强调产品的最优化问题。以致在生产过程中大量有毒的废物排出，严重破坏和污染环境。

解决这个问题较理想的办法就是应用生态系统的物质循环原理，建立闭路循环工艺，实现资源和能源的综合利用，杜绝浪费和无谓的损耗。闭路循环工艺就是把两个以上流程组合成一个闭路体系，使一个过程的废料和副产品成为另一个过程的原料。这种工艺在工业和农业上的具体应用就是生态工艺和生态农场。

① 生态工艺　要在生产过程中输入的物质和能量获得最大限度的利用，即资源和能源的浪费最少，排出的废物最少。如图 2-7 造纸工业闭路循环工艺流程，即注意整个系统最优化，而不是分系统的最优化，这与传统的生产工艺是根本不同的。

② 生态农场　就是因地制宜地应用不同的技术，来提高太阳能的转化率、生物能的利用率和废物的再循环率，使农、林、牧、副、渔及加工业、交通运输业、商业等获得全面发展。

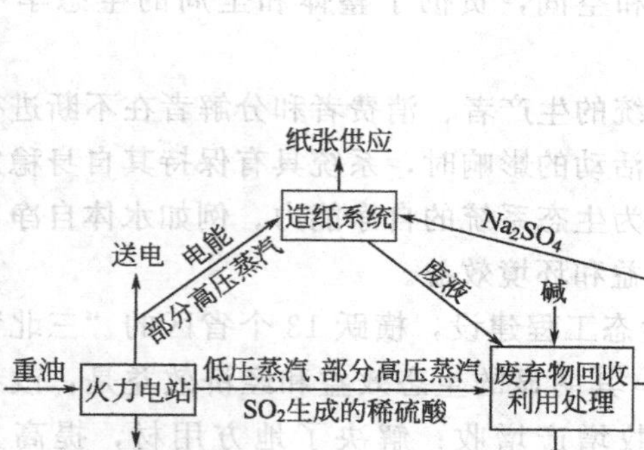

图 2-7　造纸工业闭路循环工艺流程图

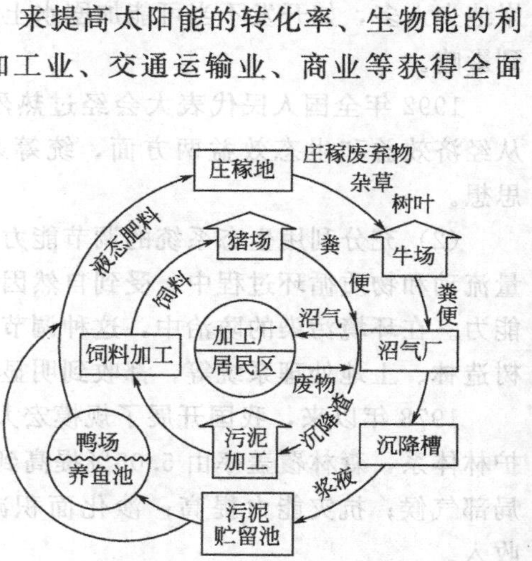

图 2-8　菲律宾玛雅农场的废物循环途径

图 2-8 是一个典型的生态农场废物循环示意图。它使生物能获得最充分的利用；肥料等植物营养物可以还田；控制了庄稼废物、人畜粪便等对大气和水体的污染。完全实现了能源和资源的综合利用以及物质和能量的闭路循环。

（5）对环境质量进行生物监测和评价　利用生物个体、种群和群落对环境污染或变化所产生的反应阐明污染物在环境中的迁移和转化规律；利用生物对环境中污染物的反应来判断环境污染状况，如利用植物对大气污染、水生生物对水体污染的监测和评价；利用污染物对人体健康和生态系统的影响制定环境标准。

总之，应利用生态学规律，把经济因素与地球物理因素、生态因素和社会因素紧密结合在一起进行考虑，使国家和地区的发展适应环境条件，保护生态平衡，达到经济发展与人类相适应、实行持续发展的战略目标。

复习思考题

1. 举例说明种群、群落的含义。
2. 试述生态系统的组成和功能。
3. 什么是生态平衡？影响生态平衡的因素有哪些？
4. 土地、森林、草场、矿产、生物等资源的保护措施是什么？
5. 生态学有哪些规律？
6. 生态规律在环境保护应用方面有哪些？

实训题　生态农业项目参观

一、参观（任选）

1. 工业企业如酒厂、糖厂的有机废物经适当处理如何转化为有益物质。
2. 农村沼气系统的工艺流程、设备以及利用。
3. 环保型无公害蔬菜生产基地。

二、要求

1. 了解本地生态农业的基本情况，明确实施生态农业是我国农业发展的方向。
2. 写出参观报告（字数在 1000 字以上）。

阅读材料

生态农业

1982 年在宁夏银川召开了全国农业生态经济学术论文讨论会，正式提出了全国建立生态农业的建议。各地积极行动，大力推广并创造了不少因地制宜的好模式，取得了令全球瞩目的成就。

北京大兴县留民营村从 1982 年开始了生态村建设。根据生态学原理，调整农业生产结构，充分利用自然资源并不断开发利用新能源，注意保护、积极改善农业生态环境，建立起一种全新的农业生态平衡。经过建设，留民营村已基本实现农、林、牧、副、渔全面发展，物质进行良性循环，农民收入也成倍增长。该村村长被联合国环境规划署评为 1987 年全球环境保护先进个人。

浙江萧山市一村1984年开始进行生态农业建设，从山林、农田、水利、乡镇企业到居地、庭院形成了一个生态系统工程。现在展现在人们面前的山清水秀、果树修篁，一幅江南农村的田园风光图。该村1988年被联合国环境规划署授予"全球环境500佳"称号。

天津中新生态城

2007年4月，中国和新加坡共同提议，在中国北方水质性缺水、不占耕地等资源约束条件下，在中国合作建设一座资源节约型、环境友好型、社会和谐型的城市。并做到能复制、能实行、能推广，起到示范性作用。同年11月，两国政府签署了合作框架协议。

天津生态城不仅将是宜居的生态之城，更是实现生态经济的创新之城。按照计划，天津生态城由中新双方各占50%共同成立的合资公司中新天津生态城投资开发有限公司运作。合资公司注册资本40亿元人民币，中新双方各占50%。

中新生态城在充分论证的基础上，确定了8大产业发展方向，包括节能环保、科技研发、教育培训、文化创意、服务外包、会展旅游、金融服务以及绿色房地产等低消耗、高附加值产业。

中新生态城的建设周期约在10～15年，前期投入非常巨大，短期收益无法衡量，需要从长期整体的角度来衡量。天津生态城规划面积约30平方公里，计划用10～15年时间基本建成。预计到2020年，它的常住人口规模控制在35万人左右。

按照两国协议，中新天津生态城将借鉴新加坡的先进经验，在城市规划、环境保护、资源节约、循环经济、生态建设、可再生能源利用、中水回用、可持续发展以及促进社会和谐等方面进行广泛合作。为此，两国政府成立了副总理级的"中新联合协调理事会"和部长级的"中新联合工作委员会"。中新两国企业分别组成投资财团，成立合资公司，共同参与生态城的开发建设。新加坡国家发展部专门设立了天津生态城办事处，天津市政府于2008年1月组建了中新天津生态城管理委员会。至此，中新天津生态城拉开了开发建设序幕。

指标体系

中新天津生态城指标体系依据选址区域的资源、环境、人居现状，突出以人为本的理念，涵盖了生态环境健康、社会和谐进步、经济蓬勃高效等三个方面22条控制性指标和区域协调融合的四条引导性指标，将用于指导生态城总体规划和开发建设，为能复制、能实行、能推广提供技术支撑和建设路径。指标体系按照科学性与实用性相结合、定性与定量相结合、特色与共性相结合和可达性与发展性相结合原则，保留传统城市规划指标的精华，提升传统城市规划的相关标准，反映生态建设的新要求，突出原生态的保护和修复，建设生态结构合理、服务功能完善、环境质量优良的自然生态系统和协调的人工环境系统。

中新天津生态城作为世界上第一个国家间合作开发建设的生态城市，将为中国乃至世界其他城市可持续发展提供样板；为生态理论创新、节能环保技术使用和展示先进的生态文明提供国际平台；为中国今后开展多种形式的国际合作提供示范。中新天津生态城作为中国天津滨海新区的重要组成部分和独有的亮点，将充分利用国家综合配套改革试验区先行先试、改革创新的政策优势，借鉴国际先进生态城市的建设理念和成功经验，通过十年左右的建设，使之成为展示滨海新区"经济繁荣、社会和谐、环境优美的宜居生态型新城区"的重要载体和形象标志。

规划设计

中新天津生态城运用生态经济、生态人居、生态文化、和谐社区和科学管理的规划理念，聚合国际先进的生态、环保、节能技术，造就自然、和谐、宜居的生活环境，致力于建设经济蓬勃、社会和谐、环境友好、资源节约的生态城市。

全面贯彻循环经济理念，推进清洁生产，优化能源结构，大力促进清洁能源、可再生资源和能源的利用，加强科技创新能力，优化产业结构，实现经济高效循环。

提倡绿色健康的生活方式和消费模式，逐步形成有特色的生态文化；建设基础设施功能完善、管理机制健全的生态人居系统；注重与周边区域在自然环境、社会文化、经济及政策的协调，实现区域协调与融合。

建设目标

中新天津生态城的建设目标具体包括：建设环境生态良好、充满活力的地方经济，为企业创新提供机会，为居民提供良好的就业岗位；促进社会和谐和广泛包容的社区的形成，社区居民有很强的主人意识和归属感；建设一个有吸引力的、高生活品质的宜居城市；采用良好的环境技术和做法，促进可持续发展；更好地利用资源，产生更少的废弃物；探索未来城市开发建设的新模式，为中国城市生态保护与建设提供管理、技术、政策等方面的参考。

特点

1. 第一个国家间合作开发建设的生态城市。

2. 选择在资源约束条件下建设生态城市。

3. 以生态修复和保护为目标，建设自然环境与人工环境共熔共生的生态系统，实现人与自然的和谐共存。

4. 以绿色交通为支撑的紧凑型城市布局。

5. 以指标体系作为城市规划的依据，指导城市开发和建设的城市。

6. 以生态谷（生态廊道）、生态细胞（生态社区）构成城市基本构架。

7. 以城市直接饮用水为标志，在水质性缺水地区建立中水回用、雨水收集、水体修复为重点的生态循环水系统。

8. 以可再生能源利用为标志，加强节能减排，发展循环经济，构建资源节约型、环境友好型社会。

第三章　大气污染防治与化工废气治理

第一节　大气与生命

一、大气结构与组成

1. 大气结构

地球上生命的存在，特别是人类的存在，是因为地球具备了生命存在的环境，而大气是不可缺少的因素之一。

地球表面覆盖着多种气体组成大气，称为大气层。将随地球旋转的大气层称为大气圈。

大气圈中空气质量的分布是不均匀的。总体看，海平面处的空气密度最大，随着高度的增加，空气密度逐渐变小。在超过 1000～1400km 的高空，气体已非常稀薄。通常把从地球表面到 1000～1400km 的大气层作为大气圈的厚度。

大气在垂直方向上不同高度的温度、组成与物理性质也是不同的。由此，在结构上可将大气层分为对流层、平流层、中间层、暖层和散逸层。图 3-1 是大气垂直方向上的分层。

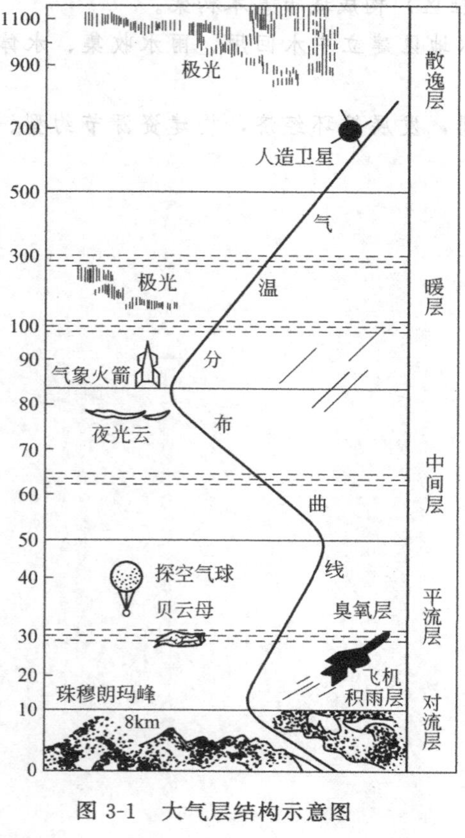

图 3-1　大气层结构示意图

2. 大气的组成

大气是由多种成分组成的混合气体，由干洁空气、水汽、悬浮微粒组成。

（1）干洁空气　干洁空气即干燥清洁空气，它的主要成分为氮、氧和氩，在空气中的总容积约占 99.96%。此外还有少量的其他成分，如二氧化碳、氖、氦、氪、氙、氢、臭氧等。如表 3-1 所示。

（2）水汽　水汽主要来自于水体、土壤和植物中水分的蒸发，其在大气中的含量比氮、氧等成分含量低得多，它随时间、地域、气象条件的不同变化很大。干旱地区可低到 0.02%，温湿地带可高达 6%。水汽含量对天气变化起着重要的作用，是大气中重要组分之一。

（3）悬浮微粒　由于自然因素而生成的颗粒物，如岩石的风化、火山爆发、宇宙落物以及海浪飞逸等；工业烟尘是主要的人为因素。进入大气层中的悬浮微粒，它的含量、种类和化学成分都是变化的。

当大气中某个组分（不包括水分）的含

量超过其标准时，或自然大气中出现本来不存在的物质时，即可判定它们是大气的外来污染物。

二、大气与生命的关系

人类生活在大气圈中，大气与生命的关系至为密切。一般成年人每天需要呼吸约 10～$12m^3$ 的空气，它相当一天的食物质量的 10 倍，饮水质量的 3 倍。一个人可以 5 周不吃食物，5 天不喝水，但断绝空气几分钟也不行。因此，清洁的空气是健康的重要保证。

表 3-1　干洁空气的组成

气体类别	含量(体积分数)/%	气体类别	含量(体积分数)/%
氮(N_2)	78.09	氪(Kr)	1.0×10^{-4}
氧(O_2)	20.95	氢(H_2)	0.5×10^{-4}
氩(Ar)	0.93	氙(Xe)	0.08×10^{-4}
二氧化碳(CO_2)	0.03	臭氧(O_3)	0.01×10^{-4}
氖(Ne)	18×10^{-4}	干空气	100
氦(He)	5.24×10^{-4}		

对于人类来说，空气中的氧在肺细胞中通过细胞壁与血液中的血红蛋白结合，从而由血液输送氧至全身各部位，与身体中营养成分作用而释放出活动必需的能量。若大气中含有比氧更易与血红蛋白结合的物质，当其达到一定浓度时，则可夺取氧的地位而与血红蛋白结合，致使身体由于缺氧而生病、死亡。例如一氧化碳和氰化物就是如此。

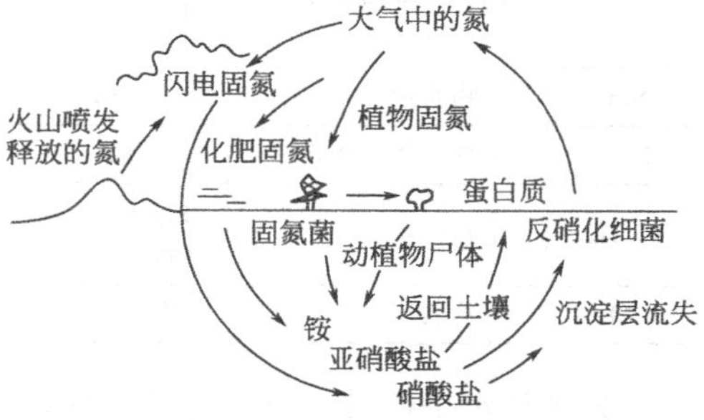

图 3-2　氮循环图

对植物来说，虽然它吸收二氧化碳放出氧气，但它的正常生理反应也是需要氧的，没有氧植物也要死亡。

空气中的氮也是重要的生命元素。氮在空气中的含量虽大，却不能为多数生物直接利用。氮分子必须经过个别微生物吸收，而后才能作为固定的氮进入土壤，在那里被高等植物和最终被动物所吸收利用，形成生命必需的基础物质——蛋白质。如图 3-2 所示。

第二节　化工废气来源与危害

按照国际标准化组织（ISO）给出的定义：大气污染通常是指由于人类活动和自然过程引起某种物质进入大气中，呈现出足够的浓度，达到了足够的时间并因此而危害了人体的舒适、健康和福利或危害了环境的现象。从定义中可以看出，造成大气污染的原因是人类活动（包括生活活动和生产活动，以生产活动为主）和自然过程；形成大气污染的必要条件是污染物在大气中要含有足够的浓度并对人体作用足够的时间。

按污染的范围由小至大可分为以下四类。

① 局部地区污染　如某工厂排气造成的直接影响；

② 区域大气污染　如工矿区或整个城市的污染；

③ 广域大气污染　如酸雨，涉及地域广大；

④ 全球大气污染　如温室效应、臭氧层破坏，涉及整个地球大气层的污染。

一、废气污染物的来源和分类

大气污染物种类繁多，主要来源于自然过程和人类活动。如表 3-2 所示。

由自然过程排放污染物所造成的大气污染多为暂时的和局部的，人类活动排放污染物是造成大气污染的主要根源。因此对大气污染所作的研究，针对的主要是人为造成的大气污染问题。

1. 污染源分类

表 3-2　地球上自然过程及人类活动的排放源及排放量

污染物名称	自然排放		人类活动排放		大气背景浓度
	排放源	排放量/(t/a)	排放源	排放量/(t/a)	
SO_2	火山活动	未估计	煤和油的燃烧	146×10^6	0.2×10^{-9}
H_2S	火山活动、沼泽中的生物作用	100×10^6	化学过程污水处理	3×10^6	0.2×10^{-9}
CO	森林火灾、海洋中的萜烯化合物与其他生物反应	33×10^6	机动车和其他燃烧过程排气	304×10^6	0.1×10^{-6}
NO-NO_2	土壤中细菌作用	NO:430×10^6 NO_2:658×10^6	燃烧过程	53×10^6	NO:$(0.2\sim4)\times10^{-6}$ NO_2:$(0.5\sim4)\times10^{-6}$
NH_3	生物腐烂	1160×10^6	废物处理	4×10^6	$(6\sim20)\times10^{-9}$
N_2O	土壤中的生物作用	590×10^6	无	无	0.25×10^{-6}
C_mH_n	生物作用	CH_4:1.6×10^9 萜烯:200×10^6	燃烧和化学过程	88×10^6	CH_4:1.5×10^{-6} 非 $CH_4<1\times10^{-9}$
CO_2	生物腐烂海洋释放	10^{12}	燃烧过程	1.4×10^{19}	320×10^{-9}

为满足污染调查、环境评价、污染物治理等环境科学研究的需要，对人工污染源进行分类。

(1) 按污染源存在的形式分

① 固定污染源　位置固定，如工厂的排烟或排气。

② 移动污染源　在移动过程中排放大量废气，如汽车等。

这种分类方法适用于进行大气质量评价时满足绘制污染源分析图的需要。

(2) 按污染物排放的方式分

① 高架源　污染物通过高烟囱排放。

② 面源　许多低矮烟囱集中起来而构成的一个区域性的污染源。

③ 线源　移动污染源在一定街道上造成的污染。

这类分类方法适用于大气扩散计算。

(3) 按污染物排放的时间分

① 连续源　污染物连续排放，如化工厂排气等。

② 间断源　时断时续排放，如取暖锅炉的烟囱。

③ 瞬时源　短暂时间排放，如某些工厂事故性排放。

这种分类方法适用于分析污染物排放的时间规律。

(4) 按污染物产生的类型分

① 工业污染源 包括工业用燃料燃烧排放的污染物、生产过程排放废气、粉尘等。

② 农业污染源 农用燃料燃烧的废气、有机氯农药、氮肥分解产生的 NO_x 等。

③ 生活污染源 民用炉灶、取暖锅炉、垃圾焚烧等放出的废气。具有量大、分布广、排放高度低等特点。

④ 交通污染源 交通运输工具燃烧燃料排放废气，成分复杂、危害性大。

2. 大气污染物来源

造成大气污染，从产生源来看主要来自以下几个方面。

(1) 燃料燃烧 火力发电厂、钢铁厂、炼焦厂等工矿企业和各种工业窑炉、民用炉灶、取暖锅炉等燃料燃烧均向大气排放大量污染物。发达国家能源以石油为主，大气污染物主要是一氧化碳、二氧化硫、氮氧化物和有机化合物。我国能源以煤为主，约占能源消费的75%，主要污染物是二氧化硫和颗粒物。

(2) 工业生产过程 化工厂、炼油厂、钢铁厂、焦化厂、水泥厂等各类工业企业，在原料和产品的运输、粉碎以及各种成品生产过程中，都会有大量的污染物排入大气中。这类污染物主要有粉尘、碳氢化合物、含硫化合物、含氮化合物以及卤素化合物等。生产工艺、流程、原材料及操作管理条件和水平的不同，所排放污染物的种类、数量、组成、性质等也有很大的差异。如表 3-3 所示。

表 3-3 化工主要行业废气来源及其主要污染物

行业	主要来源	废气中主要污染物
氮肥	合成氨、尿素、碳酸氢铵、硝酸铵、硝酸	NO_x、尿素粉尘、CO、Ar、NH_3、SO_2、CH_4、尘
磷肥	磷矿石加工、普通过磷酸钙、钙镁磷肥、重过磷酸钙、磷酸铵类氮磷复合肥、磷酸、硫酸	氟化物、粉尘、SO_2、酸雾、NH_3
无机盐	铬盐、二硫化碳、钡盐、过氧化氢、黄磷	SO_2、P_2O_5、Cl_2、HCl、H_2S、CO、CS_2、As、F、S、氯化铬酰、重芳烃
氯碱	烧碱、氯气、氯产品	Cl_2、HCl、氯乙烯、汞、乙炔
有机原料及合成材料	烯类、苯类、含氧化合物、含氮化合物、卤化物、含硫化合物、芳香烃衍生物、合成树脂	SO_2、Cl_2、HCl、H_2S、NH_3、NO_x、CO、有机气体、烟尘、烃类化合物
农药	有机磷类、氨基甲酸酯类、菊酯类、有机氯类等	HCl、Cl_2、氯乙烷、氯甲烷、有机气体、H_2S、光气、硫醇、三甲醇、二硫酯、氨、硫代磷酸酯农药
染料	染料中间体、原染料、商品染料	H_2S、SO_2、NO_x、Cl_2、HCl、有机气体、苯、苯类、醇类、醛类、烷烃、硫酸雾、SO_3
涂料	涂料：树脂漆、油脂漆； 无机颜料：钛白粉、立德粉、铬黄、氧化锌、氧化铁、红丹、黄丹、金属粉、华兰	芳烃
炼焦	炼焦、煤气净化及化学产品加工	CO、SO_2、NO_x、H_2S、芳烃、尘、苯并[a]芘、CO

(3) 农业生产过程 农药和化肥的使用可以对大气产生污染。如 DDT 施用后能在水面漂浮，并同水分子一起蒸发而进入大气；氮肥在施用后，可直接从土壤表面挥发成气体进入大气；以有机氮肥或无机氮进入土壤内的氮肥，在土壤微生物作用下转化为氮氧化物进入大气，从而增加了大气中氮氧化物的含量。

(4) 交通运输过程 各种机动车辆、飞机、轮船等均排放有害废物到大气中。交通运输产生的污染物主要有碳氢化合物、一氧化碳、氮氧化物、含铅污染物、苯并[a]芘等。这些污染物在阳光照射下，有的可经光化学反应，生成光化学烟雾，形成了二次污染物，对人类的危害更大。

3. 大气污染物分类

按照污染物存在的形态，大气污染物可分为颗粒污染物与气态污染物。

依照与污染源的关系，可将其分为一次污染物和二次污染物。从污染源直接排出的原始物质，进入大气后其性质没有发生变化，称为一次污染物；若一次污染物与大气中原有成分，或几种一次污染物之间，发生了一系列的化学变化或光化学反应，形成了与原污染物性质不同的新污染物，称为二次污染物。

(1) 颗粒污染物　颗粒态污染物又称气溶胶，是指液体或固体微粒均匀地分散在气体中形成的相对稳定的悬浮体系。它们可以是无机物，也可以是有机物，或由二者共同组成；可以是无生命的，也可以是有生命的；可以是固态的，也可以是液态的。

大气颗粒物按其粒径大小可分为如下几类。

① 总悬浮颗粒物（TSP）　指空气动力学直径小于100μm的粒子的总和。

② 可吸入颗粒物（PM_{10}）　动力学直径小于10μm的粒子的总和，易于通过呼吸过程而进入呼吸道的粒子。

③ 可入肺颗粒物（细颗粒物）（$PM_{2.5}$）　是动力学直径小于2.5μm的颗粒物的总和。

(2) 气态污染物　气态污染物种类极多，能够检出的上百种对我国大气环境产生危害的主要污染物有五种。

① 含硫化合物　主要指SO_2、SO_3和H_2S等，以SO_2的数量最大，危害也最大。

② 含氮化合物　最主要的是NO、NO_2、NH_3等。

③ 碳氧化合物　CO、CO_2是主要污染大气的碳氧化合物。

④ 碳氢化合物　主要指有机废气。有机废气中的许多组分构成了对大气的污染，如烃、醇、酮、酯、胺等。

⑤ 卤素化合物　主要是含氯化合物及含氟化合物，如HCl、HF、SiF_4等。如表3-4所示。

表3-4　气体状态大气污染物的种类

污染物	一次污染物	二次污染物	污染物	一次污染物	二次污染物
含硫化合物	SO_2、H_2S	SO_3、H_2SO_4、MSO_4	碳氢化合物	C_mH_n	醛、酮、过氧乙酰基硝酸酯
碳氧化合物	CO、CO_2	无	卤素化合物	HF、HCl	无
含氮化合物	NO、NH_3	NO_2、HNO_3、MNO_3、O_3			

(3) 二次污染物　最受人们普遍重视的二次污染物是光化学烟雾。

① 伦敦型烟雾　大气中未燃烧的煤尘、SO_2，与空气中的水蒸气混合并发生化学反应所形成的烟雾，也称为硫酸烟雾。

② 洛杉矶型烟雾　汽车、工厂等排入大气中的氮氧化物或碳氢化合物，经光化学作用形成的烟雾，也称为光化学烟雾。

③ 工业型光化学烟雾　在我国兰州西固地区，氮肥厂排放的NO_x、炼油厂排放的碳氢化合物，经光化学作用所形成的光化学烟雾。

二、主要废气污染物及其危害

大气中的污染物对环境和人体都会产生很大的影响，同时对全球环境也带来影响，如温室气体效应、酸雨、臭氧层破坏等，使全球的气候、生态、农业、森林等发生一系列影响。

图 3-3 显示大气污染对人体及环境的影响途径。大气污染物可以通过降水、降尘等方式对水体、土壤和作物产生影响，并通过呼吸、皮肤接触、食物、饮用水等进入人体，引起对人体健康和生态环境造成直接的近期或远期的危害。

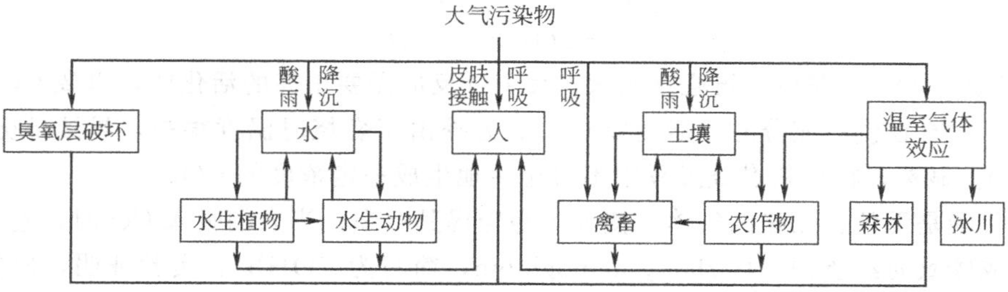

图 3-3 大气污染对人体及环境影响的途径

由于“污染（Pollution）”这个词具有“毁坏”的含义，世界卫生组织（WHO）把大气中那些含量和存在时间达到一定程度以致对人体动植物和物品危害达到可测程度的物质，称为大气污染物。因此，当前最普遍被列入空气质量标准的污染物，除颗粒物外，主要有碳氧化物、硫氧化物、氮氧化物、碳氢化合物、臭氧等。见表 3-5 规定限值。

表 3-5 大气污染物的浓度限值（摘自 GB 3095—1996）

污染物名称	取值时间	浓度限值			浓度单位
		一级标准	二级标准	三级标准	
二氧化硫(SO_2)	年平均	0.02	0.06	0.10	mg/m³（标准状态）
	日平均	0.05	0.15	0.25	
	1h 平均	0.15	0.50	0.70	
总悬浮颗粒物(TSP)	年平均	0.08	0.20	0.30	
	日平均	0.12	0.30	0.50	
可吸入颗粒物(PM_{10})	年平均	0.04	0.10	0.15	
	日平均	0.05	0.15	0.25	
氮氧化物(NO_x)	年平均	0.05	0.05	0.10	
	日平均	0.10	0.10	0.15	
	1h 平均	0.15	0.15	0.30	
二氧化氮(NO_2)	年平均	0.04	0.04	0.08	
	日平均	0.08	0.08	0.12	
	1h 平均	0.12	0.12	0.24	
一氧化碳(CO)	日平均	4.00	4.00	6.00	
	1h 平均	10.00	10.00	20.00	
臭氧(O_3)	1h 平均	0.12	0.16	0.20	
铅(Pb)	季平均	1.50			μg/m³（标准状态）
	年平均	1.00			
苯并[a]芘(B[a]P)	日平均	0.01			
氟化物(F)	日平均	7①			
	1h 平均	20①			
	月平均	1.8②	3.0③		μg/(dm^2·d)
	植物生长季平均	1.2②	2.0③		

① 适用于城市地区。

② 适用于牧业区和以牧业为主的半农半牧业区、蚕桑区。

③ 适用于农业和林业区。

1. 碳氧化合物

碳与氧反应而产生碳的氧化物——一氧化碳和二氧化碳

$$2C+O_2 \xlongequal{} 2CO$$

$$2CO+O_2 \xlongequal{} 2CO_2$$

$$C+CO_2 \xlongequal{} 2CO$$

因 CO(C≡O) 分子中三键强度很大，使 CO 反应需要很高的活化能，以致 CO_2 的生成速度很慢。只有在供氧充分时才能变成 CO_2。另外由于燃烧时温度很高，导致部分 CO_2 被还原成 CO。显然，在燃料燃烧过程中不可避免地生成一定浓度的 CO。

一氧化碳是无色、无味的气体，使人不易警惕其存在。当人们吸入 CO 时，它与血红蛋白作用生成碳氧血红蛋白（Carboxy hemoglobin，简写为 COHb）。实验证明，血红蛋白与一氧化碳的结合能力较与氧的结合能力大 200～300 倍。

$O_2Hb+CO \xlongequal{} COHb+O_2$ 反应平衡常数 210，降低了血液输送氧的能力而引起缺氧。其症状是眩晕等，同时使心脏过度疲劳，致使心血管工作困难，终至死亡。生活中常说的“煤气中毒”实质就是 CO 的作用。这种效应是可逆的，若 CO 中毒发现得早，在未造成其他损伤时，只要吸入新鲜空气1～2h，就可以除去与血红蛋白结合的绝大部分 CO，而不会在人体内积蓄。

一氧化碳也是城市大气中数量最多的污染物，碳氢化合物燃烧不完全是 CO 的主要来源，如汽车排放尾气。其主要危害在于能参与光化学烟雾的形成，以及造成全球的环境问题。

二氧化碳是含碳物质完全燃烧的产物，也是动物呼吸排出的废气。它本身无毒，对人体无害，但其含量大于 8%时会令人窒息。近年来研究发现，现代大气中 CO_2 的浓度不断上升引起地球气候变化，这个问题称为“温室效应”。所以联合国环境规划署决议将 CO_2 列为危害全球的 6 种化学品之一（《世界环境》No. 4，1987，P46，镉、铅、汞、CO_2、NO_2 和光化学氧化剂、二氧化硫及其衍生物），愈来愈受到环境科学的关注。

目前对 CO 的局部排放源的控制措施主要集中在汽车方面。如使用排气的催化反应器，加入过量空气使 CO 氧化成 CO_2。

2. 硫的氧化物

矿物燃料燃烧、冶金、化工等都会产生 SO_2 或 SO_3

$$S+O_2 \xlongequal{} SO_2$$

$$2SO_2+O_2 \xlongequal{} 2SO_3$$

由煤和石油燃烧产生 SO_2 占总排放量的 88%。值得指出的是，如燃煤电厂、冶金厂等排放硫烟气是以大气量、低浓度（含 SO_2 0.1%～0.8%）的形式排放，回收净化相当困难，已成为环境化学工程中一个具有战略意义的课题。尤其像我国以煤为主要能源的发展中国家，既要以煤作能源，又要花费大量费用来除去煤中高含量的硫，从而处于进退两难之中。

SO_2 具有强烈的刺激性气味，它能刺激眼睛，损伤呼吸器官，引起呼吸道疾病。特别是 SO_2 与大气中的尘粒、水分形成气溶胶颗粒时，这三者的协同作用对人的危害更大。这种污染称为伦敦型烟雾或叫硫酸烟雾。其过程是

$$SO_2 \xrightarrow{\text{催化或光化学氧化}} SO_3 \xrightarrow{H_2O} H_2SO_4 \xrightarrow{H_2O} (H_2SO_4)_m(H_2O)_n$$

由 SO_2 氧化成 SO_3 是关键的一步。在大气中可能由光化学氧化、液相氧化、多相催

化氧化这三个途径来实现。许多污染事件表明，SO_2 与其他物质结合会产生更大的影响。比如 1952 年 12 月的其中 5 天，伦敦上空烟尘和 SO_2 浓度很高，地面上完全处于无风状态，雾很大，从工厂和家庭排出的烟尘在空中积蓄久久不断散开，导致死亡人数 3500～4000 人，超过正常死亡状况。尸体解剖表明，呼吸道受到刺激，SO_2 是造成死亡率过高的祸首。

SO_2 的腐蚀性很大，能导致皮革强度降低，建筑材料变色，塑像及艺术品毁坏。在与植物接触时，会杀死叶组织，引起叶子脱色变黄，农作物产量下降。

另外，SO_2 在大气中含量过高是形成酸雨污染的重要因素。2010 年《中国环境状况公报》中显示：全国酸雨分布区域主要集中在长江沿线及以南——青藏高原以东地区。主要包括浙江、江西、湖南、福建的大部分地区，长江三角洲、安徽南部、湖北西部、重庆南部、四川东南部、贵州东北部、广西东北部及广东中部地区。表 3-6 所示。

表 3-6　全国废气中 SO_2 排放量年际变化

年度＼项目	SO_2 排放量/万吨			年度＼项目	SO_2 排放量/万吨		
	合计	工业	生活		合计	工业	生活
2006	2588.8	2234.8	354.0	2007	2468.1	2140.0	328.1
2008	2321.2	1991.3	329.9	2009	2214.4	1866.1	348.3
2010	2185.1	1864.4	320.7				

2010 年，全国 471 个县级及以上城市开展环境空气质量监测，二氧化硫年均浓度达到或优于二级标准的城市占 94.9%，无劣于三级标准的城市。如图 3-4 所示。

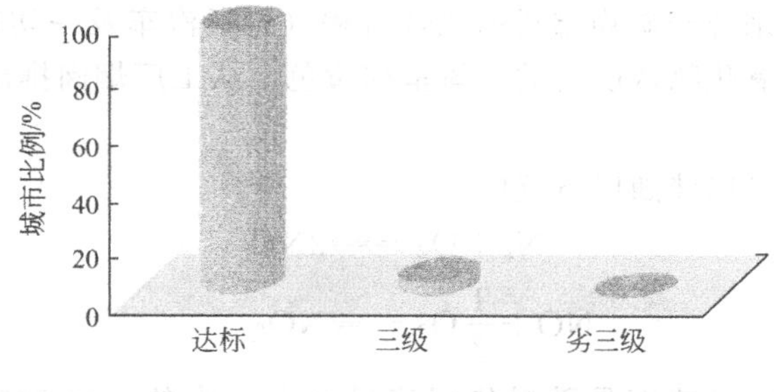

图 3-4　2010 年二氧化硫浓度分级城市比例

监测的 494 个市（县）中，出现酸雨的市（县）249 个，占 50.4%；酸雨发生频率在 25%以上的 160 个，占 32.4%；酸雨发生频率在 75%以上的 54 个，占 11.0%。见表 3-7。

表 3-7　2010 年全国酸雨发生频率分段统计

酸雨发生频率	0	0～25%	25%～50%	50%～75%	≥75%
城市数/个	245	89	57	49	54
所占比例/%	49.6	18.0	11.5	9.9	11.0

与 2009 年相比，发生酸雨（降水 pH 年均值<5.6）的市比例降低 3.1%，发生较重酸雨（降水 pH 年均值<5.0）和重酸雨（降水 pH 年均值<4.5）的城市比例基本持平。详见表 3-8、图 3-5 所示。

表 3-8 2010 年全国降水 pH 年均值统计

pH 均值范围	<4.5	4.5～5.0	5.0～5.6	5.6～7.0	≥7.0
城市数/个	42	65	69	238	80
所占比例/%	8.5	13.1	14.0	48.2	16.2

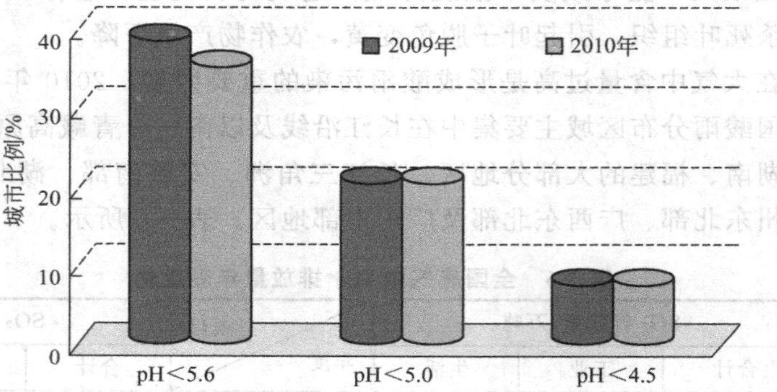

图 3-5 不同降水 pH 年均值的城市比例年际比较

大气中的 SO_2 主要通过降水清除或氧化成硫酸盐微粒后再干沉降或雨除。除此，土壤的微生物降解、化学反应、植被和水体的表面吸收等都是去除 SO_2 的途径。

3. 氮氧化合物

在大气中含量多、危害大的氮氧化物（NO_x）只有一氧化氮（NO）和二氧化氮（NO_2）。人为排放主要来源于矿物燃料的燃烧过程（包括汽车及一切内燃机排放）、生产硝酸工厂排放的尾气。氮氧化物浓度高的气体呈棕黄色，从工厂烟囱排出来的氮氧化物气体称为黄龙。

高温下，燃料燃烧可以伴随以下反应

$$N_2 + O_2 = 2NO$$

$$NO + \frac{1}{2}O_2 = NO_2$$

实验证明，NO 的生成速度是随燃烧温度升高而加大的。在 300℃以下，产生很少的 NO。燃烧温度高于 1500℃时，NO 的生成量就显著增加。

NO 与有强氧化能力的物质作用（如与大气中臭氧作用），则生成 NO_2 的速度很快。NO_2 是一种红棕色有害的恶臭气体，具有腐蚀性和刺激作用。

大气中的氮氧化物对人类、动植物的生长及自然环境有很大的影响。

（1）对人类的影响　当空气中的 NO_2 含量达 150mL/m^3 时，对人的呼吸器官有强烈的刺激，3～8h 会发生肺水肿，可能引起致命的危险。作为低层大气中最重要的光吸收分子，NO_2 可以吸收太阳辐射中的可见光和紫外光，被分解为 NO 和氧原子

$$NO_2 + h\nu(290\sim400\text{nm}) \longrightarrow NO + [O]$$

生成的氧原子非常活泼，由它可继续发生一系列反应，导致光化学烟雾。这就是洛杉矶型烟雾的实质。

（2）对森林和作物生长的影响　NO_x 通过叶表面的气孔进入植物活体组织后，干扰了酶的作用，阻碍了各种代谢机能；有毒物质在植物体内还会进一步分解或参与合成过程，产

生新的有害物质，侵害机体内的细胞和组织，使其坏死。

NO_x 也是形成酸雨的重要原因之一。酸雨可以破坏作物和树的根系统之营养循环；与臭氧结合损害树的细胞膜，破坏光合作用；酸雾还会降低树木的抗严寒和干燥的能力。

(3) NO_x 对全球气候的影响　氮氧化物和二氧化碳引起“温室效应”，使地球气温上升1.5～4.5℃，造成全球性气候反常。

大气中的 NO_x 大部分最终转化为硝酸盐颗粒，通过湿沉降和干沉降过程从大气中消除，被土壤、水体、植被等吸收、转化。

4. 碳氢化合物

碳氢化合物的人为排放源是：汽油燃烧（38.5%）、焚烧（28.3%）、溶剂蒸发（11.3%）、石油蒸发和运输损耗（8.8%）、提炼废物（7.1%）。美国排放碳氢化合物占总产量的比例高达34%，其中半数以上来自交通运输。汽车排放的碳氢化合物主要是两类：烃类，如甲烷、乙烯、乙炔、丙烯、丁烷等；醛类，如甲醛、乙醛、丙醛、丙烯醛和苯甲醛等。此外还有少量芳烃和微量多环芳烃致癌物。

一般碳氢化合物对人的毒性不大，主要是醛类物质具有刺激性。对大气的最大影响是碳氢化合物在空气中反应形成危害较大的二次污染物，如光化学烟雾。

碳氢化合物从大气中去除的途径主要有土壤微生物活动，植被的化学反应、吸收和消化，对流层和平流层化学反应，以及向颗粒物转化等。

5. 粒状污染物

悬浮在大气中的微粒统称为悬浮颗粒物，简称颗粒物，这种微粒可以是固体也可以是液体。因其对生物的呼吸、环境的清洁、空气的能见度以及气候因素等造成不良影响，所以是大气中危害最明显的一类污染物。

天然过程排放颗粒物主要有火山爆发的烟气、岩石风化的灰尘、宇宙降尘、海浪飞逸的盐粒、各种微生物、细菌、植物的花粉等，约占大气颗粒物总量的89%。由燃料燃烧、开矿、选矿或固体物质的粉碎加工（磨面粉、制水泥等）、火药爆炸、农药喷洒等人工过程排放约占颗粒物总量的11%。人为排放集中在人类活动的场所如厂矿、城市等，它增加了人类周围环境的大气负担。人们对大气中不同的颗粒物赋予了种种名称，如烟、尘、雾等，它们的粒径、性质皆有不同，见图3-6所示。

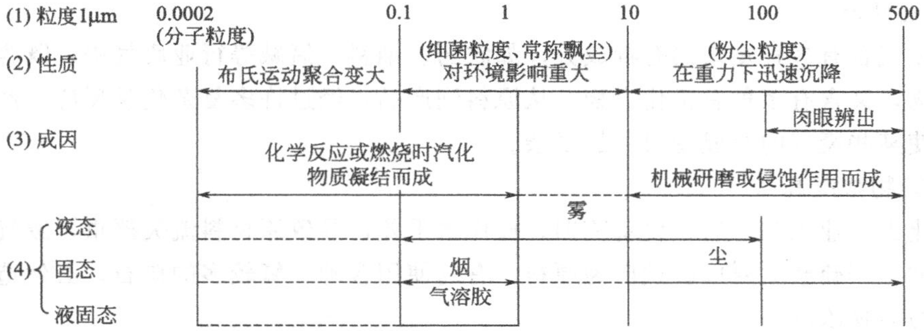

图3-6　微粒的粒度、性质、成因和物态

粒状污染物的危害简略归纳如下。

① 遮挡阳光，使气温降低，或形成冷凝核心，使云雾和雨水增多，以致影响气候。

② 使可见度降低，交通不便，航空与汽车事故增加。

③ 可见度差导致照明耗电增加，燃料消耗随之增多，空气污染也更严重，形成恶性循环。

颗粒物与SO_2的协同作用对呼吸系统危害加大。如伦敦烟雾事件中，1952 年那一次五天死亡近 4000 人；而在 1962 年的事件中，同样气象条件下，SO_2浓度虽然比 1952 年稍高，但飘尘却低一倍，死亡仅 750 人。

用四乙铅作汽油的防爆剂时，排入空气中的铅有 97%为直径小于 0.5μm 的微粒，分布广，危害大。对人的影响症状是脑神经麻木和慢性肾病，严重时死亡。

目前，我国大多数城市空气的首要污染物是颗粒物。2000 年以来，北京、天津等华北大部分地区受沙尘暴影响达十几次，风沙满天、黄土飞扬，几米内难见人影，使大区能见度明显下降，影响甚至扩散至华东地区。全球大气污染物的监测结果表明，北京、沈阳、西安、上海、广州 5 座城市大气中总悬浮颗粒物日均浓度在 200～500μg/m³，超过世界卫生组织标准 3～9 倍，统统被列入世界十大污染城市之中，而这 5 座城市的污染在中国仅属于中等。全国 500 座城市中符合大气环境质量一级标准的，只有 1%。由此可见，降低颗粒物污染是我国大气环境保护的重要课题。

2011 年 12 月以来，连续几日的雾霾天气使$PM_{2.5}$监测再次引起大众关注（$PM_{2.5}$是指大气中直径小于或等于 2.5μm 的颗粒物，也称为可入肺颗粒物）。公众普遍赞成将$PM_{2.5}$监测作为一般评价项目纳入空气质量标准，有的还建议有条件的地区应提前实施。2011 年 11 月 16 日始，环境保护部对《环境空气质量标准》（二次征求意见稿）和《环境空气质量指数（AQI）日报技术规定》（三次征求意见稿），向全社会公开征求意见。于 2012 年 2 月 29 日正式公布。

《环境质量标准》（GB 3095—2012）的最大调整是将$PM_{2.5}$、臭氧（8h 浓度）纳入常规空气质量评价，这也是我国首次制定$PM_{2.5}$标准。意见稿中，$PM_{2.5}$和 24h 平均浓度限值分别定为 0.035mg/m³ 和 0.075mg/m³。新标准于 2016 年 1 月 1 日全面实施。

三、化工废气的特点

1. 种类繁多

化学工业各个行业所用的化工原料不同，即使同一产品所用的工艺路线、同一工艺的不同时间都有差异，生产过程化学反应繁杂，造成化工废气的种类繁多。

2. 组成复杂

化工废气含有多种复杂的有毒成分，如农药、染料。氯碱等行业废气中，既含有多种无机的化合物，又含有多种有机化合物。从原料到产品，经过许多复杂化学反应，产生多种副产物，致使某些废气的组成变得更加复杂。

3. 污染物浓度高

个别化工企业工艺落后、设备陈旧，操作水平差，导致原材料流失严重，废气中污染物浓度高。如生产硫酸主要以硫铁矿为原料，有的使用含砷、氟较多的矿石，必然造成废气排放量大，污染物浓度高。

4. 污染面广，危害性大

某些小化工企业工艺落后，技术力量差，缺乏防治污染所需要的技术，排放的污染物容易致癌、致畸、致突变，含有恶臭、强腐蚀性及易燃、易爆的组分，对生产装置、人身安全与健康及周围环境造成严重危害。

第三节 气态污染物的治理

一、常用的气态污染物的治理方法

工农业生产、交通运输和人类生活活动中所排放的有害气态物质种类繁多，根据这些物质不同的化学性质和物理性质，采用不同的技术方法进行治理。

（一）吸收法

吸收法是采用适当的液体作为吸收剂、使含有有害物质的废气与吸收剂接触，废气中的有害物质被吸收于吸收剂中，使气体得到净化的方法。在吸收过程中，用来吸收气体中有害物质的液体叫做吸收剂，被吸收的组分称为吸收质，吸收了吸收质后的液体叫做吸收液。吸收操作可分为物理吸收和化学吸收。在处理以气量大、有害组分浓度低为特点的各种废气时，化学吸收的效果要比单纯的物理吸收好得多，因此在用吸收法治理气体污染物时，多采用化学吸收法进行。

直接影响吸收效果的是吸收剂的选择。所选择的吸收剂一般应具有以下特点：吸收容量大，即在单位体积的吸收剂中吸收有害气体的数量要大；饱和蒸气压低，以减少因挥发而引起的吸收剂的损耗；选择性高，即对有害气体吸收能力强；沸点要适宜，热稳定性高，黏度及腐蚀性要小，价廉易得。

根据以上原则，若去除氯化氢、氨、二氧化硫、氟化氢等可选用水作吸收剂；若去除二氧化硫、氮氧化物、硫化氢等酸性气体可选用碱液（如烧碱溶液、石灰乳、氨水等）作吸收剂；若去除氨等碱性气体可选用酸液（如硫酸溶液）作吸收剂。另外，碳酸丙烯酯、*N*-甲基吡咯烷酮及冷甲醇等有机溶剂也可以有效地去除废气中的二氧化碳和硫化氢。

吸收法中所用吸收设备的主要作用是使气液两相充分接触，以便更好地发生传质过程，常用吸收装置性能比较见表 3-9。

表 3-9 吸收装置的性能比较

装置名称	分散相	气测传质系数	液测传质系数	所用的主要气体
填料塔	液	中	中	SO_2、H_2S、HCl、NO_2 等
空塔	液	小	小	HF、SiF_4、HCl
旋风洗涤塔	液	中	小	含粉尘的气体
文丘里洗涤塔	液	大	中	HF、H_2SO_4、酸雾
板式塔	气	小	中	Cl_2、HF
湍流塔	液	中	中	HF、NH_3、H_2S
泡沫塔	气	小	小	Cl_2、NO_2

吸收一般采用逆流操作，被吸收的气体由下向上流动，吸收剂由上而下流动，在气、液逆流接触中完成传质过程。吸收工艺流程有非循环和循环过程两种，前者吸收剂不予再生，后者吸收剂封闭循环使用。

吸收法具有设备简单、捕集效率高、应用范围广、一次性投资低等特点，已被广泛用于有害气体的治理，例如含 SO_2、H_2S、HF 和 NO_x 等污染物的废气，均可用吸收法净化。吸收是将气体中的有害物质转移到了液相中，因此必须对吸收液进行处理，否则容易引起二次污染。此外，低温操作下吸收效果好，在处理高温烟气时，必须对排气进行降温处理，可以采取直接冷却、间接冷却、预置洗涤器等降温手段。

1. SO_2 废气的吸收法治理

燃烧过程及一些工业生产排出的废气中 SO_2 浓度较低，而废气量大、影响面广。因此主要采用化学吸收才能满足净化要求。在化学吸收过程中，SO_2 作为吸收物质在液相中与吸收剂起化学反应，生成新物质，使 SO_2 在液相中的含量降低，从而增加了吸收过程的推动力；另一方面，由于溶液表面上 SO_2 的平衡分压降低很多，从而增加了吸收剂吸收气体的能力，使排出吸收设备气体中所含的 SO_2 浓度进一步降低，能达到很高的净化要求。目前具有工业实用意义的 SO_2 化学吸收方法主要有如下几种。

(1) 亚硫酸钾（钠）吸收法（WL 法）　此法是英国威尔曼-洛德动力气体公司于 1966 年开发的，是以亚硫酸钾或亚硫酸钠为吸收剂，SO_2 的脱除率达 90%以上。吸收母液经冷却、结晶、分离出亚硫酸钾（钠），再用蒸汽将其加热分解生成亚硫酸钾（钠）和 SO_2。亚硫酸钾（钠）可以循环使用，SO_2 回收制硫酸。其流程见图 3-7、图 3-8。

WL-K（钾）法的反应为

$$K_2SO_3+SO_2+H_2O \longrightarrow 2KHSO_3 \text{（吸收过程产物）}$$

$$2KHSO_3 \xrightarrow{\text{加热}} K_2SO_3+SO_2\uparrow+H_2O\uparrow \text{（分解过程产物）}$$

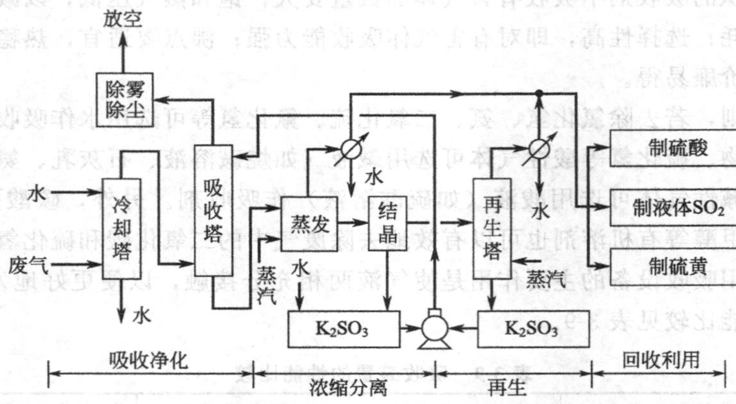

图 3-7　WL-K（钾）法流程图

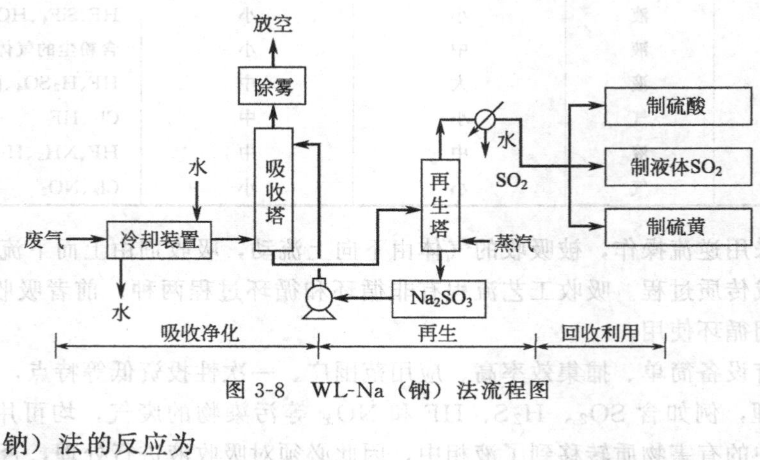

图 3-8　WL-Na（钠）法流程图

WL-Na（钠）法的反应为

$$Na_2SO_3+SO_2+H_2O \longrightarrow 2NaHSO_3 \text{（吸收过程产物）}$$

$$2NaHSO_3 \xrightarrow{\text{加热}} Na_2SO_3+SO_2\uparrow+H_2O\uparrow \text{（分解过程产物）}$$

WL 法的优点是吸收液循环使用，吸收剂损失少；吸收液对 SO_2 的吸收能力高，液体循环量少，泵的容量少；副产品 SO_2 的纯度高；操作负荷范围大，可以连续运转；基建投资和操作费用较低，可实现自动化操作。

WL 法的缺点是必须将吸收液中可能含有的 Na_2SO_4 去除掉，否则会影响吸收速率；另外吸收过程中会有结晶析出而造成设备堵塞。

(2) 碱液吸收法　采用苛性钠溶液、纯碱溶液或石灰浆液作为吸收剂，吸收 SO_2 后制得亚硫酸钠或亚硫酸钙。

① 以苛性钠溶液作吸收剂（吴羽法）　反应过程为

$$2NaOH+SO_2 \longrightarrow Na_2SO_3+H_2O$$
$$Na_2SO_3+SO_2+3H_2O \longrightarrow 2NaHSO_3+2H_2O$$
$$2NaHSO_3+2NaOH \longrightarrow 2Na_2SO_3+2H_2O$$

工艺流程如图 3-9 所示。

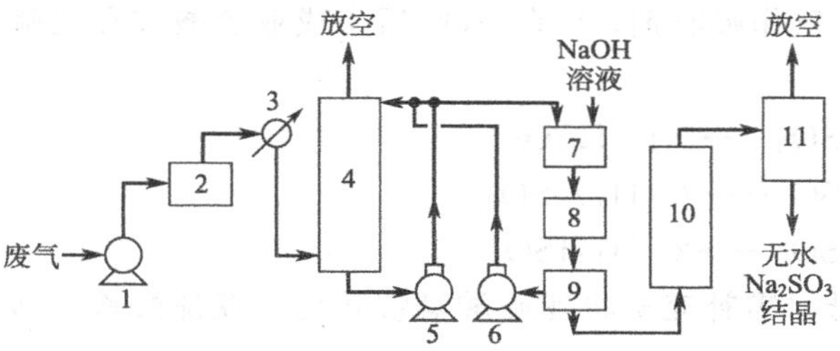

图 3-9　吴羽法脱硫流程

1—风机；2—除尘器；3—冷却塔；4—吸收塔；5，6—泵；7—中和结晶槽；8—浓缩器；9—分离机；10—干燥塔；11—旋风式分离器

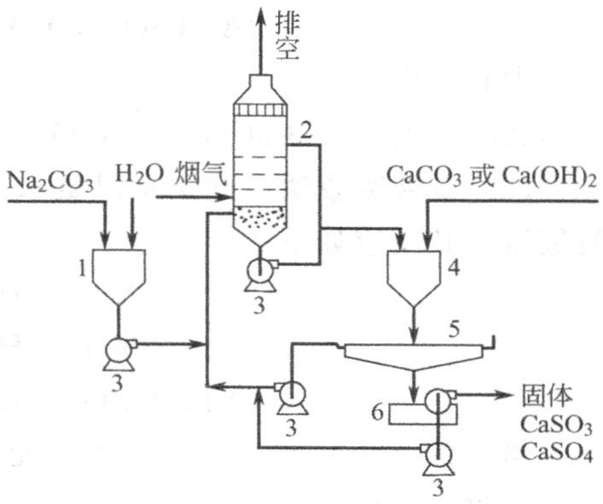

图 3-10　钠碱双碱法工艺流程

1—配碱槽；2—洗涤器；3—液泵；4—再生槽；5—增稠器；6—过滤器

含 SO_2 废气先经除尘以防止堵塞吸收塔，冷却的目的在于提高吸收效率。但吸收液的 pH 达 5.6～6.0 后，送至中和结晶槽，加入 50％的 NaOH 调整 pH＝7，加入适量硫化钠溶液以去除铁和重金属离子，随后再用 NaOH 将 pH 调整到 12。进行蒸发结晶后，用离子分离机将亚硫酸钠结晶分离出来，干燥之后，经旋风分离可得无水亚硫酸钠产品。

此法 SO_2 的吸收率可达 95％以上，且设备简单，操作方便。但苛性钠供应紧张，亚硫酸钠销路有限，此法仅适用于小规模［10 万立方米（标）/h 废气］的生产。

② 用纯碱溶液作为吸收剂（双碱法）　此法是用 Na_2CO_3 或 NaOH 溶液（第一碱）来吸收废气中的 SO_2，再用石灰石或石灰浆液（第二碱）再生，制得石膏，再生后的溶液可继续循环使用。

吸收的化学反应为

$$2Na_2CO_3+SO_2+H_2O \longrightarrow 2NaHCO_3+Na_2SO_3$$
$$2NaHCO_3+SO_2 \longrightarrow Na_2SO_3+2CO_2+H_2O$$
$$Na_2SO_3+SO_2+H_2O \longrightarrow 2NaHSO_3$$

双碱法的工艺流程如图 3-10 所示。

再生过程的反应为

$$2NaHSO_3 + CaCO_3 \longrightarrow Na_2SO_3 + CaSO_3 \cdot \frac{1}{2}H_2O \downarrow + CO_2 \uparrow + \frac{1}{2}H_2O$$

$$2NaHSO_3 + Ca(OH)_2 \longrightarrow Na_2SO_3 + CaSO_3 \cdot \frac{1}{2}H_2O \downarrow + \frac{3}{2}H_2O$$

$$2CaSO_3 \cdot \frac{1}{2}H_2O + O_2 + 3H_2O \longrightarrow 2CaSO_4 \cdot 2H_2O$$

另一种双碱法是采用碱式硫酸铝[$Al_2(SO_4)_3 \cdot xAl_2O_3$]作吸收剂，吸收 SO_2 后再氧化成硫酸铝，然后用石灰石与之中和再生出碱性硫酸铝循环使用，并得到副产品石膏。其反应过程是：

吸收反应

$$Al_2(SO_4)_3 \cdot Al_2O_3 + 3SO_2 \longrightarrow Al_2(SO_4)_3 \cdot Al_2(SO_3)_3$$

氧化反应

$$2Al_2(SO_4)_3 \cdot Al_2(SO_3)_3 + 3O_2 \longrightarrow 4Al_2(SO_4)_3$$

中和反应

$$2Al_2(SO_4)_3 + 3CaCO_3 + 6H_2O \longrightarrow Al_2(SO_4)_3 \cdot Al_2O_3 + 3CaSO_4 \cdot 2H_2O + 3CO_2 \uparrow$$

(3) 氨液吸收法　此法是以氨水或液态氨作吸收剂，吸收 SO_2 后生成亚硫酸铵和亚硫酸氢铵。其反应如下

$$NH_3 + H_2O + SO_2 \longrightarrow NH_4HSO_3$$

$$2NH_3 + H_2O + SO_2 \longrightarrow (NH_4)_2SO_3$$

$$(NH_4)_2SO_3 + H_2O + SO_2 \longrightarrow 2NH_4HSO_3$$

当 NH_4HSO_3 比例增大，吸收能力降低，需补充氨将亚硫酸氢铵转化成亚硫酸铵，即进行吸收液的再生

$$NH_3 + NH_4HSO_3 \longrightarrow (NH_4)_2SO_3$$

此外，还需引出一部分吸收液，可以采用氨-硫酸铵法、氨-亚硫酸铵法等方法进行回收硫酸铵或亚硫酸铵等副产品。

① 氨-硫酸铵法　此法亦称酸分解法，其工艺流程如图 3-11 所示。

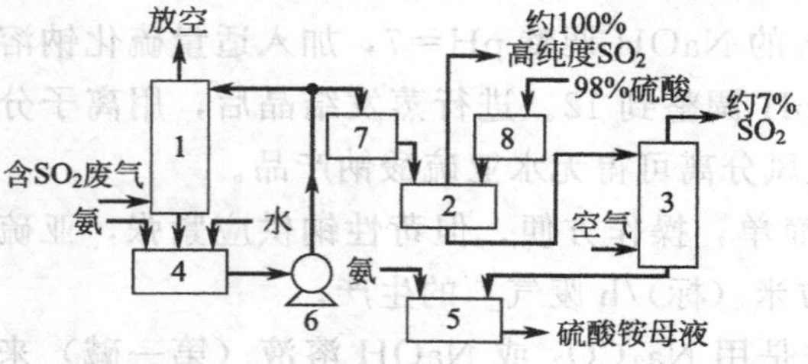

图 3-11　酸分解法脱硫流程示意图

1—吸收塔；2—混合器；3—分解塔；4—循环槽；5—中和器；6—泵；7—母液；8—硫酸

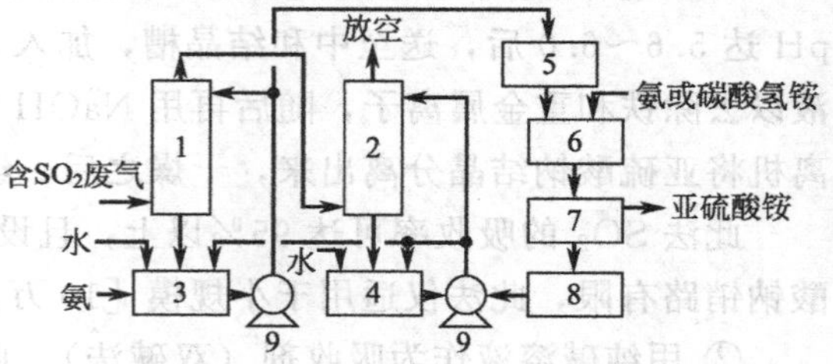

图 3-12　氨-亚硫酸铵法脱硫流程示意图

1—第一吸收塔；2—第二吸收塔；3，4—循环槽；5—高位槽；6—中和器；7—离心机；8—吸收液贮槽；9—吸收液泵

将吸收液通过过量硫酸进行分解，再用氨进行中和以获得硫酸铵，同时制得 SO_2 气体。其反应如下。

$$(NH_4)_2SO_3 + H_2SO_4 \longrightarrow (NH_4)_2SO_4 + SO_2 + H_2O$$

$$2NH_4HSO_3+H_2SO_4 \longrightarrow (NH_4)_2SO_4+2SO_2+2H_2O$$

$$H_2SO_4+2NH_3 \longrightarrow (NH_4)_2SO_4$$

② 氨-亚硫酸铵法　此法是将吸收液引入混合器内，加入氨中和，将亚硫酸氢铵转变为亚硫酸铵，直接去结晶，分离出亚硫酸铵产品。

此法不必使用硫酸，投资少，设备简单。其工艺流程见图 3-12。

(4) 液相催化氧化吸收法（千代田法）　此法是以含 Fe^{3+} 催化剂的浓度为 2%～3%稀硫酸溶液作吸收剂，直接将 SO_2 氧化成硫酸。吸收液一部分回吸收塔循环使用，另一部分与石灰石反应生成石膏。故此法也称稀硫酸-石膏法，其反应为

$$2SO_2+O_2+2H_2O \xrightarrow{Fe^{3+}} 2H_2SO_4$$

$$H_2SO_4+CaCO_3+H_2O \longrightarrow CaSO_4 \cdot 2H_2O\downarrow +CO_2\uparrow$$

其工艺流程如图 3-13 所示。

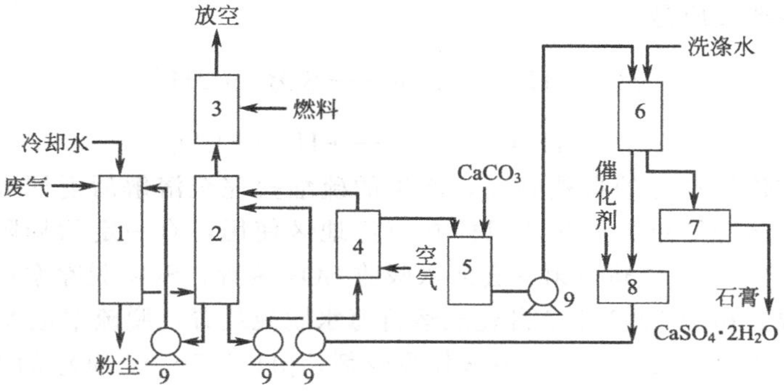

图 3-13　稀硫酸-石膏法脱硫流程示意图

1—冷却塔；2—吸收塔；3—加热塔；4—氧化塔；5—结晶塔；6—离心机；7—输送机；8—吸收液贮槽；9—泵

千代田法简单，操作容易，不需特殊设备和控制仪表，能适应操作条件的变化，脱硫率可达 98%，投资和运转费用较低。缺点是稀硫酸腐蚀性较强，必须采用合适的防腐材料。同时，所得稀硫酸浓度过低，不便于运输和使用。

(5) 金属氧化物吸收法　此法是用 MgO、ZnO、MnO_2、CuO 等金属氧化物的碱性水化物浆液作为吸收剂。吸收 SO_2 后的溶液中含有亚硫酸盐、亚硫酸氢盐和氧化产物硫酸盐，它们在较高温度下分解并再生出浓度较高的 SO_2 气体。现以 MgO 为例进行介绍，称作氧化镁法。

吸收过程反应

$$MgO+H_2O \longrightarrow Mg(OH)_2$$

$$Mg(OH)_2+SO_2+5H_2O \longrightarrow MgSO_3 \cdot 6H_2O$$

$$MgSO_3+6H_2O+SO_2 \longrightarrow Mg(HSO_3)_2+5H_2O$$

$$Mg(HSO_3)_2+Mg(OH)_2+10H_2O \longrightarrow 2MgSO_3 \cdot 6H_2O$$

若烟气中 O_2 过量时

$$Mg(HSO_3)_2+\frac{1}{2}O_2+6H_2O \longrightarrow MgSO_4 \cdot 7H_2O+SO_2$$

$$MgSO_3+\frac{1}{2}O_2+7H_2O \longrightarrow MgSO_4 \cdot 7H_2O$$

干燥过程反应

$$MgSO_3 \cdot 6H_2O \xrightarrow{\triangle} MgSO_3 + 6H_2O$$

$$MgSO_4 \cdot 7H_2O \xrightarrow{\triangle} MgSO_4 + 7H_2O$$

分解过程反应

$$MgSO_3 \xrightarrow{800\sim1100℃} MgO + SO_2\uparrow$$

$$MgSO_4 + \frac{1}{2}C \longrightarrow MgO + SO_2\uparrow + \frac{1}{2}CO_2\uparrow$$

我国的氧化镁（菱苦土）资源丰富，该法在我国有发展前途。

(6) 海水吸收法　该法是近年来发展起来的一项新技术，它利用海水中和烟气中的SO_2，经反应生成可溶性的硫酸盐排回大海。海水 pH 为 8.0～8.3，所含碳酸盐对酸性物质有缓冲作用，海水吸收 SO_2 生成的产物是海洋中的天然成分，不会对环境造成严重污染。

海水脱硫的主要反应是

$$SO_2 + H_2O + \frac{1}{2}O_2 \longrightarrow SO_4^{2-} + 2H^+$$

$$HCO_3^- + H^+ \longrightarrow H_2O + CO_2$$

海水脱硫工艺依靠现场的自然碱度，产生的硫酸盐完全溶解后返回大海，无固体生成物；所需设备少，运行简单。但此法只能在海洋地区使用，有一定的局限性。挪威西海岸Mongstadt 炼油厂于 1989 年建成第一套海水吸收 SO_2 装置，SO_2 脱除率可达 98.8%。我国深圳西部电力有限公司于 1998 年 7 月建成运行海水脱硫装置，脱硫率也大于 90%。

(7) 尿素吸收法　此法是用尿素溶液作吸收剂，pH 为 5～9，SO_2 的去除率与其在烟气中的浓度无关，吸收液可回收硫酸铵。其反应如下。

$$SO_2 + \frac{1}{2}O_2 + CO(NH_2)_2 + 2H_2O \longrightarrow (NH_4)_2SO_4 + CO_2$$

此法可同时去除 NO_x，去除率大于 95%。

$$NO + NO_2 + CO(NH_2)_2 \longrightarrow 2H_2O + CO_2 + N_2$$

尿素吸收 SO_2 工艺由俄罗斯门捷列夫化学工艺学院开发，SO_2 去除率可达 100%。

2. NO_x 废气的吸收法治理

采用吸收法脱出氮氧化物，是化学工业生产过程中比较常用的方法。可以归纳为：水吸收法；酸吸收法，如硫酸、稀硝酸作吸收剂；碱液吸收法，如烧碱、纯碱、氨水作吸收剂；还原吸收法，如氯-氨、亚硫酸盐法等；氧化吸收法，如次氯酸钠、高锰酸钾、臭氧作氧化剂；生成配合物吸收法，如硫酸亚铁法；分解吸收法，如酸性尿素水溶液作吸收剂。

现具体简单介绍几种。

① 水吸收法　NO_2 或 N_2O_4 与水接触，发生以下反应

$$2NO_2(或N_2O_4) + H_2O \longrightarrow HNO_3 + HNO_2$$

$$2HNO_2 \longrightarrow H_2O + NO + NO_2\ (或\frac{1}{2}N_2O_4)$$

$$2NO + O_2 \longrightarrow 2NO_2(或N_2O_4)$$

水对氮氧化物的吸收率很低，主要是由一氧化氮被氧化成二氧化氮的速率决定。当一氧化氮浓度高时，吸收速率有所增高。一般水吸收法的效率为 30%～50%。

此法制得浓度为 5%～10%的稀硝酸，可用于中和碱性污水，作为废水处理的中和剂，

也可用于生产化肥等。另外，此法是在588～686kPa的高压下操作，操作费及设备费均较高。

② 稀硝酸吸收法 此法是用30%左右的稀硝酸作为吸收剂，先在20℃和1.5×10^5Pa压力下，NO_x被稀硝酸进行物理吸收，生成很少硝酸；然后将吸收液在30℃下用空气进行吹脱，吹出NO_x后，硝酸被漂白；漂白酸经冷却后再用于吸收NO_x。由于氮氧化物在漂白稀硝酸中的溶解度要比在水中溶解度高，一般采用此法NO_x的去除率可达80%～90%。稀硝酸吸收法流程示意图见3-14。

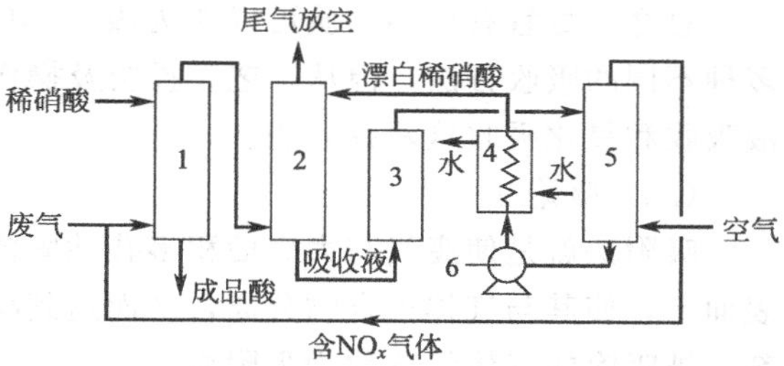

图 3-14 稀硝酸吸收法流程示意图

1—第一吸收塔；2—第二吸收塔；3—加热器；4—冷却塔；5—漂白塔；6—泵

③ 碱性溶液吸收法 此法的原理是利用碱性物质来中和所生成的硝酸和亚硝酸，使之变为硝酸盐和亚硝酸盐。使用的吸收剂主要有氢氧化钠、碳酸钠和石灰乳等。

烧碱作吸收剂

$$2NaOH+2NO_2 \longrightarrow NaNO_3+NaNO_2+H_2O$$

$$2NaOH+2NO_2+NO \longrightarrow 2NaNO_2+H_2O$$

该法氮氧化物的脱除率可以达到80%～90%。

纯碱作吸收剂

$$Na_2CO_3+2NO_2 \longrightarrow NaNO_3+NaNO_2+CO_2\uparrow$$

$$Na_2CO_3+NO_2+NO \longrightarrow 2NaNO_2+CO_2\uparrow$$

该法氮氧化物的脱除率约为70%～80%。

氨水作吸收剂

$$2NO_2+2NH_3 \longrightarrow NH_4NO_3+N_2+H_2O$$

$$2NO+\frac{1}{2}O_2+2NH_3 \longrightarrow NH_4NO_2+N_2+H_2O$$

该法氮氧化物的脱除率可达90%。

④ 还原吸收法 此法是利用氯的氧化能力与氨的中和还原能力治理氮氧化物，称氯-氨法。

其反应是

$$2NO+Cl_2 \longrightarrow 2NOCl$$

$$NOCl+2NH_3 \longrightarrow NH_4Cl+N_2\uparrow+H_2O$$

$$2NO_2+2NH_3 \longrightarrow NH_4NO_3+N_2\uparrow+H_2O$$

此种方法NO_x的去除率比较高，可达80%～90%，产生的N_2对环境也不存在污染问题。但是，由于同时还有氯化铵及硝酸铵产生，呈白色烟雾，需要进行电除尘分离，使本方法的推广使用受到限制。

⑤ 氧化吸收法 用氧化剂先将NO氧化成NO_2，然后再用吸收液加以吸收。例如日本的NE法是采用碱性高锰酸钾溶液作为吸收剂，其反应是

$$KMnO_4+NO \longrightarrow KNO_3+MnO_2\downarrow$$

$$3NO_2+KMnO_4+2KOH \longrightarrow 3KNO_3+H_2O+MnO_2\downarrow$$

此法NO_x去除率达93%～98%。这类方法效率高，但运转费用也比较高。

总之，尽管有许多物质可以作为吸收 NO_x 的吸收剂，使含 NO_x 废气的治理可以采用多种不同的吸收方法，但从工艺、投资及操作费用等方面综合考虑，目前较多的还是碱性溶液吸收和氧化吸收这两种方法。

（二）吸附法

吸附法就是使废气与大表面积多孔性固体物质相接触，使废气中的有害组分吸附在固体表面上，使其与气体混合物分离，从而达到净化的目的。具有吸附作用的固体物质称为吸附剂，被吸附的气体组分称为吸附质。

吸附过程是可逆的过程，在吸附质被吸附的同时，部分已被吸附的吸附质分子还可因分子的热运动而脱离固体表面回到气相中去，这种现象称为脱附。当吸附与脱附速度相等时，就达到了吸附平衡，吸附的表观过程停止，吸附剂就丧失了吸附能力，此时应当对吸附剂进行再生，即采用一定的方法使吸附质从吸附剂上解脱下来。吸附法治理气态污染物包括吸附及吸附剂再生的全部过程。

吸附净化法的净化效率高，特别是对低浓度气体仍具有很强的净化能力。吸附法常常应用于排放标准要求严格或有害物浓度低，用其他方法达不到净化要求的气体净化。但是由于吸附剂需要重复再生利用，以及吸附剂的容量有限，使得吸附方法的应用受到一定的限制，如对高浓度废气的净化，一般不宜采用该法，否则需要对吸附剂频繁进行再生，既影响吸附剂的使用寿命，同时会增加操作费用及操作上的繁杂程序。

合理选择与利用高效率吸附剂，是提高吸附效果的关键。应从几方面考虑吸附剂选择：大的比表面积和孔隙率；良好的选择性；吸附能力强，吸附容量大；易于再生；机械强度大，化学稳定性强，热稳定性好，耐磨损，寿命长；价廉易得。

根据以上特点，常用的吸附剂见表 3-10 所示。

表 3-10 不同吸附剂及应用范围

吸附剂	可吸附的污染物种类
活性炭	苯、甲苯、二甲苯、丙酮、乙醇、乙醚、甲醛、煤油、汽油、光气、醋酸乙酯、苯乙烯、恶臭物质、H_2S、Cl_2、CO、SO_2、NO_x、CS_2、CCl_4、$CHCl_3$、CH_2Cl_2
活性氧化铝	H_2S、SO_2、C_nH_m、HF
硅胶	NO_x、SO_2、C_2H_2、烃类
分子筛	NO_x、SO_2、CO、CS_2、H_2S、NH_3、C_nH_m、Hg(气)
泥煤，褐煤	NO_x、SO_2、SO_3、NH_3

吸附效率较高的吸附剂如活性炭、分子筛等，价格一般都比较昂贵。因此必须对失效吸附剂进行再生而重复使用，以降低吸附法的费用。常用的再生方法有热再生（或升温脱附）、降压再生（或减压脱附）、吹扫再生、化学再生等。由于再生的操作比较麻烦，且必须专门供应蒸汽或热空气等满足吸附剂再生的需要，使设备费用和操作费用增加，限制了吸附法的广泛应用。

1. 吸附法烟气脱硫

应用活性炭作吸附剂吸附烟气中的 SO_2 较为广泛。当 SO_2 气体分子与活性炭相遇时，就被具有高度吸附力的活性炭表面所吸附，这种吸附是物理吸附，吸附的数量是非常有限的。由于烟气中有氧气存在，因此已吸附的 SO_2 就被氧化成 SO_3，活性炭表面起着催化氧化的作用。如果有水蒸气存在，则 SO_3 就和水蒸气结合形成 H_2SO_4，吸附于微孔中，这样就增加了对 SO_2 的吸附量。整个吸附过程可表示为

$$SO_2 \longrightarrow SO_2^{*}\text{（物理吸附）}$$
$$O_2 \longrightarrow O_2^{*}\text{（物理吸附）}$$
$$H_2O \longrightarrow H_2O^{*}\text{（物理吸附）}$$
$$2SO_2^{*} + O_2^{*} \longrightarrow 2SO_3^{*}\text{（化学反应）}$$
$$SO_3^{*} + H_2O^{*} \longrightarrow H_2SO_4^{*}\text{（化学反应）}$$
$$H_2SO_4^{*} + nH_2O^{*} \longrightarrow H_2SO_4 \cdot nH_2O^{*}\text{（稀释作用）}$$

* 表示已被吸附在活性炭内。

利用 H_2S 将活性炭再生，称为还原再生法。其反应是：

$$3H_2S + H_2SO_4 \longrightarrow 4S + 4H_2O$$

用 H_2 作还原剂，在 540℃左右将 S 转化成 H_2S。

$$S + H_2 \xrightarrow{540℃} H_2S$$

H_2S 又可用来再生 S。

图 3-15 是活性炭脱硫和还原再生法流程。此法可以在较低温度下进行，过程简单，无副反应，脱硫效率约为 80%～95%。但由于它的负载能力较小，吸附时气速不宜过大，因此活性炭的用量较大，设备庞大，不宜处理大流量的烟气。

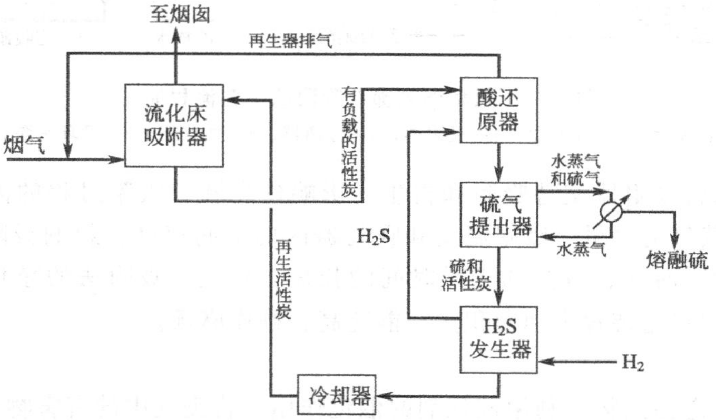

图 3-15 活性炭脱硫和还原再生法流程

2. 吸附法排烟脱硝

吸附法排烟脱硝具有很高的净化效率。常用的吸附剂有分子筛、硅胶、活性炭、含氨泥煤等，其中分子筛吸附 NO_x 是最有前途的一种。

丝光沸石就是分子筛的一种。它是一种硅铝比大于 10～13 的铝硅酸盐，其化学式为 $Na_2O \cdot Al_2O_3 \cdot 10SiO_2 \cdot 6H_2O$，耐热、耐酸性能好，天然蕴藏量较多。用 H^+ 代替 Na^+ 即得氢型丝光沸石。

丝光沸石脱水后孔隙很大，其比表面积达 500～1000m^2/g，可容纳相当数量的被吸附物质。其晶穴内有很强的静电场和极性，对低浓度的 NO_x 有较高的吸附能力。当含 NO_x 的废气通过丝光沸石吸附层时，由于水和 NO_2 分子极性较强，被选择性地吸附在丝光沸石分子筛的内表面上，两者在内表面上进行如下反应

$$3NO_2 + H_2O \longrightarrow 2HNO_3 + NO\uparrow$$

放出的 NO 连同废气中的 NO 与 O_2 在丝光沸石分子筛的内表面上被催化氧化成 NO_2 而被继续吸附。

$$2NO+O_2 \longrightarrow 2NO_2$$

经过一定的吸附层高度，废气中的水和 NO_x 均被吸附。达到饱和的吸附层用热空气或水蒸气加热，将被吸附的 NO_x 和在沸石内表面上生成的硝酸脱附出来。脱附后的丝光沸石经干燥后得以再生。流程如图 3-16 所示。

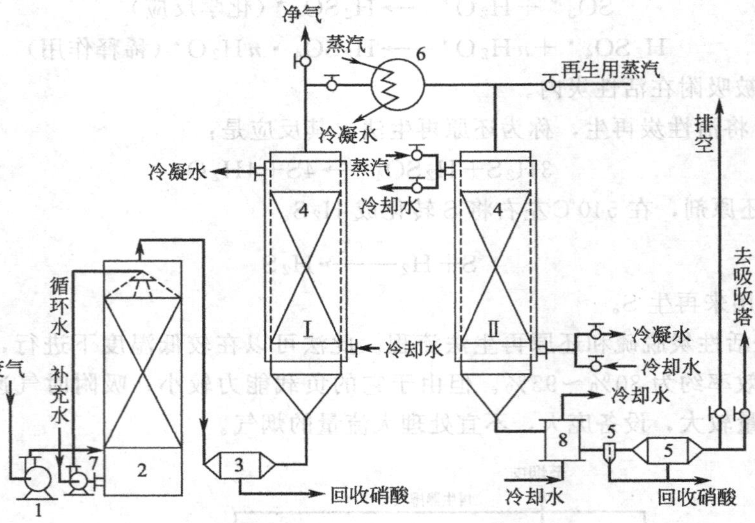

图 3-16 氢型丝光沸石吸附法工艺流程简图

1—通风机；2—冷却塔；3—除雾器；4—吸附器；5—分离器；6—加热器；7—循环水泵；8—冷凝冷却器

流程中设置两台吸附器交替吸附和再生。影响丝光沸石吸附过程的因素主要有废气中 NO_x 的浓度、水蒸气的含量、吸附温度和吸附器内的空间速度。影响吸附层再生过程的因素主要有脱吸温度、时间、方法和干燥时间的长短。总之，吸附法的净化效率高，可回收 NO_x 制取硝酸。缺点是装置占地面积大、能耗高、操作麻烦。

（三）催化法

催化法净化气态污染物是利用催化剂的催化作用，将废气中的有害物质转化为无害物质或易于去除的物质的一种废气治理技术。

催化法与吸收法、吸附法不同，在治理污染过程中，无需将污染物与主气流分离，可直接将有害物质转变为无害物质，这不仅可避免产生二次污染，而且可简化操作过程。此外，所处理的气体污染物的初始浓度都很低，反应的热效应不大，一般可以不考虑催化床层的传热问题，从而大大简化催化反应器的结构。由于上述优点，可使用催化法使废气中的碳氢化合物转化为二氧化碳和水，氮氧化物转化为氮，二氧化硫转化为三氧化硫后加以回收利用，有机废气和臭气催化燃烧，以及汽车尾气的催化净化等。该法的缺点是催化剂价格较高，废气预热需要一定的能量，即需添加附加的燃料使得废气催化燃烧。

催化剂一般是由多种物质组成的复杂体系，按各成分所起作用的不同，主要分为活性组分、载体、助催化剂。催化剂的活性除表现为对反应速率具有明显的改变之外还具有如下特点。①催化剂只能缩短反应到达平衡的时间，而不能使平衡移动，更不可能使热力学上不可发生的反应进行。②催化剂性能具有选择性，即特定的催化剂只能催化特定的反应。③每一种催化剂都有它的特定活性温度范围。低于活性温度，反应速率慢，催化剂不能发挥作用；高于活性温度，催化剂会很快老化甚至被烧坏。④每一种催化剂都有中毒、衰老的特性。根据活性、选择性、机械强度、热稳定性、化学稳定性及经济性等来筛选催化剂是催化净化有害气体的关键。常用的催化剂一般为金属盐类或金属，如钒、铂、铅、镉、氧化铜、氧化锰等物质。载在具有巨大表面积的惰性载体上，典型的载体为氧化铝、铁矾土、石棉、陶土、活性炭和金属丝等。表 3-11 为净化气态污染物常用的几种催化剂的组成。

表 3-11　净化气态污染物常用的几种催化剂的组成

用　　途	主活性物质	载　　体
有色冶炼烟气制酸，硫酸厂尾气回收制酸等 SO_2-SO_3	V_2O_5 含量 6%～12%	SiO_2（助催化剂 K_2O 或 Na_2O）
硝酸生产及化工等工艺尾气 NO_x-N_2	Pt、Pd 含量 0.5%	Al_2O_3-SiO_2
	$CuCrO_2$	Al_2O_3-MgO
碳氢化合物的净化 $CO+H_2$ CO_2+H_2O	Pt、Pd、Rh	Ni、NiO、Al_2O_3
	CuO、Cr_2O_3、Mn_2O_3	Al_2N_3
	稀土金属氧化物	
汽车尾气净化	Pt(0.1%) 碱土、稀土和过渡金属氧化物	硅铝小球、蜂窝陶瓷 α-Al_2O_3、γ-Al_2O_3

催化法包括催化氧化和催化还原两种，主要用于 SO_2 和 NO_x 的去除。

1. 催化氧化脱除 SO_2

NO_2 在 150℃时，可以使 SO_2 氧化成 SO_3。烟气中有 SO_2、NO_x、H_2O 和 O_2 等，它们在催化剂存在下有如下反应。

$$SO_2+NO_2 \longrightarrow SO_3+NO$$

$$SO_3+H_2O \longrightarrow H_2SO_4$$

$$NO+\frac{1}{2}O_2 \longrightarrow NO_2$$

$$NO+NO_2 \longrightarrow N_2O_3$$

$$N_2O_3+2H_2SO_4 \longrightarrow 2HNSO_5+H_2O$$

$$4HNSO_5+O_2+2H_2O \longrightarrow 4H_2SO_4+4NO_2\uparrow$$

此法为低温干式催化氧化脱硫法，既能净化氧气中 SO_2，又能部分脱除烟气中 NO_x，所以在电厂烟气脱硫中应用较多。

2. 催化还原法排烟脱硝

用氨作还原剂，铜铬作催化剂，废气中 NO_x 被 NH_3 有选择地还原为 N_2 和 H_2O，其反应式为：

$$6NO+4NH_3 \xrightarrow{\text{催化剂}} 5N_2+6H_2O$$

$$6NO_2+8NH_3 \xrightarrow{\text{催化剂}} 7N_2+12H_2O$$

本法脱硝效率在 90%以上，技术上是可行的，不过 NO_x 未能得到利用，而要消耗一定量的氨。本法适用硝酸厂尾气中 NO_x 的治理。流程见图 3-17。

以甲烷作还原剂，铂、钯或铜、镍等金属氧化物为催化剂，在 400～800℃条件下，也可将氮氧化物还原成氮气。

$$CH_4+4NO_2 \longrightarrow 4NO+CO_2+2H_2O$$

$$CH_4+4NO \longrightarrow 2N_2+CO_2+2H_2O$$

$$CH_4+2O_2 \longrightarrow CO_2+2H_2O$$

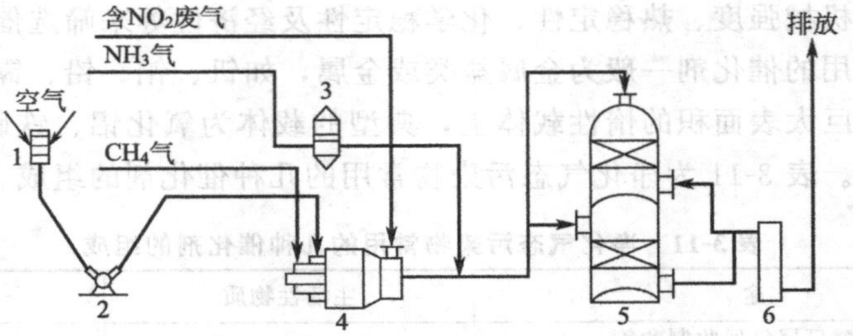

图 3-17 氨选择催化还原法工艺流程

1—空气过滤器；2—鼓风机；3—NH_3 过滤器；4—锅炉；5—反应器；6—水封

此法效率高，但需消耗大量还原剂，不经济。

（四）燃烧法

燃烧法是对含有可燃有害组分的混合气体加热到一定温度后，组分与氧反应进行燃烧，或在高温下氧化分解，从而使这些有害组分转化为无害物质。该方法主要应用于碳氢化合物、一氧化碳、恶臭、沥青烟、黑烟等有害物质的净化治理。燃烧法工艺简单，操作方便，净化程度高，并可回收热能，但不能回收有害气体，有时会造成二次污染。实用中的燃烧净化有如下三种方法。见表 3-12。

表 3-12 燃烧法分类及比较

方 法	适 用 方 法	燃烧温度/℃	燃烧方法	设 备	特 点
直接燃烧	含可燃烧组分浓度高或热值高的废气	>1100	CO_2、H_2O、N_2	一般窑炉或火炬管	有火焰燃烧，燃烧温度高，可燃烧掉废气中的炭粒
热力燃烧	含可燃烧组分浓度低或热值低的废气	720～820	CO_2、H_2O	热力燃烧炉	有火焰燃烧，需加辅助燃料，火焰为辅助燃料的火焰，可烧掉废气中炭粒
催化燃烧	基本上不受可燃组分的浓度与热值限制，但废气中不许有尘粒、雾滴及催化剂毒物	300～450	CO_2、H_2O	催化燃烧炉	无火焰燃烧，燃烧温度最低，有时需电加热点火或维持反应温度

1. 直接燃烧法

将废气中的可燃有害组分当作燃料直接烧掉，此法只适用于净化含可燃性组分浓度较高或有害组分燃烧时热值较高的废气。直接燃烧是有火焰的燃烧，燃烧温度高（大于1100℃），一般的窑、炉均可作为直接燃烧的设备。在石油工业和化学工业中，主要是“火炬”燃烧，它是将废气连续通入烟囱，在烟囱末端进行燃烧。此法安全、简单、成本低，但不能回收热能。

2. 热力燃烧

利用辅助燃料燃烧放出的热量将混合气体加热到要求的温度，使可燃的有害物质进行高温分解变为无害物质。其可分三步：①燃烧辅助燃料提供预热能量；②高温燃气与废气混合以达到反应温度；③废气在反应温度下充分燃烧。

热力燃烧可用于可燃性有机物含量较低的废气及燃烧热值低的废气治理，可同时去除有机物及超微细颗粒，结构简单，占用空间小，维修费用低。缺点是操作费用高。

3. 催化燃烧

此法是在催化剂的存在下，废气中可燃组分能在较低的温度下进行燃烧反应，这种方法能节约燃料的预热，提高反应速率，减少反应器的容积，提高一种或几种反应物的相对转化率。图3-18是回收热量的催化燃烧过程示意图。

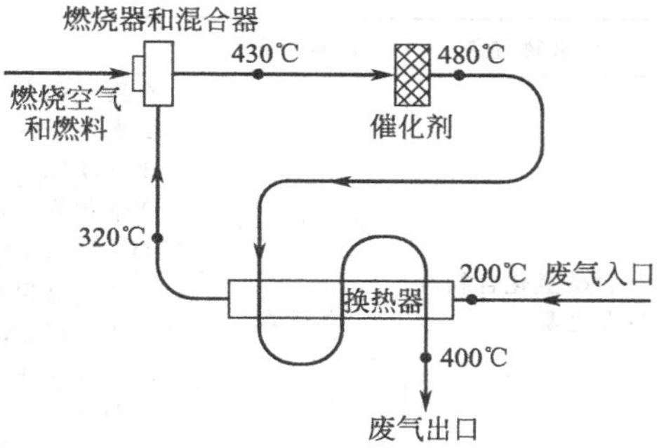

图 3-18　回收热量的催化燃烧过程

催化燃烧的主要优点是操作温度低，燃料耗量低，保温要求不严格，能减少回火及火灾危险。但催化剂较贵，需要再生，基建投资高。而且大颗粒物及液滴应预先除去，不能用于易使催化剂中毒的气体。

（五）冷凝法

冷凝法是利用物质在不同温度下具有不同饱和蒸气压这一性质，采用降低废气温度或提高废气压力的方法，使处于蒸气状态的污染物冷凝并从废气中分离出来的过程。该法特别适用于处理污染物浓度在 $10000cm^3/m^3$ 以上的高浓度有机废气。冷凝法不宜处理低浓度的废气，常作为吸附、燃烧等净化高浓度废气的前处理，以便减轻这些方法的负荷。如炼油厂、油毡厂的氧化沥青生产中的尾气，先用冷凝法回收，然后送去燃烧净化；氯碱及炼金厂中，常用冷凝法使汞蒸气成为液体而加以回收；此外，高湿度废气也用冷凝法使水蒸气冷凝下来，大大减少气体量，便于下步操作。

二、汽车尾气治理技术

汽车尾气是城市大气污染的重要原因之一，其治理技术越来越受到重视。控制汽车尾气中的有害物排放浓度的方法有两种：一种是改进发电机的燃烧方式，使污染物的产生量减少称为机内净化，如改进燃烧装置，使用清洁燃料等；另一种是利用装置在发动机外部的净化设备对排出的废气进行净化治理，这种方法称为机外净化。从发展方向上看，机内净化是根本解决问题的途径，也是今后重点研究的对象，机外净化采用的主要方法是催化净化法。

（1）一段净化法　即催化燃烧法，利用装在汽车外排气管尾部的催化燃烧装置，将汽车发动机排出的CO和碳氢化合物，用空气中的氧气氧化成为 CO_2 和 H_2O，净化后的气体直接排入大气。这种方法技术比较成熟，但对 NO_x 没有去除作用。

（2）二段净化法　利用两个催化反应器或在一个反应器中装入两段性能不同的催化剂，完成净化反应。一段催化还原反应器，利用废气中的CO将 NO_x 还原为 N_2；从一段反应器排出的气体进入催化氧化反应器，在引入空气的作用下，将CO和碳氢化合物氧化为 CO_2 和 H_2O。此法在实践中已得到了应用，但该法的缺点是燃料消耗增加，并可能对发动机的操作性能产生影响；而在氧化反应器中，由于副反应的存在，将会导致 NO_x 含量的回升。

（3）三元催化法　该法是利用能同时完成CO、碳氢化合物的氧化和 NO_x 还原反应的催化剂，将三种有害物一起净化的方法。这种方法可以节省燃料、减少催化反应器的数量，是比较理想的方法。据《环境导报》1999年第三期报道发达国家经过20多年的努力，形成了以铂、铑、钯三金属为活性组分的三效催化剂。天津化工研究院于1999年底研制成功三效催化剂并投入运用，性能已达到预期效果。但由于需对空气燃料比进行严格控制以及对催化剂性能的高要求，另外，铂和铑作为贵金属储量和产量较小，因此从技术上还需不断完善。

三、其他气态污染物的治理方法

有关其他气态污染物的治理方法见表3-13。

表 3-13 其他气态污染物治理方法简介

污染物种类	治理方法	方法要点
含碳氢化合物废气及恶臭	燃烧法	在废气中有机物浓度高时，将其作为燃料在燃烧炉中直接烧掉，而在有机物浓度达不到燃烧条件时，将其在高温下进行氧化分解，燃烧温度600～1100℃，适于中、高浓度的废气净化
	催化燃烧法	在催化氧化剂作用下，将碳氢化合物氧化为 CO_2 和 H_2O，燃烧温度范围200～240℃，适用于连续排气的各种浓度废气的净化
	吸附法	用适当吸附剂（主要是活性炭）对废气中的HCl组分进行吸附，吸附剂经再生后可重复使用，净化效率高，适用于低浓度废气的净化
	吸收法	用适当液体吸收剂洗涤废气净化有害组分，吸收剂可用柴油、柴油-水混合物及水基吸收剂，对废气浓度限制小，适用于含有颗粒物（如漆粒）废气净化
	冷凝法	采用低温或高压，使废气中的HCl组分冷却至露点以下液化回收、可回收有机物，只适用于高浓度废气净化或作为多级净化中的初级处理；冷凝法不适用于治理恶臭
含 H_2S 废气	克劳斯法（干式氧化法）	使用铝矾土为催化剂，燃烧炉温度在600℃，转化炉温度控制在400℃，并控制 H_2S 和 SO_2 气体摩尔比为2∶1，可回收硫，净化效率可达97%，适用于处理含 H_2S 浓度较高的气体
	活性炭法	用活性炭作吸附剂，吸附 H_2S，然后通 O_2 将 H_2S 转化为S，再用15%硫化铵水溶液洗去硫黄，使活性炭再生，效率可达98%，适用于天然气或其他不含焦油的 H_2S 废气
	氧化铁法	用 $Fe(OH)_3$ 作脱硫剂并充以木屑和CaO，可回收硫，净化效率可达99%，主要处理焦炉煤气等，脱硫剂需定期更换或再生，但再生使用不够经济
	氧化锌法	以ZnO为脱硫剂，净化温度350～400℃，效率可高达99%，适用于处理 H_2S 浓度较低的气体
	溶剂法	使用适当溶剂采用化学结合或物理溶解方式吸收 H_2S，然后使用升温或降压的方法使 H_2S 解析，常用溶剂有一乙醇胺、二乙醇胺、环丁砜、低温甲醇等
	中和法	用碱性吸收液与酸性 H_2S 中和，中和液经加热、减压，使 H_2S 脱吸，吸收液主要用碳酸钠、氨水等，操作简单，但效率较低
	氧化法	用碱性吸收液吸收 H_2S 生成氢硫化物，在催化剂作用下进一步氧化为硫黄，常用吸收剂为碳酸钠、氨水等，常用催化剂为铁氰化物、氧化铁等
含氟废气	湿法	使用 H_2O 或NaOH溶液作为吸收剂，其中碱溶液吸收效果更好，可副产冰晶石和氟硅酸等；若不回收利用，吸收液需用石灰石/石灰进行中和、沉淀、澄清后才可排放，净化率可达90%；应注意设备的腐蚀和堵塞问题
	干法	可用氟化钠、石灰石或 Al_2O_3 作为吸收剂，在电解铝等行业中最常用的吸附剂 Al_2O_3，吸附了HF的 Al_2O_3 可作为电解铝的生产原料，净化率99%，无二次污染，可用输送床流程，也可用沸腾床流程
含汞(Hg)废气	吸附法	用充氯活性炭或软锰矿作吸附剂，效率99%
	吸收法	吸收剂可用高锰酸钾、次氯酸钠、热硫酸等，它们均为氧化剂，可将Hg氧化为HgO或 $HgSO_4$，并可通过电解等方法回收汞
	气相反应法	用某种气体与含汞废气发生反应，常用的为碘升华法，将结晶碘加热使其升华形成碘蒸气与汞反应，特别是对弥散在室内的汞蒸气具有良好去除作用
含铅(Pb)废气	吸收法	含铅废气多为含有细小铅粒的气溶胶，由于它们可溶于硝酸、醋酸及碱液中，故常用0.025%～0.3%稀醋酸或1%的NaOH溶液作吸收剂，净化效率较高，但设备需耐腐蚀，有二次污染
	掩盖法	为防止铅在二次熔化中向空气散发铅蒸发物，可采用物理隔挡方法，即在熔融铅表面撒上一层覆盖粉，常用物有碳酸钙粉、氯盐、石墨粉等，以石墨粉效果最好
含 Cl_2 废气	中和法	使用氢氧化钠、石灰乳、氨水等碱性物质吸收，其中以氢氧化钠应用较多，反应快、效果好；但吸收液不能回收利用
	氧化还原法	以氯化亚铁溶液作吸收剂，反应生成物为三氯化铁，可用于污水净化；反应较慢，效率较低
含HCl废气	冷凝法	在石墨冷凝器中，以冷水或深井水为冷却介质，将废气温度降至露点以下，将HCl和废气中的水冷凝下来，适于处理高浓度HCl废气
	水吸收法	HCl易溶于水，可用水吸收废气中的HCl，副产盐酸

第四节 颗粒污染物的净化方法

随着工业的不断发展，人为排放的气溶胶粒子所占的比例逐渐增加。据估计，至 2000 年人为活动所造成的气溶胶粒子的排放量是 1968 年的两倍，城市大气首要污染物主要是悬浮颗粒物。在化学工业中所排放的废气中的粉尘物质主要含有硅、铝、铁、镍、钒、钙等氧化物及粒度在 $10^3\mu m$ 以下的浮游物质。控制这些粉尘污染物的排放数量，是大气环境保护的重要内容。

一、粉尘的控制与防治

从不同的角度进行粉尘的控制与防治工作，主要有以下四个工程技术领域。

（1）防尘规划与管理　主要内容包括：园林绿化的规划管理以及对有粉状物料加工过程和生产中产生粉尘的过程实现密封化和自动化。园林绿化带具有阻滞粉尘和收集粉尘的作用，合理地对生产粉尘的单位尽量用园林绿化带保卫起来或隔开，可使粉尘向外扩散减少到最低限度；而对于在生产过程中需要对物料进行破碎、研磨等工序时，要使生产过程在采用密闭技术及自动化技术的装置中进行。

（2）通风技术　对工作场所引进清洁空气，以替换含尘浓度较高的污染空气。通风技术分为自然通风和人工通风两大类。人工通风又包括单纯换气技术及带有气体净化措施的换气技术。

（3）除尘技术　包括对悬浮在气体中的粉尘进行捕集分离，以及对已落到地面或物体表面上的粉尘进行清除。前者可采用干式除尘和湿式除尘等不同方法；后者采用各种定型的除（吸）尘设备进行处理。

（4）防护罩技术　包括个人使用的防尘面罩及整个车间的防护措施。

二、除尘装置

1. 分类

根据各种除尘装置作用原理的不同，可以分为机械除尘器、湿式除尘器、电除尘器和过滤除尘器四大类。另外声波除尘器除依靠机械原理除尘，还利用了声波的作用使粉尘凝集，故有时将声波除尘器分为另一类。

机械除尘器还可分为重力除尘器、惯性力除尘器和离心除尘器。

近年来，为提高对微粒的捕集效率，还出现了综合几种除尘机制的新型除尘器。如声凝聚器、热凝聚器、高梯度磁分离器等，但目前大多仍处于试验研究阶段，还有些新型除尘器由于性能、经济效果等方面原因不能推广应用。

2. 除尘器的除尘机理及使用范围

除尘器的除尘机理及使用范围如表 3-14 所示。

3. 除尘装置的选择和组合

作为除尘器的性能指标，通常有下列六项。

（1）除尘器的除尘效率；

（2）除尘器的处理气体量；

（3）除尘器的压力损失；

（4）设备基建投资与运转管理费用；

（5）使用寿命；

表 3-14 常用除尘器的除尘机理及适用范围

除尘装置	除尘机理								适用范围
	沉降作用	离心作用	静电作用	过滤	碰撞	声波吸引	折流	凝集	
沉降室	○								除烟气剂、磷酸盐、石膏、氧化铝、石油精制催化剂回收
挡板式除尘器					○		△	△	
旋风式除尘器		○						△	
湿式除尘器		△			○		△	△	硫铁矿焙烧、硫酸、磷酸、硝酸生产等
电除尘器			○						除酸雾、石油裂化催化剂回收、氧化铝加工等
过滤式除尘器				○	△		△	△	喷雾干燥、炭黑生产、二氧化钛加工等
声波式除尘器					△	○	△	△	尚未普及应用

注："○"指主要机理；"△"指次要机理。

表 3-15 各种主要除尘设备优缺点比较

除尘器	原理	适用粒径/μm	除尘效率 η/%	优点	缺点
沉降室	重力	50～100	40～60	①造价低； ②结构简单； ③压力损失小； ④磨损小； ⑤维修容易； ⑥节省运转费	①不能除小颗粒粉尘； ②效率较低
挡板式(百叶窗)除尘器	惯性力	10～100	50～70	①造价低； ②结构简单； ③处理高温气体； ④几乎不用运转费	①不能除小颗粒粉尘； ②效率较低
旋风式分离器	离心式	5 以下 3 以上	50～80 10～40	①设备较便宜； ②占地小； ③处理高温气体； ④效率较高； ⑤适用于高浓度烟气	①压力损失大； ②不适于湿、黏气体； ③不适于腐蚀性气体
湿式除尘器	湿式	1 左右	80～99	①除尘效率高； ②设备便宜； ③不受温度、湿度影响	①压力损失大，运转费用高； ②用水量大，有污水需替换处理； ③容易堵塞
过滤除尘器(袋式除尘器)	过滤	1～20	90～99	①效率高； ②使用方便； ③低浓度气体适用	①容易堵塞，滤布需替换； ②操作费用高
电除尘器	静电	0.05～20	80～99	①效率高； ②处理高温气体； ③压力损失小； ④低浓度气体适用	①设备费用高； ②粉尘黏附在电极上时，对除尘有影响，效率降低； ③需要维修费用

表 3-16 常用除尘装置的性能一览表

除尘装置	捕集粒子的能力/%			压力损失/Pa	设备费	运行费	装置的类别
	50μm	5μm	1μm				
重力除尘器	—	—	—	100～150	低	低	机械
惯性力除尘器	95	16	3	300～700	低	低	机械
旋风除尘器	96	73	27	500～1500	中	中	机械
文丘里除尘器	100	>99	98	3000～10000	中	高	湿式
静电除尘器	>99	98	92	100～200	高	中	静电
袋式除尘器	100	>99	99	100～200	较高	较高	过滤
声波除尘器	—	—	—	600～1000	较高	中	声波

(6) 占地面积或占用空间体积。

以上六项性能指标中，前三项属于技术性能指标，后三项属于经济指标。这些项目是互相关联、相互制约的。其中压力损失与除尘效率是一对主要矛盾，前者代表除尘器所消耗的能量，后者表示除尘器所给出的效果，从除尘器的除尘技术角度来看，总是希望所消耗的能量最少，而达到最高的除尘效率。然而要使上面六项指标都能面面俱到，实际上是不可能的。所以在选用除尘器时，要根据气体污染的具体要求，通过分析比较来确定除尘方案和选定除尘装置。

表 3-15、表 3-16 分别列出了各种主要设备的优缺点和性能情况，便于比较和选择。

根据含尘气体的特性，可以从以下几方面考虑除尘装置的选择和组合。

① 若尘粒粒径较小，几微米以下粒径占多数时，应选用湿式、过滤式或电除尘式除尘器；若粒径较大，以 10μm 以上粒径占多数时，可选用机械除尘器。

② 若气体含尘浓度较高时，可用机械化除尘；若含尘浓度低时，可采用文丘里洗涤器；若气体的进口含尘浓度较高而又要求气体出口的含尘浓度低时，则可采用多级除尘器串联组合方式除尘，先用机械式除去较大尘粒，再用电除尘或过滤式除尘器等，去除较小粒径的尘粒。

③ 对于黏附性较强的尘粒，最好采用湿式除尘器。不宜采用过滤式除尘器，因为易造成滤布堵塞；也不宜采用静电除尘器，因为尘粒黏附在电极表面上将使电除尘器的效率降低。

④ 如采用电除尘器，一般可以预先通过温度、湿度调节或添用化学药品的方法，使尘粒的电阻率在 $10^4 \sim 10^{11} \Omega \cdot cm$ 范围内。另外，电除尘器只适用在 500℃以下的情况。

⑤ 气体的温度增高，黏性将增大，流动时的压力损失增加，除尘效率也会下降。而温度过低，低于露点温度时，会有水分凝出，增大尘粒的黏附性。故一般应在比露点温度高 20℃的条件下进行除尘。

⑥ 气体成分中如含有易爆、易燃的气体，如 CO 等，应将 CO 氧化为 CO_2 后再进行除尘。由于除尘技术的方法和设备种类很多，各具有不同的性能和特点。除需考虑当地大气环境质量、尘的环境容许标准、排放标准、设备的除尘效率及有关经济技术指标外，还必须了解尘的特性，如它的粒径、粒度分布、形状、密度、电阻率、黏性、可燃性、凝集特性以及含尘气体的化学成分、温度、压力、湿度、黏度等。总之只有充分了解所处理含尘气体的特性，又能充分掌握各种除尘装置的性能，才能合理地选择出既经济又有效的除尘装置。

第五节　大气污染的综合防治

对大气污染的治理在 20 世纪 70 年代中期以前，主要采用的是尾气的治理方法。随着人口的增加，生产的发展以及多种类型污染源的出现，大气中污染物总量非但没有减少，反而不断增加，空气质量仍在不断恶化。特别是在 20 世纪 80 年代以后，大面积生态破坏、酸雨区的扩大、城市空气质量继续恶化及全球性污染的出现，使大气污染呈现了范围大、危害严重、持续恶化等特点。因此，只靠单项治理或末端治理解决不了大气污染问题，必须从城市和区域的整体出发，统一规划并综合运用各种手段及措施，才有可能有效地控制大气污染。

大气污染综合防治应坚持以下原则：①以源头控制为主实施全过程控制的原则；②合理利用大气自净能力与人为措施相结合的原则；③分散治理与综合防治相结合的原则；④按功能区实行总量控制与浓度控制相结合的原则；⑤技术措施与管理措施相结合的原则。

一、控制大气污染源

（一）改革能源结构，大力节约能源

目前全国的能源主要以煤为主，能耗大，浪费严重，而汽车尾气的污染又日益突出，因此，要有效地解决城市大气污染问题，必须改善能源结构并大力节能。可采取如下一些措施。

1. 集中供热

城市集中供热可分为热电厂供热系统和锅炉房集中供热系统两种。集中供热比分散可节约 30%～35%的燃煤，且便于提高除尘效率和采取脱硫措施，减少粉尘和 SO_2 的排放。

2. 城市煤气化

气态燃料是清洁燃料，燃烧完全，使用方便，是节约能源和减轻大气污染的较好燃料形式。天然燃气（如天然气、煤制气等）均可作为城市煤气的气源。大力发展和普及城市煤气化，是当前和今后解决煤烟型大气污染的有效措施。

3. 普及民用型煤

烧型煤比烧散煤可节煤 20%，减少烟尘排放量 50%～60%。如在型煤加入固硫剂还可减少 SO_2 排放量 30%～50%，因此普及民用型煤是解决分散的生活面源以及解决小城镇煤烟型大气污染的可行的有效措施。

4. 积极开发清洁能源

除了大力普及和推广城市煤气外，应因地制宜地开发水电、地热、风能、海洋能、核电以及利用太阳能等。如《环境导报》1999 年第 6 期报道在澳大利亚新南威尔士州附近海域已建成了海浪发电技术试验场，其发电成本比风力、太阳能发电更具竞争力，几十厘米高的海浪就足供上千万人的生活用电。

（二）减少污染排放，实行全过程控制

在经济目标一定的前提下，加快改变技术设备落后、产业结构及管理不完善的局面，实行全过程控制，以提高资源利用率和减少污染物的产生量与排放量。《国家环境保护"九五"计划和 2010 年远景目标》规定，城市环境保护应实现"一控"、"双达标"。"一控"就是实施污染物排放总量控制；"双达标"是指所有工业污染源都达标排放；城市环境空气和地面水环境质量按功能分区分别达到国家标准。实行清洁生产（即源削减法）可体现两个全过程控制：一个是从原料到成品的全过程，即"清洁的原料、清洁的生产过程、清洁的产品"；一个是从产品进入市场到使用价值丧失这个全过程控制。通过清洁生产，不但可以提高原料、能源利用率，还可通过原料控制、综合利用、净化处理等手段，将污染消灭在生产过程中，有效地减少污染排放量。

二、提高大气自净能力

（1）完善城市绿化系统　完善的城市绿化系统不仅可以美化环境，而且对改善城市大气质量有着不可低估的作用。绿化可以调节水循环和"碳-氧"循环，调节城市小气候；可以防风沙、滞尘、降低地面扬尘；可以增大大气环境容量，且可吸收有害气体，具有净化作用。表 3-17 列出了对不同有害气体有吸收作用的不同树种。

表 3-17 抗有害气体的树种

地区	抗性	树种名称
北方地区（包括东北、华北）	抗二氧化硫	构树、皂荚、华北卫矛、榆树、白蜡树、沙枣、怪柳、臭椿、旱柳、侧柏、瓜子黄杨、紫穗槐、加拿大白杨、刺槐、泡桐等
	抗氯气	构树、皂荚、榆树、白蜡树、沙枣、怪柳、臭椿、侧柏、紫腾、华北卫矛等
	抗氟化氢	构树、皂荚、华北卫矛、榆树、白蜡树、沙枣、怪柳、臭椿、云杉、侧柏等
中部地区（包括华东、华中、西南部分地区以及河南、陕西、甘肃等省的南部地区）	抗二氧化硫	大叶黄杨、海桐、蚊母、夹竹桃、构树、凤尾兰、女贞、珊瑚树、梧桐、臭椿、朴树、紫薇、龙柏、木槿、枸橘、无花果、青冈栎等
	抗氯气	大叶黄杨、龙柏、蚊母、夹竹桃、木槿、海桐、凤尾兰、构树、无花果、梧桐、棕榈、小叶女贞等
	抗氟化氢	大叶黄杨、蚊母、海桐、棕榈、朴树、凤尾兰、构树、桑树、珊瑚树、女贞、龙柏、梧桐、山茶等
南部地区（包括华南和西南部分地区）	抗二氧化硫	夹竹桃、棕榈、构树、印度榕、高山榕、樟叶槭、楝树、广玉兰、木麻黄、黄槿、鹰爪、石栗、红果仔、红背桂等
	抗氯气	夹竹桃、构树、棕榈、樟叶槭、细叶榕、广玉兰、黄槿、木麻黄、海桐、石栗、米仔兰、蝴蝶果等
	抗氟化氢	夹竹桃、棕榈、构树、广玉兰、桑树、银桦、蓝桉等

在城市绿化系统的完善配置上，应注意以下几方面的改善。

① 应使各类绿地保持合理比例　城市中的公共绿地、防护绿地、专用绿地、街道绿地、风景游览和自然保护绿地以及生产绿地等，功能不同，应具有合理的面积比例。

② 应改变城市植物群落的结构和组成　不同城市的地理位置、气候条件不同，生物群落构成的特点也不同。如果生物群落结构单一，存在明显缺陷、抗干扰和冲击的能力差，则绿化系统就难以在生态系统中发挥应有的作用。改善生物群落的结构和组成，主要是确定骨干树种，优化乔、灌、草的组合，因地制宜地选择抗污树种。

③ 应制定并实施改善绿化系统的规划　改善城市绿化系统，要确保切实可行的、可操作的绿化规划的实施。

(2) 合理利用大气自净能力，废气高空排放技术和净化装置，但是对于那些难以除去的有毒物质，要降到很低的浓度（如小于几毫克每升），其净化费用可能是相当高的，而以净化脱除为主，辅以烟囱排放稀释，作为经济上是合理的。烟囱越高，烟气上升力越强；高空风速大，有利于污染物的扩散稀释，减少地面污染，同时可改善燃料燃烧状态。

三、加强大气环境质量管理

1. 搞好城镇规划和环境功能分区，加强管理

在城乡规划及企业布局时应充分分析、研究地形及气象条件对大气污染物扩散能力的影响，考虑生产规模和性质，回收利用技术及净化处理效率等因素，做出合理规划布局和调整，进行合理功能分区。对不同的功能区要有各自明确的环境目标，强化大气环境质量管理，提高环境效益。

大气环境质量管理首先要强化对大气污染源的监控，对污染源管理的目标分三个层次：①控制污染源污染物的排放必须达到国家或地方规定的浓度标准；②在污染物排放浓度达标

基础上的污染物排放总量控制；③环境容量所允许的污染物排放总量控制。其次对城市空气质量现状进行报告，至 1998 年 6 月已有 46 个城市开展了这项工作。最后对可能出现的大气污染状况进行预报，这是为了更好地反映环境污染变化的态势，针对可能出现的空气污染情况采取必要的应对措施，同时还可为环境管理决策提供及时、准确、全面的环境质量信息。

2. 加强污染源治理

实践证明，即使采用了源削减及综合利用措施，也无法避免废气的排放。通过末端治理使污染源排放达到规定的排放标准，对防治大气污染仍是一个积极而有效的措施。尤其是化工生产所排废气，更应坚持“增产节约、化害为利、变废为宝、消除污染”的原则，加强治理的力度。

复习思考题

1. 简述大气与生命的关系。
2. 大气的污染源有哪些？
3. 哪些过程可以产生大气污染物？
4. 大气中的污染物有哪些？
5. 大气主要污染物的危害是什么？
6. 治理大气污染物有哪些方法？
7. 吸收法治理 SO_2 废气有哪几种具体方法？
8. 选择吸收剂应考虑哪些因素？
9. 催化法治理污染物所需催化剂的特性是什么？
10. 目前治理汽车尾气有哪几种方法？
11. 粉尘的控制与防治包括哪个领域？
12. 如何选择除尘设备？
13. 大气污染综合防治的原则是什么？
14. 控制大气污染源的措施有哪些？

实训题 单场雨的 pH 测定

一、目的

了解本地区降水的 pH 及其变化情况。

二、用品

(1) pHS-2C 型精密酸度计 这是用玻璃电极法取样测定水溶液酸度的一种测量仪器，其面板各调节旋钮位置如图 3-19。

(2) 广泛 pH 试纸。

(3) 50mL 烧杯。

(4) 温度计。

三、试验内容

(1) 先用广泛 pH 试纸测出样品的 pH 大致范围，并将样品倒入 50mL 烧杯中，测量温度。

(2) 打开酸度计电源开关，通电 30min，并将酸度计上“选择”开关置“pH”挡，然后进行校正（校正由教师完成）。

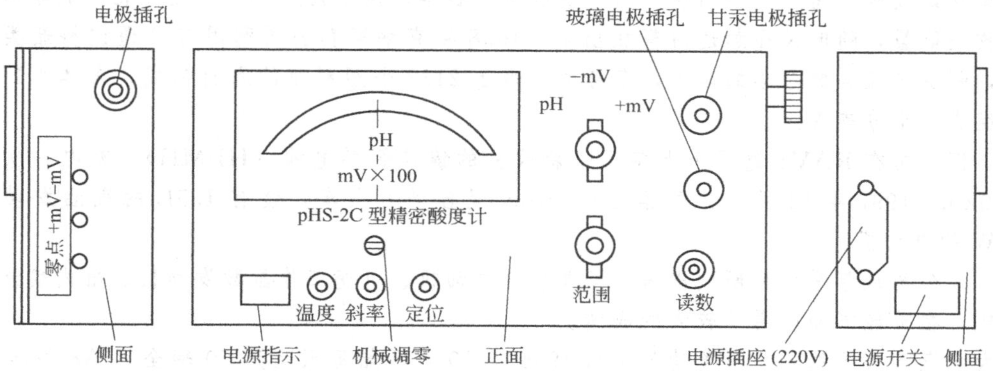

图 3-19　pHS-2C 型精密酸度计面板各调节旋钮位置示意图

(3) 用蒸馏水清洗甘汞电极和玻璃电极 2～3 次，然后用滤纸吸干电极。

(4) 将仪器的“温度”旋钮调至被测样品溶液的温度值，将电极放入被测样品中，仪器的“范围”开关置于此样品可能的 pH 挡（已由 pH 试纸测定）上，按下“读数”开关（若此时表针打出左面刻度线则应减少“范围”开关值；若表针打出右刻度线，则应增加“范围”开关值）。此时表针所指示的值加上“范围”开关值，即为样品的 pH。

四、测定结果

采样时间__________采样地点______________

测定时间__________本次降水的 pH __________

是否属于酸雨_______测定人________________

五、注意事项

(1) 样品由学生课余收集，采集样品所用容器及测定时所需容器必须清洁干燥。

(2) 测定时，学生绝对不能再旋转“定位”和“斜率”旋钮。

(3) 甘汞电极玻璃壁和玻璃电极球泡很薄，在使用时勿与烧杯及硬物相碰，防止破碎。不要用手去摸玻璃电极，以免影响测量精度。

(4) pHS-2C 型精密酸度计最小分度值为 0.02 个 pH 单位，读数时应保留小数点后两位。

(5) 本实验以连续跟踪测定为佳。

阅读材料

绿色汽车的实践动态

当前全球汽车工业竞争激烈，国际化集约生产趋势明显。世界著名的大公司实力雄厚、技术先进，代表了世界汽车工业的发展方向。他们的共同特点是注重企业的社会形象，热衷于开发绿色汽车。

通用汽车公司推出 EV1 型电动汽车，采用铅酸蓄电池，最高时速 128km。1997 年 2 月又推出了雪佛兰 C2500H 和 GMC 塞乐皮卡双燃料压缩天然气汽车。

福特公司提出“新能源 2010”概念车的目标：在不牺牲 6 座载客量、续驶里程、性能、行李空间和销售能力的前提下，达到每百米耗油 2.99L 的目标。这种车的动力系统是一台后置式 1.0L 直喷式柴油机带动一台高效发电机，产生的电力供应汽车的四个轮边马达，车的前部有一个飞轮用以储存发电机的剩余能量和再生性制动系统回收的能量。该车没有干扰空气流的车外后视镜，而是通过两个朝后的摄像机将图像显示在组合仪表板上的两屏幕上；仪表板上设有控制件，全部功能是声控的。

克莱斯勒和萨特康尔公司设计的“爱国者”赛车，使用内燃机与节能飞轮。刹车时，由飞轮收集能量，随时又在加速时释放出来。1998年克莱斯勒公司利用与普通饮料瓶类似的塑料，制造了组合概念车的车身，车身用相当于2132个塑料瓶的原料制成，车体由四个不同面组成，十分美观。

丰田公司在RAV4越野车上装设了新改良的镍氢金属电池（HI-MH），充电一次可行驶200km。1997年12月该公司推出的Prius混合动力汽车，装有1.5L的汽油发动机和300kW的电动机。

三菱公司近年来先后研制出喷气稀薄燃烧发动机、可变工作缸数发动机、缸内喷注汽油发动机，在节能方面取得了较大的成绩。

大众汽车公司的子公司奥迪公司从1996年10月开始每天生产50辆全铝A8型车。A8型车采用铝材制作面板和内部构件，车身重只有290kg。

大宇汽车公司LANOS轿车采用了“T-TEC”发动机，功率大、噪声低，且有节油、耐久的特点。

雷诺汽车公司早在1993年就建立了“绿色网络”来回收它在欧洲各地的商业机构产生的废弃物。

沃尔沃汽车公司实施了“环境汽车回收设施工程”，计划目标年处理3000辆，1995年拆了500辆汽车。

中国政府十分重视新能源汽车的开发，2010年出台的中国汽车业“十二五”规划，已将新能源车列为国内汽车行业今后五年发展的重中之重。提出新能源汽车的发展重点是以汽车电动化和动力混合化两大技术结合为标志，进行产品换代与产业升级；到2015年，国内新能源汽车的年销售量达到百万辆的目标。

2010年中国组织召开了新能源汽车发展年会，评选范围涵盖了纯电动、混合动力、轻型电动、电动观光车等四大系列。评选结果：

2010年度绿色汽车奖，纯电动车类别：宝马MINI E、日产聆风；

2010年度绿色汽车奖，混合动力车型类别：比亚迪F3DM、宝马X6；

2010年度绿色汽车奖，轻型电动车类别：益茂EM4030和嘉园JY-6356；

2010年度绿色汽车奖，观光电动车类别：澳柯玛DV2082E和苏州益高EG6158K观光车；

十城千辆示范运营创新奖：深圳公交集团有限公司；

充换电站建设及运营创新奖：普天海油新能源动力有限公司。

第四章　水污染防治与化工废水处理

第一节　概　　述

水污染是指水资源在使用过程中由于丧失了使用价值而被废弃排放，并以各种形式使受纳水体受到影响的现象。水体[1]的概念包括两方面的含义，一方面是指海洋、湖泊、河流、沼泽、水库、地下水的总称；另一方面在环境领域中，则把水体中的悬浮物、溶解性物质、水生生物和底泥等作为一个完整的生态系统或完整的自然综合体来看。

一、水体污染物的来源

水体污染源于人类的生产和生活活动。把向水体排放或释放污染物的来源和场所称为水体的污染源，根据来源不同分类，可分为工业污染源、生活污染源、农业污染源三大类。

1. 工业污染源

各种工业生产中所产生的废水排入水体就成了工业污染源。不同工业所产生的工业废水中所含污染物的成分有很大差异。

冶金工业（包括黑色工业、有色冶金工业）所产生的废水主要有冷却水、洗涤水和冲洗水等。冷却水（分直接冷却水和循环冷却水）中的直接冷却水由于与产品接触，其中含有油、铁的氧化物、悬浮物等；洗涤水为除尘和净化煤气、烟气用水，其中含有酚、氰、硫化氰酸盐、硫化物、钾盐、焦油悬浮物、氧化铁、石灰、氟化物、硫酸等；冲洗水中含有酸、碱、油脂、悬浮物和锌、锡、铬等。在上述废水中，含氰、酚的废水危害最大。

化学工业废水的成分很复杂，常含有多种有害、有毒甚至剧毒物质，如氰、酚、砷、汞等。虽然有的物质可以降解，但通过食物链在生物体内富集，仍可造成危害，如DDT、多氯联苯等。此外，化工废水中有的具有较强的酸度，有的则显较强的碱性，pH不稳定，对水体的生态环境、建筑设施和农作物都有危害。一些废水中含氮、磷均很高，易造成水体富营养化。

电力工业中，电厂冷却水则是热污染源。

炼油工业中大量含油废水排出，由于排放量大，超出水体的自净能力，形成油污染。

由此可见，工业污染源向水体排放的废水具有量大、面广、成分复杂、毒性大、不易净化、处理难的特点，是需要重点解决的污染源。

---

[1] 水和水体　通常所说的水的污染实际上是指水体的污染，其实“水”和“水体”的概念是不同的。水是最简单的氢氧化合物，包括地球上所有的水；而水体作为水的贮存体，不仅包括水，还包括水中的悬浮物、底泥及水中生物等。在研究某些污染物对水的污染时，区分“水”和“水体”的概念十分重要。如重金属污染物易于从水中转移到底泥（生成沉淀，或被吸附和螯合），水中重金属的含量一般都不高，仅从水着眼，似乎水未受污染；但从整个水体来看，则可能受到较严重的污染。重金属污染由水转向底泥可称为水的自净作用，但对整个水体来说，沉积在底泥中的重金属将成为该水体的一个长期次生污染源，很难治理，它们将逐渐向下游移动，扩大污染面。

2. 生活污染源

生活污染源主要指城市居民聚集地区所产生的生活污水。这种污染源排放的多为洗涤水、冲刷物所产生的污水。因此，主要由一些无毒有机物如糖类、淀粉、纤维素、油脂、蛋白质、尿素等组成，其中含氮、磷、硫较高。在生活污水中还含有相当数量的微生物，其中一些病原体如病菌、病毒、寄生虫等，对人的健康有较大危害。

3. 农业污染源

农业污染源包括农业牲畜粪便、污水、污物、农药、化肥、用于灌溉的城市污水、工业污水等。由于农田施用化学农药和化肥，灌溉后经雨水将农药和化肥带入水体造成农药污染或富营养化，使灌溉区、河流、水库、地下水出现污染。此外，由于地质溶解作用以及降水淋洗也会使诸多污染物进入水体。农业污染源的主要特点是面广、分散，难于收集、难于治理，含有机质、植物营养素及病原微生物较高。

二、水体污染物的分类及其危害

水体污染物是指造成水体的水质、生物质、底质质量恶化的各种物质或能量。水体中的污染物大致分类见表 4-1。

表 4-1 水体中的污染物

分类	主要污染物
无机有害物	水溶性氯化物、硫酸盐、酸、碱等，无机酸、碱、盐中无毒物质，硫化物
无机有毒物	铅、汞、砷、镉等重金属元素，氟化物、氰化物及无机有毒化学物质
耗氧有机物	碳水化合物、蛋白质、油脂、氨基酸等
植物营养物	铵盐、磷酸盐和磷、钾等
有机有毒物	酚类、有机磷农药、有机氯农药、多环芳烃、苯等
病原微生物	病菌、病毒、寄生虫等
放射性污染	铀、钚、锶、铯等
热污染	含热废水

1. 无毒污染物

(1) 无机无毒污染物　废水中的无机无毒污染物，大致可分为以下三种类型。

① 悬浮状污染物　是指砂粒、土粒及纤维一类的悬浮状污染物质。对水体的直接影响是：大大地降低了光的穿透能力，减少了水的光合作用并妨碍水体的自净作用；水中悬浮物的存在，对鱼类的生存产生危害，可能堵塞鱼鳃，导致鱼的死亡。以制浆造纸废水中的纤维最为明显；水中的悬浮物又可能是各种污染物的载体，它可能吸附一部分水中的污染物并随水流动迁移。

② 酸、碱、无机盐类污染物　污染水体中的酸主要来自化工厂、矿山、金属酸洗工艺等排出的废水；水体中的碱主要来源于制碱厂、碱法造纸厂、漂染厂、化纤厂、制革及炼油等工业废水。酸性废水与碱性废水相互中和产生各种盐类，它们与地表物质相互反应，也可能生成无机盐类，因此酸和碱的污染必然伴随着无机盐类的污染。

酸碱进入水体后会使水体的 pH 发生变化，抑制或杀灭细菌和其他微生物的生长，妨碍水体的自净作用。水中无机盐的存在能增加水的渗透压，对淡水生物和植物生长不利。

酸、碱污染物造成水体的硬度增加对地下水的影响尤为显著。如水的硬度增加，易结垢使能源消耗增大。如水垢传热系数是金属的 1/50，水垢厚度为 1～5mm，锅炉耗煤量将增加 2%～20%。

③ 氮、磷等植物营养物 所谓营养物质是指促使水中植物生长并加速水体富营养化的各种物质，如氮、磷等。天然水体中过量的植物营养物质主要来自农田施肥、植物秸秆、牲畜粪便、城市生活污水（粪便、洗涤剂等）和某些工业废水。氮、磷等植物营养物质大量而连续地进入湖泊、水库及海湾等缓流水体，将促进各种水生生物的活性，刺激它们异常繁殖。特别是藻类，它们在水体中占据的空间越来越大，使鱼类活动的空间越来越少；藻类的呼吸作用和死亡的藻类的分解作用消耗大量的氧，有可能在一定时间内使水体处于严重缺氧状态，严重影响鱼类生存。

这种由植物营养物过量而引起的污染叫做“水体富营养化”。

(2) 有机无毒污染物 这一类物质多属于碳水化合物、蛋白质、脂肪等自然生成的有机物，它们易于生物降解，向稳定的无机物转化。在有氧条件下，在好氧微生物作用下进行转化，这一转化进程快，产物一般为 CO_2、H_2O 等稳定物质。在无氧条件下，则在厌氧微生物的作用下进行转化，这一进程较慢，而且分三阶段进行。第一阶段，颗粒态有机物质水解成为溶解性基质。第二阶段，溶解性基质在产氢气乙酸作用下产生乙酸、H_2 和 CO_2。第三阶段在甲烷菌的作用下形成 H_2O、CH_4、CO_2 等稳定物质，同时放出硫化氢、硫醇、粪臭素等具有恶臭的气体。在一般情况下，进行的都是好氧微生物起作用的好氧转化，由于好氧微生物的呼吸要消耗水中的溶解氧，因此这类物质可称为耗氧物质或需氧污染物。

有机污染物对水体污染的危害主要在于对渔业水产资源的破坏。水中含有充足的溶解氧是保证鱼类生长、繁殖的必要条件之一。一旦水中溶解氧下降，各种鱼类就要产生不同的反应。某些鱼类，如鳟鱼对溶解氧的要求特别严格，必须达 8～12mg/L，鲤鱼为 6～8mg/L。当溶解氧不能满足这些鱼类的要求时，它们将力图游离这个缺氧地区，而当溶解氧降至 1mg/L 时，大部分的鱼类就要窒息而死。当水中溶解氧消失时，水中厌氧菌大量繁殖，在厌氧菌的作用下有机物可能分解放出甲烷和硫化氢等有毒气体，更不适于鱼类生存。

(3) 热污染 因能源的消费而引起环境增温效应的污染称为热污染。水体热污染主要来源于工矿企业向江河排放的冷却水。其中以电力工业为主，其次是冶金、化工、石油、造纸、建材和机械等工业。

热污染致使水体水温升高，增加水体中化学反应速率，使水体中有毒物质对生物的毒性提高。如当水温从 8℃升高到 18℃时，氰化钾对鱼类的毒性将提高 1 倍；鲤鱼的 48h 致死剂量，水温 7～8℃时为 0.14mg/L，当水温升到 27～28℃时仅为 0.005mg/L。水温升高降低水生生物的繁殖率。此外，水温增高可使一些藻类繁殖增快，加速水体“富营养化”的过程，使水体中溶解氧下降，破坏水体的生态，影响水体的使用价值。

2. 有毒污染物

(1) 无机有毒污染物 根据毒性发作的情况，此类污染物可分为两大类。

① 非重金属的无机毒性物质

a. 氰化物（CN^-）。水体氰化物主要来自于电镀废水、焦炉和高炉的煤气洗涤冷却水、某些化工厂的含氰废水及金、银选矿废水等。氰化物排入水体后，可在水体的自净作用下去除，一般有以下两个途径。

一是氰化物易挥发逸散。氰化物与水体中的 CO_2 作用生成氰化氢气体逸入大气，反应式为

$$CN^- + CO_2 + H_2O \longrightarrow HCN\uparrow + HCO_3^-$$

水体中的氰化物主要是通过这一途径而得到去除的，其去除率可达90%以上。

二是氰化物易氧化分解。氰化物与水中的溶解氧作用生成铵离子和碳酸根，反应式为

$$2CN^- + O_2 \longrightarrow 2CNO^-$$

$$CNO^- + 2H_2O \longrightarrow NH_4^+ + CO_3^{2-}$$

氰化物的毒害是极其严重的。作为剧毒物质它只要介入人体就会引起急性中毒，抑制细胞呼吸，造成人体组织严重缺氧，人只要口服0.3～0.5mg就会致死。氰化物对许多生物有害，只要0.1mg/L就能杀死虫类；0.3mg/L能杀死水体赖以自净的微生物。

b. 砷（As）。砷也是常见的水体污染物质，工业生产排放含砷废水的有化工、有色冶金、炼焦、火电、造纸、皮革等，其中以冶金、化工排放量较高。

它对人体的毒性作用十分严重，三价砷的毒性大大高于五价砷。对人体来说，亚砷酸盐的毒性作用比砷酸盐大60倍，因为亚砷酸盐能够和蛋白质中的巯基反应，而三甲基砷的毒性比亚砷酸盐更大。砷也是累积性中毒的毒物，当饮用水中砷含量大于0.05mg/L时，就会导致累积，近年来发现砷还是致癌元素（主要是皮肤癌）。

② 重金属毒性物质　重金属与一般耗氧有机物不同，在水体中不能为微生物所降解，只能产生各种形态之间的相互转化以及分散和富集，这个过程称为重金属的迁移。重金属在水体中的迁移主要与沉淀、配位、螯合、吸附和氧化还原等作用有关。

从毒性和对生物体的危害来看，重金属污染的特点有如下几点。

a. 在天然水体中只要有微量浓度即可产生毒性效应，一般重金属产生毒性的浓度大致在1～10mg/L之间，毒性较强的如汞、镉等，产生毒性的浓度在0.001～0.01mg/L以下。

b. 微生物不能降解重金属，但某些重金属有可能在微生物作用下转化为金属有机化合物，产生更大的毒性。如汞在厌氧微生物作用下，转化为毒性更大的有机汞（甲基汞、二甲基汞）。

c. 金属离子在水体中的转移或转化与水体的酸、碱条件有关，如六价铬在碱性条件下的转化能力强于酸性条件；在酸性条件下二价镉离子易于随水迁移，并易为植物吸收。镉是累积富集型毒物，进入人体后主要累积在肾脏和骨骼中，引起肾功能失调，使骨骼软化。

d. 重金属进入人体后能够和生物高分子物质如蛋白质和酶等发生强烈的相互作用，使它们失去活性，也可能累积在人体的某些器官中，造成慢性累积性中毒，最终造成危害。

（2）有机有毒污染物　有机有毒物质多属于人工合成的有机物质，如农药（DDT、六六六等有机氯农药）、醛、酮、酚以及多氯联苯、芳香族氨基化合物、高分子合成聚合物（塑料、合成橡胶、人造纤维）、染料等。它们主要来源于石油化工的合成生产过程及有关的产品使用过程中排放出的污水，这些污水不经处理排入水体后造成严重污染并引起危害。有机有毒物质种类繁多，其中危害最大的有以下两类。

① 有机氯化合物　目前人们使用的有机氯化物有几千种，但其中污染广泛、引起普遍注意的是多氯联苯（PCB）和有机氯农药。

多氯联苯流入水体后只微溶于水（每升水中最多只溶1mg），大部分以浑浊状态存在，或吸附在微粒物质上；它化学性质稳定，不易氧化、水解并难于生化分解，所以多氯联苯可长期保存在水中。多氯联苯可通过水体中生物的食物链富集作用，在鱼、贝体内浓度累积到几万甚至几十万倍，然后在人体脂肪组织和器官中蓄积，影响皮肤、神经、肝脏，破坏钙的代谢，导致骨骼、牙齿的损害，并有亚急性、慢性致癌和致遗传变异等可能性。

有机氯农药是疏水性亲油物质，能够为胶体颗粒和油粒所吸附并随其在水中扩散。水生生物对有机氯农药同样有很强的富集能力，在水生生物体内的有机氯农药含量可比水中的含量高几千到几百万倍，通过食物链进入人体，累积在脂肪含量高的组织中，达到一定浓度后，即可显示出对人体的毒害作用。

② 多环有机化合物　它是指含有多个苯环的有机化合物，一般具有很强的毒性。例如，多环芳烃可能有致遗传变异性，其中 3,4-苯并芘和 1,2-苯并蒽等具有强致癌性。多环芳烃存在于石油和煤焦油中，能够通过废油、含油废水、煤气站废水、柏油路面排水以及淋洗了空气中煤的雨水而径流入水体中，造成污染。

三、水体污染的水质指标

水体污染主要表现为水质在物理、化学、生物等方面的变化特征。水中杂质具体衡量的尺度称为水质指标。水质指标可分为物理指标、化学指标和生物指标，是对水体进行监测、评价、利用以及污染治理的主要依据，具体指标及含义见表 4-2。

表 4-2　水质指标的类别及含义

类型	水质指标	含　义
物理指标	水温	重要的物理性质指标之一，化工污水的水温与生产工艺有关，变化较大。水温过低或过高，将会危害水生动、植物的繁殖与生长
	色度	水的感官性状指标之一。当水中存在着某种物质时，可使水着色，表现出一定的颜色，即色度。规定 1mg/L 以氯铂酸钾形式存在的铂所产生的颜色，称为 1 度
	悬浮物(SS)	悬浮于水中的固体物质，采用称重的方法进行测定。悬浮物透光性差，使水质浑浊，影响水生生物的生长
化学指标	溶解氧(DO)	溶解在水中的分子态氧，叫溶解氧(DO)。20℃时，0.1MPa 下，饱和溶解氧含量为 9×10^{-6}。它来自大气和水中化学、生物化学反应生成的分子态氧
	化学需氧量(COD)	表示水中可氧化的物质，用氧化剂高锰酸钾或重铬酸钾氧化时所需的氧量，以 mg/L 表示，它是水质污染程度的重要指标，但两种氧化剂都不能氧化稳定的苯等有机化合物
	生化需氧量(BOD)	在好氧条件下，微生物分解水中有机物质的生物化学过程中所需的氧量。目前，国内外普遍采用在 20℃，五昼夜的生化耗氧量作为指标，即用 BOD_5 表示。单位以 mg/L 表示
	N	植物的重要营养物质，过量排放可导致湖泊、水库等缓流水体产生富营养化。主要的检测项目包括总氮、凯氏氮、有机氮等
	P	与 N 一样，是植物的重要营养物质，过量排放亦可导致水体产生富营养化。主要的检测项目包括总磷、正磷
	重金属	化学工业排放的废水中常含有重金属离子，重金属污染具有产生毒性浓度小、不易生物降解、生物累积等特点。污水中主要的重金属离子是 Hg、Cd、Pb、Cr、Zn、Cu、Ni、Sn、Fe、Mn 等，其检测方法参见国家标准
	pH	指水溶液中氢离子(H^+)浓度的负对数。pH=7 时，污水呈中性；pH<7 时，数值越小，酸性越强；pH>7 时，数值越大，碱性越强
生物指标	细菌总数	指 1mL 水中所含有各种细菌的总数，反映水所受细菌污染程度的指标。在水质分析中，是把一定量水接种于琼脂培养基中，在 37℃条件下培养 24h 后，数出生长的细菌菌落数，然后计算出每毫升水中所含的细菌数
	大肠菌数	指 1L 水中所含大肠菌个数

四、化工废水的来源与特点

化工行业是一个多行业、多品种的工业部门，包括化学矿山、石油化工、煤炭化工、酸碱工业、化肥工业、塑料工业、医药工业、染料工业、洗涤剂工业、橡胶工业、炸药和起爆药工业、感光材料工业等。

1. 化工废水的分类及主要来源

化工废水可分为三大类，第一类为含有机物的废水，主要来自基本有机原料、合成材料（如合成塑料、合成橡胶、合成纤维）、农药、染料等行业排出的废水；第二类为含无机物的废水，如无机盐、氮肥、磷肥、硫酸、硝酸及纯碱等行业排出的废水；第三类为既含有有机物又含有无机物的废水，如氯碱、感光材料、涂料等行业。

按废水中所含主要污染物分则有含氰废水、含酚废水、含硫废水、含铬废水、含有机磷废水、含有机物废水等。

化工废水的主要来源主要有：①化工生产的原料和产品在生产、包装、运输、堆放的过程中因一部分物料流失又经雨水或用水冲刷而形成的废水；②化学反应不完全而产生的废料，如残余浓度低且成分不纯的物料常常以废水的形式排放出来；③化学反应中副反应过程生成的废水；④冷却水，若采用冷却水与反应物料直接接触的直接冷却方式，则不可避免地排出含有物料的废水；⑤一些特定生产过程排放的废水，如焦炭生产的水力割焦排水、酸洗或碱洗过程排放的废水等；⑥地面和设备冲洗水和雨水，因常夹带某些污染物最终形成废水。

2. 化工废水的特点

(1) 废水排放量大　化工生产中需进行化学反应，化学反应要在一定的温度、压力及催化剂等条件下进行。因此在生产过程中工艺用水及冷却水用量很大，故废水排放量大。废水排放量约占全国工业废水总量的30%左右，据各工业系统之首。

(2) 污染物种类多　水体中的烷烃、烯烃、卤代烃、醇、酚、醚、酮及硝基化合物等有机物和无机物，大多是化学工业生产过程中或一些应用化工产品的过程中所排放。水质分析表明，黄浦江水质含有的18项主要污染物，化学工业都有不同程度的排放。如合成氨生产排放的废水含有氰废水、含硫废水、含炭黑废水及含氨废水等，农药、染料产品的化学结构复杂，生产流程长、工序多，排出的种类更多。

(3) 污染物毒性大、不易生物降解　所排放的许多有机物和无机物中不少是直接危害人体的毒物。许多有机化合物十分稳定，不易被氧化，不易为生物所降解。许多沉淀的无机化合物和金属有机物可通过食物链进入人体，对健康极为有害，甚至在某些生物体内不断富集。

(4) 废水中含有有害污染物较多　化工废水中主要有害污染物年排放总量为215万吨左右，其中主要有害污染物如废水中氰化物排放量占总氰化物排放量的一半，而汞的排放量则占全国排放总量的2/3。

(5) 化工废水的水量和水质视其原料路线、生产工艺方法及生产规模不同而有很大差异，即一种化工产品的生产，随着所用原料的不同、采用生产工艺路线的不同或生产规模的不同，所排放废水的水量及水质也不相同。

(6) 污染范围广化学工业厂点多、行业多、品种多、生产方法多及原料和能源消耗多等特点，造成污染面广。

表4-3列出了几种典型的化工生产所排出的废水情况。

表 4-3　主要化工行业废水来源及主要污染物

行　业	主　要　来　源	废水中主要污染物
氮肥	合成氨、硫酸铵、尿素、氯化铵、硝酸铵、氨水、石灰氮	氰化物、挥发酚、硫化物、氨氮、SS、CO、油
磷肥	普通过磷酸钙、钙镁磷肥、重过磷酸钙、磷酸铵类氮磷复合肥、磷酸、硫酸	氟、砷、P_2O_5、SS、铅、镉、汞、硫化物
无机盐	重铬酸钠、铬酸酐、黄磷、氰化钠、三盐基硫酸铅、二盐基亚磷酸铅、氯化锌、七水硫酸锌	六价铬、元素磷、氰化物、铅、锌、氟化物、硫化物、镉、砷、铜、锰、锡和汞
氯碱	聚氯乙烯、盐酸、液氯	氯、乙炔、硫化物、Hg、SS
有机原料及合成材料	脂肪烃、芳香烃、醇、醛、酮、酸、烃类衍生物及合成树脂(塑料)、合成橡胶、合成纤维	油、硫化物、酚、氰、有机氯化物、芳香族胺、硝基苯、含氮杂环化合物、铅、铬、镉、砷
农药	敌百虫、敌敌畏、乐果、氧化乐果、甲基对硫磷、对硫磷、甲胺磷、马拉硫磷、磷胺	有机磷、甲醇、乙醇、硫化物、对硝基酚钠、NaCl、NH_3-N、NH_4Cl、粗酯
染料	染料中间体、原染料(含有机颜料)、商品染料、纺织染整助剂	卤化物、硝基物、氨基物、苯胺、酚类、硫化物、硫酸钠、NaCl、挥发酚、SS、六价铬
涂料	涂料:树脂漆、油脂漆;无机颜料:钛白粉、立德芬、铬黄、氧化锌、氧化铁、红丹、黄丹、金属粉、华兰	油、酚、醇、醛、SS、六价铬、铅、锌、镉
感光材料	三醋酸纤维素酯、三醋酸纤维素酯片基、乳胶制备及胶片涂布、照相有机物、废胶片及银回收	明胶、醋酸、硝酸、照相有机物、醇类、苯、银、乙二醇、丁醇、二氯甲烷、卤化银、SS
焦炭、煤气粗制和精制化工产品	焦炉炭化进入集气管,用氨水喷洒冷却煤气产生剩余氨水 回收煤气中化工产品产生的煤气冷却水 粗制提取和精制蒸馏加工的产品分离水 煤气水封和煤气总管冷凝水	酚、氰化物、氨氮、COD_{Cr}、油类、硫化物
硫酸(硫铁矿制酸)	净化设备中产生的酸性废水	pH(酸性)、砷、硫化物、氟化物、悬浮物

第二节　化工废水的处理技术

废水处理，就是采用各种方法将废水中所含的污染物质分离出来，或将其转化为无害和稳定的物质，从而使废水❶得以净化。根据其作用原理可划分为四大类别，即物理法、化学法、物理化学法和生物处理法。

一、物理法

通过物理作用和机械力分离或回收废水中不溶解悬浮污染物质（包括油膜和油珠），并在处理过程中不改变其化学性质的方法称为物理处理法。

物理处理法一般较为简单，多用于废水的一级处理中，以保护后续处理工序的正常进行并降低其他处理设施的处理负荷。

---

❶ 废水和污水　在实际应用中，“废水”和“污水”两个术语的用法比较混乱。就科学概念而言，“废水”是指废弃外排的水，强调其“废弃”的一面；“污水”是指被脏物污染的水，强调其“脏污”的一面。但是，有相当数量的生产排水是并不脏的（如冷却水等），因而用“废水”一词统称所有的废水比较合适。在水质污浊的情况下，两种术语可以通用。

1. 均衡与调节

多数废水（如工业企业排出的废水）的水质、水量常常是不稳定的，具有很强的随机性，尤其是当操作不正常或设备产生泄漏时，废水的水质就会急剧恶化，水量也大大增加，往往会超出废水处理设备的处理能力。这时，就要进行水量的调节与水质的均衡。调节和均衡主要通过设在废水处理系统之前的调节池来实现。

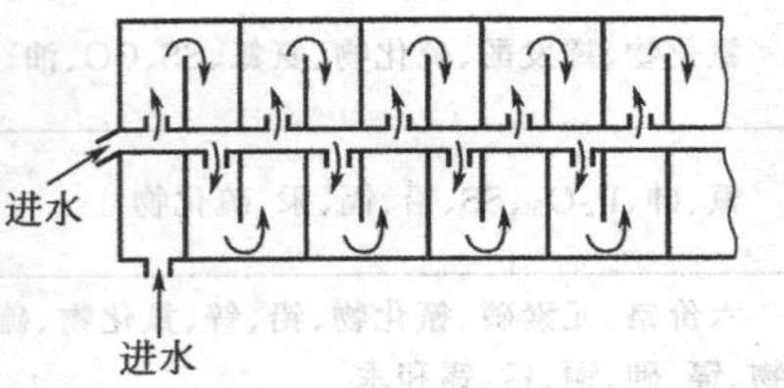

图 4-1 折流式调节池

图 4-1 是长方形调节池的一种，它的特点是在池内设有若干折流隔墙，使废水在池内来回折流。配水槽设在调节池上，废水通过配水孔口溢流到池内前后各位置而得以均匀混合。起端入口流量一般为总流量的 1/4 左右，其余通过各投配孔口流入池内。

2. 沉淀

沉淀是利用废水中悬浮物密度比水大，可借助重力作用下沉的原理而达到液固分离目的的一种处理方法。可分为四种类型，即自由沉淀、絮凝沉淀、拥挤沉淀和压缩沉淀。它们均是通过沉淀池来进行沉淀的。

沉淀池是一种分离悬浮颗粒的构筑物，根据构造不同可分为普通沉淀池和斜板斜管沉淀池。普通沉淀池应用较为广泛，按其水流方向的不同，可分为平流式、竖流式和辐射式三种。

图 4-2 所示的是一种带有刮泥机的平流式沉淀池。废水由进水槽通过进水孔流入池中，进口流速一般应低于 25mm/s，进水孔后设有挡板能稳流使废水均匀分布，沿水平方向缓缓流动，水中悬浮物沉至池底，由刮泥机刮入污泥斗，经排泥管借助静水压力排出。沉淀池出水处设置浮渣收集槽及挡板以收集浮渣，清水溢过沉淀池末端的溢流堰，经出水槽排出池外。

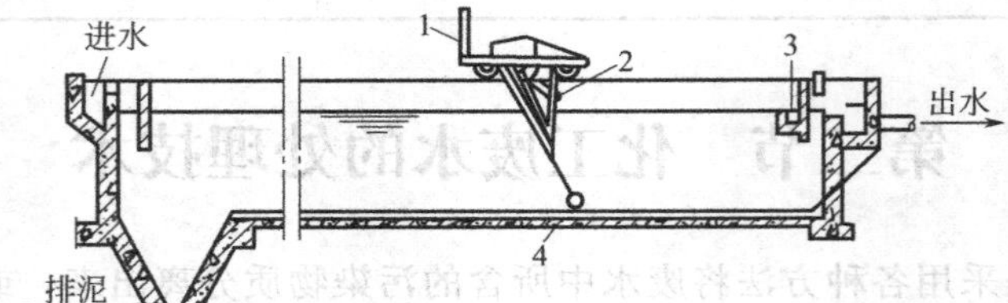

图 4-2 设行车刮泥机的平流式沉淀池

1—行车；2—浮渣刮板；3—浮渣槽；4—刮泥板

为了防止已沉淀的污泥被水流冲起，在有效水深下面和污泥区之间还应设一缓冲区。平流式沉淀池的优点是构造简单、沉淀效果好、性能稳定。缺点是排泥困难、占地面积大。

3. 筛除与过滤

利用过滤介质截留废水中的悬浮物，也叫筛滤截留法。这种方法有时用于废水处理，有时作为最终处理，出水供循环使用或循序使用。筛滤截留法的实质是让废水通过一层带孔眼的过滤装置或介质，尺寸大于孔眼尺寸的悬浮颗粒则被截留。当使用到一定时间后，过水阻力增大，就需将截留物从过滤介质中除去，一般常用反洗法来实现。过滤介质有钢条、筛网、滤布、石英砂、无烟煤、合成纤维、微孔管等，常用的过滤设备有格栅、栅网、微滤机、砂滤器、真空滤机、压滤机等（后两种滤机多用于污泥脱水）。

（1）格栅　格栅是由一组平行钢质栅条制成的框架，缝隙宽度一般在 15～20mm 之间，倾斜架设在废水处理构筑物前或泵站集水池进口处的渠道中，用以拦截废水中大块的漂浮物，以防阻塞构筑物的孔洞、闸门和管道，或损坏水泵的机械设备。因此，格栅实际上是一种起保护作用的安全设施。

格栅的栅条多用圆钢或扁钢制成。扁钢断面多采用 50mm×10mm 或 40mm×10mm，其特点是强度大，不易弯曲变形，但水头损失较大；圆钢直径多用 10mm，其特点恰好与扁钢相反。被拦截在栅条上的栅渣有人工和机械两种清除方法。图 4-3 是一种移动伸缩臂式格栅除污机，主要用于粗、中格栅，深度中等的宽大格栅。其优点是设备全部在水面上，钢绳在水面上运行，寿命长，可不停水检修；缺点是移动较复杂，移动时耙齿与栅条间隙对位困难。

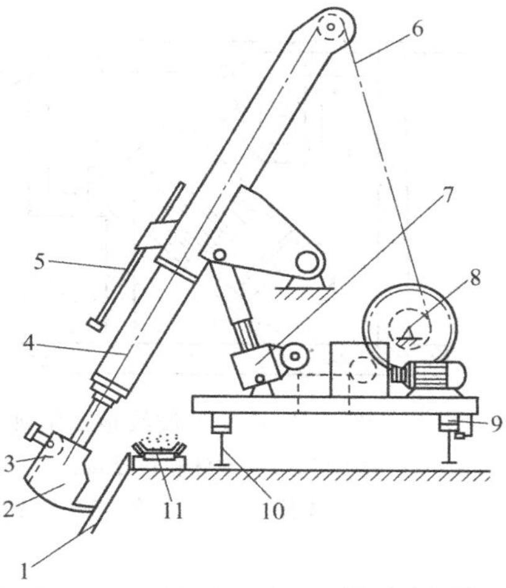

图 4-3　移动伸缩臂式格栅除污机
1—格栅；2—耙斗；3—卸污板；4—伸缩臂；5—卸污调整杆；6—钢丝绳；7—臂角调整机构；8—卷扬机构；9—行走轮；10—轨道；11—皮带运输机

（2）筛网　筛网用金属丝或纤维丝编织而成。与格栅相比，筛网主要用来截留尺寸较小的悬浮固体，尤其适宜于分离和回收废水中细碎的纤维类悬浮物（如羊毛、棉布毛、纸浆纤维和化学纤维等），也可用于城市污水和工业废水的预处理以降低悬浮固体含量。筛网可以做成多种形式，如固定式、圆筒式、板框式等。表4-4是几种常用筛网除渣机的比较。

表 4-4　常用筛网除渣机的比较

类　型		适　用　范　围	优　　点	缺　　点
筛网	固定式	从废水中去除低浓度固体杂质及毛和纤维类，安装在水面以上时，需要水头落差或水泵提升	平面筛网构造简单，造价低；梯形筛丝筛面，不易堵塞，不易磨损	平面筛网易磨损，易堵塞，不易清洗；梯形筛丝筛面构造复杂
	圆筒式	从废水中去除中低浓度杂质及毛和纤维类，进水深度一般小于 1.5m	水力驱动式构造简单，造价低；电动梯形筛丝转筒筛，不易堵塞	水力驱动式易堵塞；电动梯形筛丝转筒筛构造较复杂，造价高
	板框式	常用深度 1～4m 可用深度 10～30m	驱动部分在水上，维护管理方便	造价高，更换较麻烦；构造较复杂，易堵塞

4. 隔油

隔油主要用于对废水中浮油的处理，它是利用水中油品与水密度的差异与水分离并加以清除的过程。隔油过程在隔油池中进行，目前常用的隔油池有两类——平流式隔油池与斜流式隔油池。

平流式隔油池除油率一般为 60％～80％，粒径 150μm 以上的油珠均可除去。它的优点是构造简单，运行管理方便，除油效果稳定。缺点是体积大、占地面积大、处理能力低、排泥难，出水中仍含有乳化油和吸附在悬浮物上的油分，一般很难达到排放要求。

图 4-4 所示的是一种 CPI 型波纹板式隔油池。池中以 45°倾角安装许多塑料波纹板，废

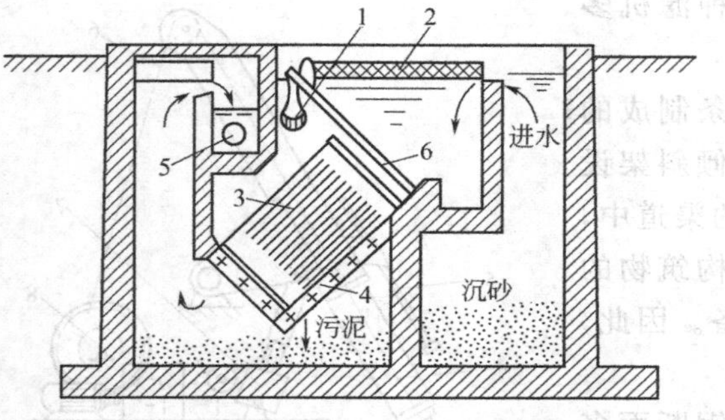

图 4-4 CPI 型波纹板式隔油池

1—撇油管；2—泡沫塑料浮盖；3—波纹板；4—支撑；5—出水管；6—整流板

水在板中通过，使所含的油和泥渣进行分离。斜板的板间距为 2～4cm，层数为 24～26 层。设计中采用的雷诺数 Re 为 360～400，板间水流处于层流状况。

经预处理（除去大的颗粒杂质）后的废水，经溢流堰和整流板进入波纹板间，油珠上浮到上板的下表面，经波纹板的小沟上浮，然后通过水平的撇油管收集，回收的油流到集油池。污泥则沉到下板的上表面，通过小沟下降到池底，然后通过排泥管排出。

另外，近年来国内外对含油废水处理取得不少新进展，出现了一些新型除油技术和设备。主要有粗粒化装置和多层波纹板式隔油池（MWS 型）。粗粒化装置是一种小型高效的油水分离装置，目前已广泛用于化工、交通、海洋、食品等行业含微量油或含乳化油废水处理。多层波纹板式隔油池（MWS 型）装置设计原理与 CPI 型波纹式隔油池相同，但它是用多层波纹板把水池分成许多相同的小水池，而不是分成带状空间，油滴上浮和油泥的沉降分别在池的两端进行，避免了返混，使出水保持干净。该装置结构简单，占地面积小，易管理，能除去水中粒径为 15μm 以上的油粒。

5. 离心分离

废水中的悬浮物借助离心设备的高速旋转，在离心力作用下与水分离的过程叫离心分离。

离心分离设备按离心力产生的方式不同可分为水力旋流器和高速离心机两种类型。水力旋流器有压力式（见图 4-5）和重力式两种，其设备固定，液体靠水泵压力或重力（进出水头差）由切线方向进入设备，造成旋转运动产生离心力。高速离心机依靠转鼓高速旋转，使液体产生离心力。压力式水力旋流器，可以将废水中所含的粒径 5μm 以上的颗粒分离出去。进水的流速一般应在 6～10m/s，进水管稍向下倾 3°～5°，这样有利于水流向下旋转运动。

压力式水力旋流器具有一些优点，即体积小，单位容积的处理能力高，构造简单，使用方便，易于安装维护。缺点是水泵和设备易磨损，所以设备费用高，耗电较多。一般只用在小批量的、有特殊要求的废水处理。

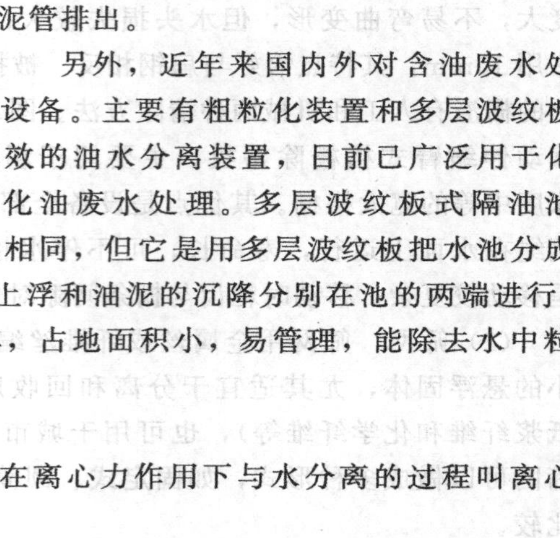

图 4-5 压力式水力旋流器

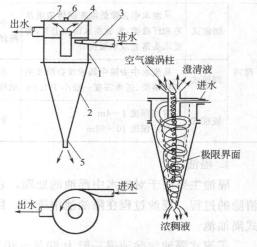

1—圆筒；2—圆锥体；3—进水管；4—上部清液排出管；5—底部清液排出管；6—放气管；7—顶盖

二、化学法

化学法（或化学处理法）是利用化学作用处理废水中的溶解物质或胶体物质，可用来去除废水中的金属离子、细小的胶体有机物、无机物、植物营养素（氮、磷）、乳化油、色度、臭味、酸、碱等，对于废水的深度处理也有着重要作用。

化学法包括中和法、混凝法、氧化还原、电化学等方法。在此主要介绍中和法和氧化还原法。

1. 中和法

中和就是酸碱相互作用生成盐和水，也即 pH 调整或称为酸碱度调整。酸、碱废水的中和方法有酸、碱废水互相中和、药剂中和及过滤中和。

（1）酸、碱废水互相中和　酸、碱废水互相中和是一种以废治废、既简便又经济的办法。如果酸、碱废水互相中和后仍达不到处理要求时，还可以补加药剂进行中和。

酸、碱废水互相中和的结果，应该使混合后的废水达到中性。若酸性废水的物质的量浓度为 $c(B_1)$、水量为 Q_1，碱性废水的物质的量浓度为 $c(B_2)$、水量为 Q_2，则二者完全中和的条件根据化学反应基本定律——等物质的量规则就为：

$$c(B_1)Q_1=c(B_2)Q_2 \tag{4-1}$$

酸、碱废水如果不加以控制，一般情况下不一定能完全中和，则混合后的水仍具有一定的酸性或碱性，其酸度或碱度为 $c(P)$，则有

$$c(P)=\frac{|c(B_1)Q_1-c(B_2)Q_2|}{Q_1+Q_2} \tag{4-2}$$

若 $c(P)$ 值仍高，则需用其他方法再进行处理。

（2）药剂中和　药剂中和可以处理任何浓度、任何性质的酸碱废水，可以进行废水的 pH 调整，是应用最广泛的一种中和方法。

① 酸性废水的中和　药剂中和的一般流程如图 4-6 所示。中和反应一般都设沉淀池，沉淀时间为 1～1.5h。

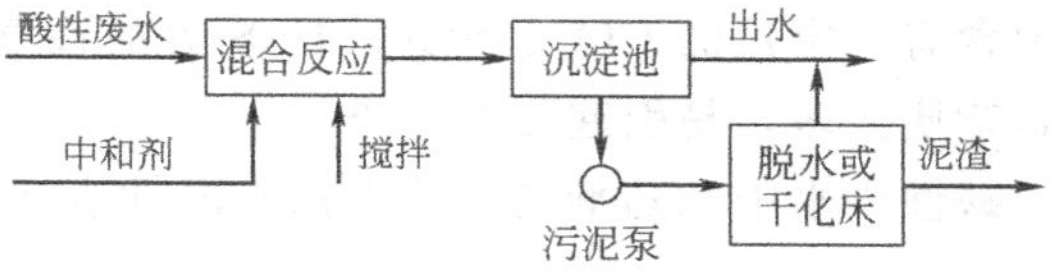

图 4-6　酸性废水的中和流程

酸性废水的中和剂有石灰（CaO）、石灰石（$CaCO_3$）、碳酸钠（Na_2CO_3）、苛性钠（NaOH）等。石灰是最常用的中和剂。采用石灰可以中和任何浓度的酸性废水，且氢氧化钙对废水中的杂质具有凝聚作用，有利于废水处理。

酸碱中和的反应速率很快，因此，混合与反应一般在一个设有搅拌设备的池内完成。混合反应时间一般情况下应根据废水水质及中和剂种类来确定，然后再确定反应器容积，其计算公式如下。

$$V=Qt \tag{4-3}$$

式中　t——混合反应时间，h；

V——混合反应池的容积，m^3；

Q——废水实际流量，m^3/h。

中和药剂的理论计算用量可以根据化学反应式及等物质的量规则求得，然后考虑所用药剂产品或工业废料的纯度及反应效率，综合确定实际投加量。

如果酸性废水中只含某一类酸时，中和药剂的消耗量可按下式计算。

$$G=\frac{Q\rho_S\alpha_S K}{1000\alpha} \tag{4-4}$$

式中　G——中和药剂的消耗量，kg/h；

Q——废水流量，m^3/h；

ρ_S——废水中酸的质量浓度，mg/L；

α_S——中和剂的比耗量，由表 4-5 查得；

K——反应不均匀系数（反应效率的倒数），一般采用 1.1～1.2，但以石灰中和硫酸时，干投采用 1.4～1.5，湿投采用 1.05～1.10；中和盐酸、硝酸时采用 1.05；

α——药品纯度，以%计。一般生石灰中含有效 CaO 为 60%～80%，熟石灰中 $Ca(OH)_2$ 为 65%～75%。

表 4-5　碱性中和剂的比耗量 α_S

酸的名称	中和 1g 酸所需碱性物质的质量/g 中和剂				
	CaO	$CaCO_3$	$MgCO_3$	$Ca(OH)_2$	$CaCO_3 \cdot MgCO_3$
H_2SO_4	0.57	1.02	0.86	0.755	0.946
HCl	0.77	1.38	1.15	1.01	1.27
HNO_3	0.445	0.795	0.668	0.590	0.735
CH_3COOH	0.466	0.840	0.702	0.616	—

在实际情况下，工业废水中所含酸的成分可能比较复杂，并不只是单纯一种，不能直接应用化学反应式计算。这时需要测定废水的酸度，然后根据等物质的量原理进行计算。

② 碱性废水的中和　碱性废水的中和剂有硫酸、盐酸、硝酸，常用的为工业硫酸。烟道中含有一定量的 CO_2、SO_2、H_2S 等酸性气体，也可以用作碱性废水的中和剂，但其缺点是杂质太多，易引起二次污染。

碱性废水中和药剂的计算方法与酸性废水相同。酸性中和剂的比耗量见表 4-6。

表 4-6　酸性中和剂的比耗量 α_S

碱的名称	中和 1g 碱所需酸性物质的质量/g 中和剂					
	H_2SO_4		HCl		HNO_3	
	100%	98%	100%	36%	100%	65%
NaOH	1.22	1.24	0.91	2.53	1.37	2.42
KOH	0.88	0.90	0.65	1.80	1.13	1.74
$Ca(OH)_2$	1.32	1.34	0.99	2.74	1.70	2.62
NH_3	2.88	2.93	2.12	5.90	3.71	5.70

（3）中和法的应用实例

① 钛白粉厂酸性废水的处理实例　采用硫酸法生产钛白粉会产生大量的酸性废水，废水中含有大量的 Fe^{2+}、SO_4^{2-}、H^+，少量的 Ti^{3+}、Ca^{2+}、Mg^{2+}、Cr^{3+}，pH 一般为 1～3，色度 800～1000 倍，对环境的污染极大。

目前钛白粉厂酸性废水通常采用 $CaCO_3$ 和 CaO 或 NaOH 中和及混凝沉淀法处理。该方法缺点是出水悬浮物含量超标，回用水量低，石灰用量大，带来废渣的二次污染，增加处理成本等。

采用分段曝气中和＋混凝沉淀工艺处理钛白粉厂酸性废水，中和药剂采用石灰石和石灰混用，中和剂投加工艺流程如图 4-7 所示。

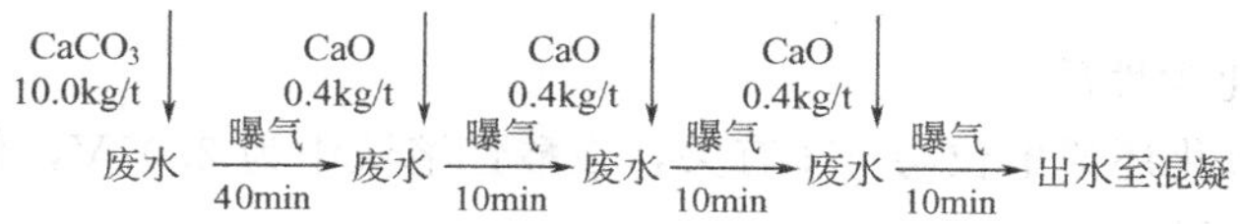

图 4-7　中和剂投加工艺流程

采用该工艺处理出水达到 GB 8978—2002《污水综合排放标准》的一级排放要求，并可有效地降低处理成本，去除废水中的 Fe^{2+}、SO_4^{2-}。

② 高浓度含钒碱性废水的处理实例　钒是优良的合金元素，广泛用于汽车、机械、铁路等行业。但是，许多钒的化合物都有毒性，其中钒（V）的化合物毒性最大，钒只能够微量存在于人体中，人体如果吸入过多的钒，可刺激呼吸、消化及神经系统，也可损害皮肤、心脏和肾脏，还可抑制三磷酸腺苷酶及磷酸酶的活性，使皮肤出现炎症并引起变态性疾病。随着钒工业的发展，含钒废水更多地污染地下水，影响人类健康。

含钒废水中钒的质量浓度一般在 0.2g/L 以下。工业上对于含钒废水的处理主要采用化学沉淀法和离子交换法。其中还原中和法在工业上应用最为广泛。对于高浓度含钒碱性废水的处理有研究采用硫酸亚铁还原-氢氧化钠中和法，取得了较好的效果，处理工艺流程见图 4-8 所示。

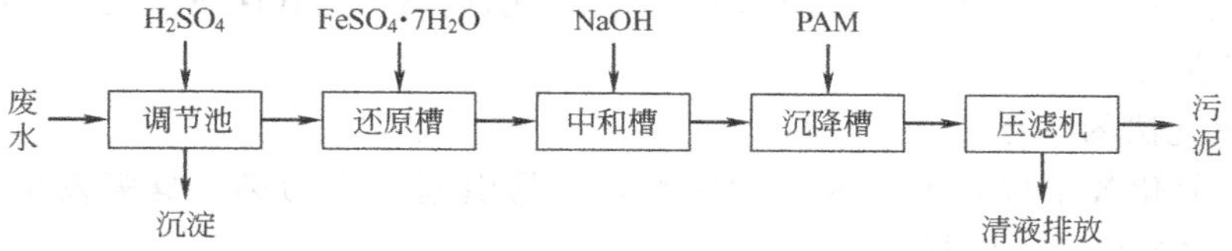

图 4-8　含钒碱性废水的处理工艺流程

采用硫酸亚铁沉淀-氢氧化钠中和-PAM 絮凝法处理高浓度含钒碱性工业废水，最优工艺条件为：还原反应 pH 为 2，还原反应时间为 30min，$FeSO_4 \cdot 7H_2O$ 按 $n(Fe):n(V)=4:1$投加，中和沉淀反应 pH 为 9，室温搅拌，助凝剂投加质量浓度为 4mg/L，处理后水中钒含量达到国家排放标准要求。

2. 氧化还原法

化学氧化还原法是指加入氧化剂或还原剂将污水中有害物质氧化或还原为无害物质的方法。氧化法和还原法分类见表 4-7。在化工废水处理中，常用的方法主要有臭氧氧化法、湿式氧化法、电解氧化法、药剂还原法、电解还原法等。

表 4-7　氧化还原法分类

分类		方法
氧化法	常温常压	空气氧化法、氯氧化法（液氯、NaClO、漂白粉等）、Fenton 氧化法、臭氧氧化法、电解（阳极）、光氧化法、光催化氧化法
	高温高压	湿式催化氧化、超临界氧化、燃烧法
还原法		药剂还原法（亚硫酸钠、硫代硫酸钠、硫酸亚铁、二氧化硫） 金属还原法（金属铁、金属锌）、电解（阴极）

(1) 臭氧氧化法　臭氧是一种强氧化剂，氧化能力在天然元素中仅次于氟，位居第二

位。它可用于水的消毒杀菌，除去水中的酚、氰等污染物质，除去水中铁、锰等金属离子，脱色等。

① 臭氧的物理化学性质

a. 强氧化剂。氧化还原电位与 pH 有关，在酸性溶液中为 2.07V，仅次于氟（3.06V），在碱性溶液中为 1.24V。

b. 在水中的溶解度较低，只有 3～7mg/L（25℃）。臭氧化空气中臭氧只占 0.6%～1.2%。

c. 会自行分解为氧气。水中的分解速度比在空气中的快。如水中的臭氧浓度为 3mg/L 时，在常温常压下，其半衰期仅 5～30min。

d. 有毒气体，对肺功能有影响，工作场所规定的最大允许浓度为 0.1mg/L。

e. 具有腐蚀性。除金和铂以外，臭氧化空气对所有的金属材料都有腐蚀，一般工程应用中采用不锈钢材料，对非金属材料也有强烈的腐蚀作用，不能用普通橡胶作密封材料。

② 臭氧氧化法的机理　臭氧在水和废水中的反应可以分为直接反应和间接反应。直接反应是臭氧分子直接和其他的化学物质的反应；间接反应是指臭氧分解产生的羟基自由基与其他化合物的反应。

直接反应：污染物＋O_3 ⟶ 产物或中间物，有选择性；

间接反应：污染物＋HO· ⟶ 产物或中间物，无选择性，HO·（E_0＝2.8V）电位高，反应能力强，速度快。

③ 臭氧氧化法的特点

a. 优点。氧化效果好，不生成化学污泥，不易引起二次污染，臭氧发生器简单紧凑、占地少、容易实现自动化控制。

b. 缺点。投资高、运行费用高。

随着臭氧发生设备性能的提高，臭氧氧化技术在废水处理尤其是针对难生物降解或有毒有害废水的治理中应用越来越多。除了和其他处理单元如絮凝、气浮、生化等联合使用外，臭氧法由最初的直接氧化、经碱催化氧化发展形成光催化、多相催化氧化等高级氧化工艺形式。

④ 臭氧氧化法在化工废水处理中的应用

a. 焦化废水的处理

(a) 焦化废水的特点。焦化废水经生物处理后，出水的 COD_{Cr} 约为 150mg/L、总有机碳（TOC）约为 40mg/L，常含有生物毒性强、环境危害大的物质，如呋喃、哌啶、吡啶、咪唑、噻唑、多氯联苯、喹啉、萘胺、苯酚类 50 多种多环芳烃与杂环有机物。

(b) 焦化废水的处理实例。广东韶关某公司焦化厂采用生物处理，处理规模为 2000m^3/d，出水水质见表 4-8。

表 4-8　生物处理出水水质

污染指标	pH	COD_{Cr} /(mg/L)	BOD_5 /(mg/L)	TOC /(mg/L)	TTC 脱氢酶活 /(μg/L)	氨氮 /(mg/L)	色度 (Pt-Co)/度
监测数据	6.0～7.0	120～200	9.1	35～50	7.12	8.4～20.6	300～400

采用臭氧催化氧化法进行该废水的处理，工艺流程见图 4-9 所示。

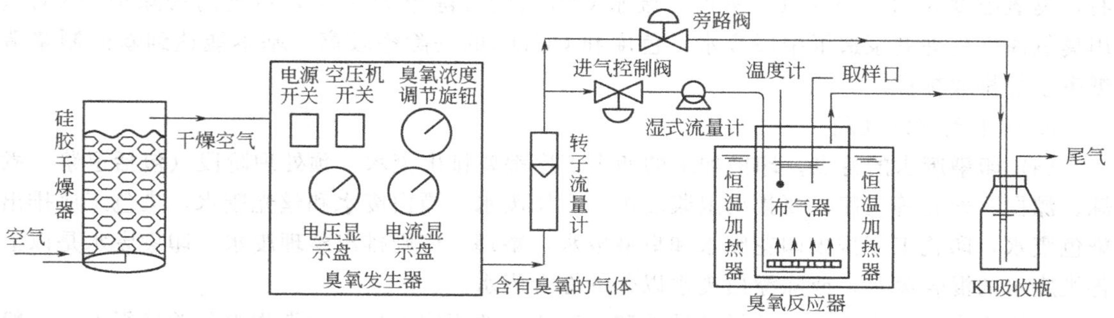

图 4-9　臭氧催化氧化反应装置工艺流程

用5%硫酸和10%NaOH调节焦化废水至适当pH，采用Co^{2+}、Cu^{2+}、Fe^{2+}、Mn^{2+}等金属离子均相和非均相O_3催化氧化处理该废水取得了较好的有机物降解效果，脱色时间短，TOC去除率明显提高，见图4-10和图4-11所示。

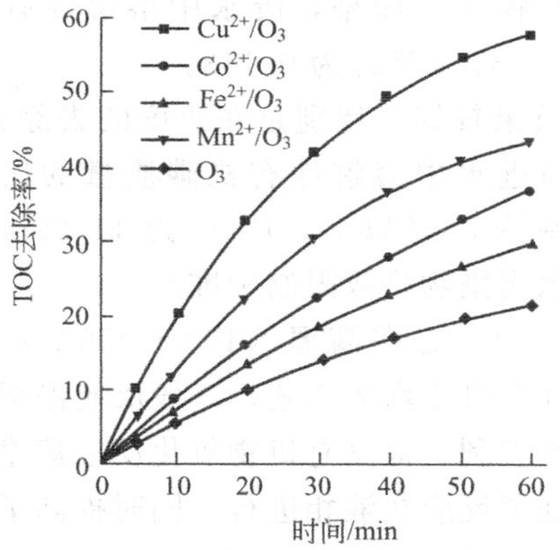

图 4-10　金属离子（M^{2+}）均相催化下 TOC 变化

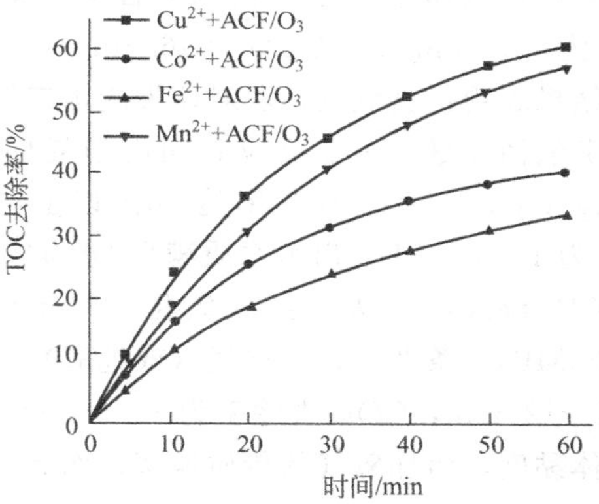

图 4-11　金属离子（M^{2+}）非均相催化下 TOC 变化

b. 制浆造纸废水的处理

(a) 制浆造纸废水的特点。制浆造纸废水是指化学法制浆产生的蒸煮废液（又称黑液、红液），洗浆漂白过程中产生的中段水及抄纸工序中产生的白水，其中含有木质素、糖的衍生物以及有机氯化物等，这些有机物中含有大量的发色基团，废水色度非常高。

(b) 制浆造纸废水的处理实例。镇江某造纸工厂中段二级生化处理后的废水采用臭氧深度氧化处理，原水COD_{Cr}为320mg/L，色度400倍。臭氧氧化工艺处理流程如图4-12所示。

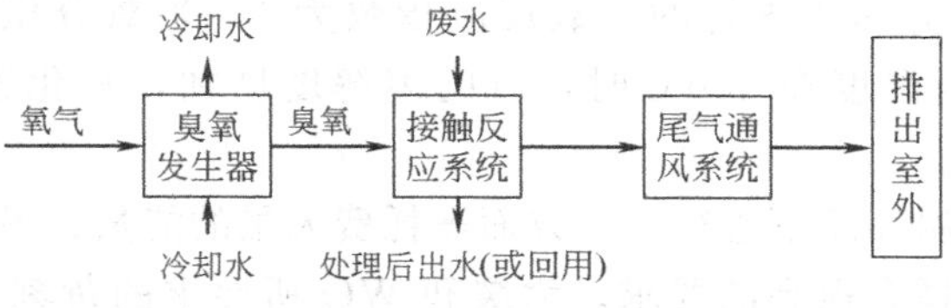

图 4-12　臭氧氧化工艺处理废水流程

结果表明，臭氧法深度处理制浆造纸废水的最佳工艺参数为：处理时间5min，pH8左右，臭氧浓度为 42.55mg/L。此时，废水 COD_{Cr} 的去除率为 80%，色度的去除率为 93%。用臭氧深度处理制浆造纸中段废水，色度和 COD_{Cr} 的去除率较高，基本能达到新的制浆造纸废水的排放标准。

c. 印染废水的处理

(a) 印染废水的特点。印染加工的四个工序都要排出废水，预处理阶段（包括退浆、煮炼、漂白、丝光等工序）要排出退浆废水、煮炼废水、漂白废水和丝光废水，染色工序排出染色废水，印花工序排出印花废水和皂液废水，整理工序则排出整理废水。印染废水是以上各类废水的混合废水，或除漂白废水以外的综合废水。

印染废水的水质随采用的纤维种类和加工工艺的不同而异，污染物组分差异很大。一般印染废水 pH 为 6～10，COD 为 400～1000mg/L，BOD 为 100～400mg/L，SS 为 100～200mg/L，色度为 100～400 倍。印染废水整体呈现色度大，有机物含量高，COD 变化大，碱性大，水温水量变化大等特点，生化处理难。

(b) 印染废水的处理实例。广东省某印染厂废水处理站的二级处理出水采用臭氧深度氧化处理，该印染厂主要使用活性染料对棉布、针织物进行印染，废水中溶解性有机碳 DOC 为 14.58mg/L，COD 为 46.5mg/L，UV_{254} 为 1.536，UV_{400} 为 0.143。

结果表明：臭氧氧化法对印染废水二级出水处理效果较好，特别是在色度的去除方面，当比臭氧消耗量（一定反应时间内消耗的臭氧质量与进水中溶解性有机碳质量的比）为 6.5mg/mg 时，A_{400} 减少率达 90% 以上，A_{254} 减少率达 85% 以上，DOC 为 11.23mg/L、COD 为 16.3mg/L，出水水质满足 DB 4426《广东省水污染物排放限制标准》。

(2) 湿式氧化法　湿式氧化（Wet Oxidation，WO）是在高温（150～350℃）高压（2～20MPa）条件下，以空气（或纯氧）为氧化剂处理有机废水的工艺，一般反应停留时间为 15～120min，COD 去除率为 75%～90%。高温条件有利于提高有机物氧化反应速率，减小液体黏度，增加氧气的传质速率；而高压条件则保证了反应在液相进行，同时提高了氧的溶解度，从而促进氧化反应的速率。一般来说，WO 适于处理的有机废水 COD_{Cr} 范围为 10～200g/L。

湿式氧化技术从 1958 年 Zimmeramn 用以处理造纸黑液取得良好的效果以来，在造纸废水、焦化废水、乳化废水、石化废水处理以及活性污泥调理和活性炭再生等方面均有应用。

20 世纪 80 年代国外学者对酚及取代酚的湿式氧化过程及其终产物的毒性进行了研究。研究表明：终产物的毒性是原始物毒性的 1/10～1/20，并且投加催化剂后湿式氧化的处理效果显著提高。此外，有人在 150～180℃，氧分压为 0.3～1.5MPa 条件下用 WO 技术处理含酚废水，发现 COD 的去除率可达 90% 以上，酚类分子结构破坏率接近 100%；在温度为 150～230℃，氧分压为 0～2.5MPa 的条件下，WO 技术处理酒精蒸馏废水的动力学反应式是分两步进行的，氧反应指数为 1。当氧分压＜1MPa 时，氧反应指数在 0.3～0.6 之间；当温度在 200℃ 时，氧的溶解度增加，氧化速率也相应增大，反应活化能为 45.34kJ/mol。

湿式氧化要求在高温高压下进行，一方面需耗费大量的能量；另一方面高温高压的反应条件对反应器的材质选择有很高的要求。为缓和 WO 所要求的苛刻的反应条件，降低反应温度和压力，使反应尽可能在“温和”的条件下进行，在 WO 反应体系中引入了催化剂，即催化湿式氧化（catalytic wet oxidation，CWO）。

采用催化湿式氧化法对含硫废水、碱渣废水及某农药废水进行处理，见表4-9所示。

表4-9 催化湿式氧化法对含硫废水、碱渣废水及某农药废水的处理效果

废水种类	T/℃	p/MPa	空速/h^{-1}	气/H_2O（体积）	COD去除率/%	S去除率/%	BOD_5/COD_{Cr}	可生化性
含硫废水	265	7.0	1.0	200	77.1		0.64	良好
碱渣废水	230	6.5	8		78	99	>0.8	
农药废水	245	4.2	20	300	91.3		>0.5	良好

（3）药剂还原法　向废水中投加还原剂，使废水中的有害有毒物质转变为无毒的或毒性小的新物质的方法称为还原法。

常用的还原剂有亚硫酸钠、亚硫酸氢钠、焦亚硫酸钠、硫代硫酸钠、硫酸亚铁、二氧化硫、水合肼、铁粉等。简单介绍一下亚硫酸盐还原法、硫酸亚铁、铁屑还原法在废水处理中应用。

① 亚硫酸盐还原法　目前常用亚硫酸钠和亚硫酸氢钠，也有用焦亚硫酸钠。以含铬废水的处理为例，六价铬与亚硫酸氢钠的反应为：

$$2H_2Cr_2O_7+6NaHSO_3+3H_2SO_4 = 2Cr_2(SO_4)_3+3Na_2SO_4+8H_2O$$

六价铬与亚硫酸钠的反应为：

$$H_2Cr_2O_7+3Na_2SO_3+3H_2SO_4 = Cr_2(SO_4)_3+3Na_2SO_4+4H_2O$$

还原后用NaOH中和至pH为7～8，使Cr^{3+}生成$Cr(OH)_3$沉淀，然后过滤回收铬污泥。常用的中和剂有NaOH、石灰。

$$Cr_2(SO_4)_3+6NaOH = 2Cr(OH)_3\downarrow+3Na_2SO_4$$

亚硫酸盐还原法的基本工艺设计参数如下。

a. 废水六价铬浓度一般在100～1000mg/L范围内。

b. 废水pH为2.5～3，如果CrO_3浓度大于0.5g/L，还原要求pH=1，还原反应后要求pH保持在3左右。

c. 还原剂用量与Cr^{6+}浓度和还原剂种类有关。电镀废水在通常的Cr^{6+}的浓度范围内，还原剂理论用量（质量比）六价铬为1时，亚硫酸氢钠、亚硫酸钠、焦亚硫酸钠分别为4、4.3。投量不宜过大，否则既浪费药剂，又能生成$[Cr_2(OH)_2SO_3]^{2+}$，难以沉淀。

d. 还原反应时间约30min。

e. 氢氧化铬沉淀pH控制在7～8范围内。

f. 沉淀剂可用NaOH、石灰、碳酸钠，根据实际情况选用。一般常用20%浓度的NaOH溶液。

② 硫酸亚铁还原法　硫酸亚铁还原法处理含铬废水是一种成熟的方法，药剂来源容易，若用钢铁酸洗废液的硫酸亚铁时，成本较低，除铬效果也较好。

在硫酸亚铁中主要是亚铁离子起还原作用。在酸性条件下，pH为2～3，此时废水中六价铬主要以重铬酸根离子形式存在。其还原反应为：

$$H_2Cr_2O_7+6FeSO_4+6H_2SO_4 = Cr_2(SO_4)_3+3Fe_2(SO_4)_3+7H_2O$$

用硫酸亚铁还原六价铬，最终废水中同时有Fe^{3+}、Cr^{3+}，所以中和沉淀时Cr^{3+}和Fe^{3+}一起沉淀，沉淀的污泥是铬氢氧化物和铁氢氧化物的混合物。若用石灰乳进行中和沉淀，污泥中还有 $CaSO_4$ 沉淀：

$$Cr_2(SO_4)_3+3Ca(OH)_2 \longrightarrow 2Cr(OH)_3\downarrow+3CaSO_4\downarrow$$

此法又称为硫酸亚铁石灰法。生成的污泥量比亚硫酸盐还原法大3倍以上，基本上没有回收利用价值，需要妥善处理，以防止二次污染，这是本法的最大缺点。

硫酸亚铁石灰法的主要工艺设计参数为：

a. 废水六价铬浓度50～100mg/L；

b. 还原时废水pH为1～3；

c. 还原剂用量 Cr^{6+} ：$FeSO_4\cdot 7H_2O$＝1：(25～30)；

d. 反应时间不小于30min；

e. 中和沉淀pH为7～9。

③ 铁屑还原法　通过铁屑还原槽中铁炭微电池的电化学作用和填料的吸附作用，以及其他各种协同作用来处理废水的方法称为铁屑还原法。

铁屑还原法适合高浓度酸性印染废水的处理，色度去除率可达98%以上，对 COD_{Cr} 亦有较高的去除率，能较显著地改善废水的可生化性，且成本低廉，在有工业废酸可以利用的地区值得推广使用。

(4) 电解氧化还原法　电解质溶液在电流的作用下，发生电化学反应的过程称为电解。废水进行电解反应时，废水中的有毒物质在阳极和阴极分别进行氧化还原反应，产生新物质，或沉积于电极表面或沉淀下来或生成气体从水中逸出，从而降低了废水中有毒物质的浓度。

① 电解还原法处理含铬废水　在电解槽中一般放置铁电极，在电解过程中铁板阳极溶解产生亚铁离子。亚铁离子是强还原剂，在酸性条件下，可将废水中的六价铬还原为三价铬，其离子反应方程如下：

$$Fe-2e \longrightarrow Fe^{2+}$$

$$Cr_2O_7^{2-}+6Fe^{2+}+14H^+ \longrightarrow 2Cr^{3+}+6Fe^{3+}+7H_2O$$

$$CrO_4^{2-}+3Fe^{2+}+8H^+ \longrightarrow Cr^{3+}+4H_2O+3Fe^{3+}$$

在阴极除氢离子获得电子生成氢外，废水中的六价铬直接还原为三价铬。离子反应为：

$$2H^++2e \longrightarrow H_2\uparrow$$

$$Cr_2O_7^{2-}+6e+14H^+ \longrightarrow 2Cr^{3+}+7H_2O$$

$$CrO_4^{2-}+3e+8H^+ \longrightarrow Cr^{3+}+4H_2O$$

实验证明，电解时阳极溶解产生的亚铁离子是六价铬还原为三价铬的主要因素，而阴极直接将六价铬还原为三价铬是次要的。因此，为了提高电解效率，采用铁阳极并在酸性条件下进行电解是有利的。

② 电解氧化法处理含氰废水　当不加食盐电解质时，氰化物在阳极发生氧化反应，产生二氧化碳和氮气，其反应式如下：

$$CN^-+2OH^--2e = CNO^-+H_2O$$

$$CNO^-+2H_2O = NH_4{}^++CO_3^{2-}$$

$$2CNO^-+4(OH)^--6e = 2CO_2\uparrow+N_2\uparrow+2H_2O$$

当电解槽投加食盐后，Cl^- 在阳极放出电子成为游离氯[Cl]，并促进阳极附近的 CN^- 氧化分解，而后又形成 Cl^-，继续放出电子再去氧化其他CN，其反应式如下：

$$2Cl^- - 2e = 2[Cl]$$

$$CN^- + 2[Cl] + 2OH^- = CNO^- + 2Cl^- + H_2O$$

$$2CNO^- + 6[Cl] + 4OH^- = 2CO_2\uparrow + N_2\uparrow + 2H_2O + 6Cl^-$$

③ 电解氧化法处理含酚废水　电解除酚时，一般以石墨做阳极，电极附近的反应十分复杂。既有阳极的直接氧化作用，使酚氧化为邻苯二酚、邻苯二醌，进而氧化为顺丁烯二酸，也有间接的氧化作用，即阳极产物 OCl^- 与酚反应，开始有氯代酚生成，接着使酚氧化分解。

为强化氧化反应和降低电耗，通常都投加食盐，食盐的投加量为 20g/L，电流密度采用 1.5～6A/dm^2，经 6～38min 的电解处理后，废水酚浓度可从 250～600mg/L 降到 0.8～4.3mg/L。

三、物理化学法

废水经过物理方法处理后，仍会含有某些细小的悬浮物以及溶解的有机物。为了进一步去除残存在水中的污染物，可以进一步采用物理化学方法进行处理。常用的物理化学方法有吸附、浮选、混凝、电渗析、反渗透、超滤等。

1. 吸附法

(1) 吸附过程原理　吸附是利用多孔性固体吸附剂的表面活性，吸附废水中的一种或多种污染物，达到废水净化的目的。根据固体表面吸附力的不同，吸附可分为以下三种类型。

① 物理吸附　吸附剂和吸附质之间通过分子间力产生的吸附称为物理吸附。被吸附的分子由于热运动还会离开吸附剂表面，这种现象称为解吸，它是吸附的逆过程。降温有利于吸附，升温有利于解吸。

② 化学吸附　吸附剂和吸附质之间发生由化学键力引起的吸附称为化学吸附。化学吸附一般在较高温度下进行，吸附热较大。一种吸附剂只能对某种或几种吸附质发生化学吸附，因此化学吸附具有选择性。化学吸附比较稳定，当化学键力大时，化学吸附是不可逆的。

③ 离子交换吸附　离子交换吸附就是通常所指的离子交换。

(2) 活性炭吸附　活性炭是一种非极性吸附剂，是由含碳为主的物质作原料，经高温炭化和活化制得的疏水性吸附剂。其外观是暗黑色，有粒状和粉状两种，目前工业上大量采用的是粒状活性炭。活性炭主要成分除碳以外，还有少量的氧、氢、硫等元素，以及含有水分、灰分。它具有良好的吸附性能和稳定的化学性质，可以耐强酸、强碱，能经受水浸、高温、高压作用，不易破碎。

与其他吸附剂相比，活性炭具有巨大的比表面积，通常可达 500～1700m^2/g，因而形成了强大的吸附能力。但是，比表面积相同的活性炭，其吸附容量并不一定相同。因为吸附容量不仅与比表面积有关，而且还与微孔结构和微孔分布，以及表面化学性质有关。粒状活性炭的孔径（半径）大致分为以下三种。

① 大孔　10^{-7}～10^{-5}m；

② 过渡孔　2×10^{-9}～10^{-7}m；

③ 微孔　$<2\times10^{-9}$m。

活性炭是目前废水处理中普遍采用的吸附剂，已广泛用于化工行业如印染、氯丁橡胶、腈纶、三硝基甲苯等的废水处理和水厂的污染水源净化处理（见表 4-10）。

表 4-10 粒状活性炭用于污染水源净化实例

水厂名称	处理量/(m^3/d)	处理工艺流程	活性炭滤池的个数与参数	再生装置情况	活性炭的作用
美国新英格兰曼彻斯特市水厂	114000	高速混合、混凝沉淀、砂滤和活性炭滤池	4 个滤池，4.9m×33.6m，炭层 1.2m		除味及有机物
日本柏井净水厂	750000	流化床活性炭吸附装置		设流化床再生炉	除味及有机物
法国梅利水厂	100000	预氯化、混凝沉淀、粒状活性炭、臭氧消毒、后氧化	6 个滤池，接触时间 15min	再生周期 12 个月	除味、氯及有机物
中国某有色金属公司动力厂	30000	砂滤池、活性炭吸附塔	6 个吸附塔，直径 4.5m，高 7.6m	1kg 活性炭处理 11～14m^3 水直接电流法再生	除味及有机物

2. 混凝法

混凝法处理的对象是废水中利用自然沉淀法难以沉淀除去的细小悬浮物及胶体微粒，可以用来降低废水的浊度和色度，去除多种高分子有机物、某些重金属和放射性物质；此外，混凝法还能改善污泥的脱水性能，因此，混凝法在废水处理中得到广泛应用。

混凝法优点是设备简单，操作易于掌握，处理效果好，间歇或连续运行均可以。缺点是运行费用高，沉渣量大，且脱水较困难。

（1）混凝原理　对混凝过程的作用原理有三种说法：一种是双电层作用；另一种是化学架桥作用；还有一种是网捕或卷扫作用。

① 双电层作用原理　这一原理主要考虑低分子电解质对胶体微粒产生电中和作用，以引起胶体微粒凝聚。以废水中胶体带负电荷，投加低分子电解质硫酸铝[$Al_2(SO_4)_3$]作混凝剂进行混凝为例说明。

a. 硫酸铝[$Al_2(SO_4)_3$]首先在废水中离解，产生正离子 Al^{3+} 和负离子 SO_4^{2-}。

$$Al_2(SO_4)_3 \longrightarrow 2Al^{3+} + 3SO_4^{2-}$$

Al^{3+} 是高价阳离子，它大大增加了废水中的阳离子浓度，在带负电荷的胶体微粒吸引下 Al^{3+} 由扩散层进入吸附层，使 ξ 电位降低。于是带电的胶体微粒趋向电中和，消除了静电斥力，降低了它们的悬浮稳定性，当胶体再次相互碰撞时，即凝聚结合为较大的颗粒而沉淀。

b. Al^{3+} 在水中水解后最终生成 $Al(OH)_3$ 胶体。

$$Al^{3+} + 3H_2O \rightleftharpoons Al(OH)_3(\text{胶体}) + 3H^+$$

$Al(OH)_3$ 是带电胶体，当 $pH<8.2$ 时，带正电。它与废水带负电的胶体微粒互相吸引，中和其电荷，使胶体凝结成较大的颗粒而沉淀。

c. $Al(OH)_3$ 胶体具有长的条形结构，表面积很大，活性较高，可以吸附废水中的悬浮颗粒，使呈分散状态的颗粒形成网状结构，成为更粗大的絮凝体（矾花）而沉淀。

② 化学架桥作用原理　当废水中加入少量的高分子聚合物时，聚合物即被迅速吸附结合在胶体微粒表面上。开始时，高聚物分子链节的一端吸附在一个微粒表面上，该分子未被吸附的一端就伸展到溶液中去，这些伸展的分子链节又会被其他的微粒所吸附，于是形成一个高分子链状物同时吸附在两个以上的胶体微粒表面的情况。各微粒依靠高分子的连接作用构成某种聚集体，结合为絮状物，这种作用称为吸附架桥作用。

③ 网捕或卷扫作用　当铝盐或铁盐混凝剂投量很大而形成大量氢氧化物沉淀时，可以网捕、卷扫水中胶粒以致产生沉淀分离，称卷扫或网捕作用。这种作用，基本上是一种机械作用，

所需混凝剂量与原水杂质含量成反比，即原水胶体杂质含量少时，所需混凝剂多，反之亦然。

在废水的混凝沉淀处理中，影响混凝效果的因素很多，主要有 pH、温度、药剂种类和投加量、搅拌强度及反应时间等。常用的混凝剂可分为无机和有机两大类，见表 4-11。

表 4-11　混凝剂分类

分类			混凝剂
无机类	低分子	无机盐类 酸、碱类	硫酸铝、硫酸铁、硫酸亚铁、铝酸钠、氯化铁、氯化铝、碳酸钠、氢氧化钠、氧化钙、硫酸、盐酸
		金属电解产物	氢氧化铝、氢氧化铁
	高分子	阳离子型	聚合硫酸铝、聚合氯化铝
		阴离子型	活性硅酸
有机类	表面活性剂	阴离子型	月桂酸钠、硬脂酸钠、油酸钠、松香酸钠、十二烷基苯磺酸钠
		阳离子型	十二烷胺乙酸、十八烷胺乙酸、松香胺乙酸、烷基三甲基氯化铵、氯化铵、十八烷基二甲基二苯乙二酮
	低聚合度高分子（相对分子质量约一千至数万）	阴离子型	藻朊酸钠、羧甲基纤维素钠盐
		阳离子型	水溶性苯胺树脂盐酸盐、聚亚乙基亚胺
		非离子型	淀粉、水溶性脲醛树脂
		两性型	动物胶、蛋白质
	高聚合度高分子（相对分子质量十万至数百万）	阴离子型	聚丙烯酸钠、聚丙烯酰胺、马来酸共聚物
		阳离子型	聚乙烯吡啶盐、乙烯吡啶共聚物
		非离子型	聚丙烯酰胺、聚氧化乙烯
微生物类	糖蛋白、多糖、蛋白质、纤维素和 DNA		

(2) 混凝过程及投药方法　混凝沉淀处理流程包括投药、混合、反应及沉淀分离几个部分。其流程如图 4-13 所示。

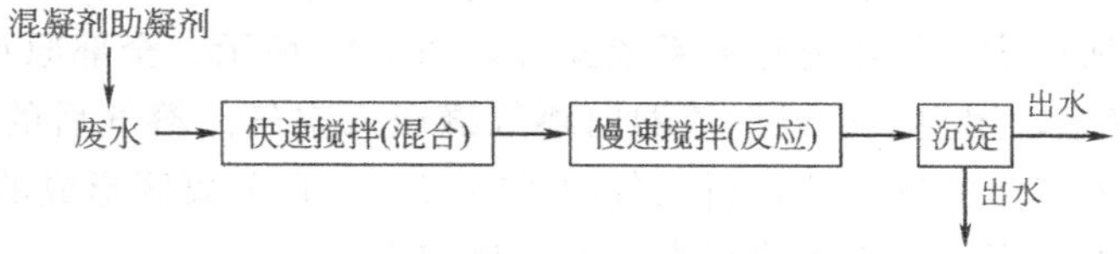

图 4-13　混凝沉淀示意流程

混凝沉淀分为混合、反应、沉淀三个阶段。混合阶段的作用主要是将药剂迅速、均匀地投加到废水中，以压缩废水中的胶体颗粒的双电层，降低或消除胶粒的稳定性，使废水中胶体能互相聚集成较大的微粒——绒粒。混合阶段需要快速地进行搅拌，作用时间要短，以达到瞬时混合效果最好的状态。

反应阶段的作用是促使脱稳的胶体粒子碰撞结合，成为可见的矾花绒粒，所以反应阶段需要足够的时间，而且需保证必要的速度、梯度。在反应阶段，由聚集作用所生成的微粒与废水中原有的悬浮微粒之间或相互之间，由于碰撞、吸附、架桥作用生成较大的绒体，然后送入沉淀池进行分离。

投药方法有干法和湿法。干法是把经过破碎、易于溶解的药剂直接投入废水中。干法操作占地面积小，但对药剂的粒度要求高，投量控制较严格，同时劳动条件也较差，目前国内应用较少。湿法是将混凝剂和助凝剂配成一定浓度的溶液，然后按处理水量大小定量投加。

3. 气浮法

气浮法就是利用高度分散的微小气泡作为载体去黏附废水中的污染物，使其密度小于水而上浮到水面，实现固液或液液分离的过程。在废水处理中，气浮法已广泛应用于：①分离地面水中的细小悬浮物、藻类及微絮体；②回收工业废水中的有用物质，如造纸厂废水中的纸浆纤维及填料等；③代替二次沉淀池，分离和浓缩剩余活性污泥，特别适用于那些易于产生污泥膨胀的生化处理工艺中；④分离回收油废水中的可浮油和乳化油；⑤分离回收以分子或离子状态存在的污染物，如表面活性剂和金属离子等。

(1) 气浮法的基本原理　气浮法的根据是表面张力的作用原理。当液体和空气相接触时，在接触面上的液体分子与液体内部液体分子的引力，使之趋向于被拉向液体的内部，引起液体表面收缩至最小，使得液珠总是呈圆球形存在。这种企图缩小表面面积的力，称为液体的表面张力，其单位为 N/m。

将空气注入废水时，与废水中存在的细小颗粒物质，共同组成三相系统。细小颗粒黏附到气泡上时，使气泡界面发生变化，引起界面能的变化。在颗粒黏附于气泡之前和黏附于气泡之后，气泡的单位界面面积上的界面能之差以 ΔE 表示。如果 $\Delta E>0$，说明界面能减少了，颗粒为疏水物质，可与气泡黏附；反之，如果 $\Delta E<0$，则颗粒为亲水物质，不能与气泡黏附。

浮选剂的种类很多，如松香油、石油及煤油产品、脂肪酸及其盐类、表面活性剂等。

(2) 气浮法设备及流程　气浮法的形式比较多，常用的气浮方法有加压溶气气浮、曝气气浮、真空气浮、电解气浮和生物气浮等。

加压气浮法在国内应用比较广泛。其操作原理是，在加压的情况下将空气通入废水中，使空气在废水中溶解达饱和状态，然后由加压状态突然减至常压，这时水中空气迅速以微小的气泡析出，并不断向水面上升。气泡在上升过程中，将废水中的悬浮颗粒黏附带出水面。然后在水面上将其加以去除。

加压溶气气浮法有全部进水加压溶气、部分进水加压溶气和部分处理水加压溶气三种基本流程。全部进水加压溶气气浮流程的系统配置如图 4-14 所示。全部原水由泵加压至 0.3～0.5MPa，压入溶气罐，用空压机或射流器向溶气罐压入空气。溶气后的水气混合物再通过减压阀或释放器进入气浮池进口处，析出气泡进行气浮。在分离区形成的浮渣用刮渣机将浮渣排入浮渣槽，这种流程的缺点是能耗高、溶气罐较大。

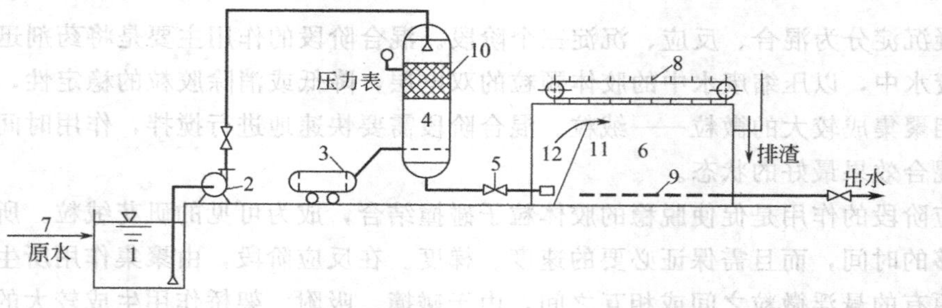

图 4-14　加压溶气气浮流程图

1—吸水井；2—加压泵；3—空压机；4—压力溶气罐；5—减压释放阀；6—分离室；7—原水进水管；8—刮渣机；9—集水系统；10—填料层；11—隔板；12—接触室

(3) 气浮净水新工艺　气浮净水新工艺主要包括：传统的加压溶气气浮的改进、高效浅层气浮工艺、涡凹气浮工艺、电凝聚气浮技术、逆流共聚气浮工艺、FBZ 工艺超声波气浮技术等。其中针对传统加压溶气气浮的改进工艺包括：溶气泵气浮、高效加压溶气气浮、射流气浮、斜板溶气气浮等。在此主要介绍溶气泵气浮装置。

溶气泵气浮装置将气浮系统优化，不需另设循环泵、空压机、溶气罐，直接采用多相流体泵实现吸气、溶气过程。通过多相流混合泵所具有的特殊结构叶轮的高速旋转剪切作用，将吸入的空气剪切为直径微小的气泡，随后在泵的高压下溶于水，并在随后的减压阶段，溶解的气体以微气泡的形式释放出来。溶气泵产生的气泡直径一般在 20～40μm，吸入空气最大溶解度达到 100%，溶气水中最大含气量达到 30%。该装置气泡产生设备简单，运行稳定，管理方便，但一般仅适用于小规模净水工程。

某含油污水采用多相流泵（溶气泵）溶气气浮处理，实验装置如图 4-15 所示，在最佳运行参数下，气浮除油率可达 85%以上。

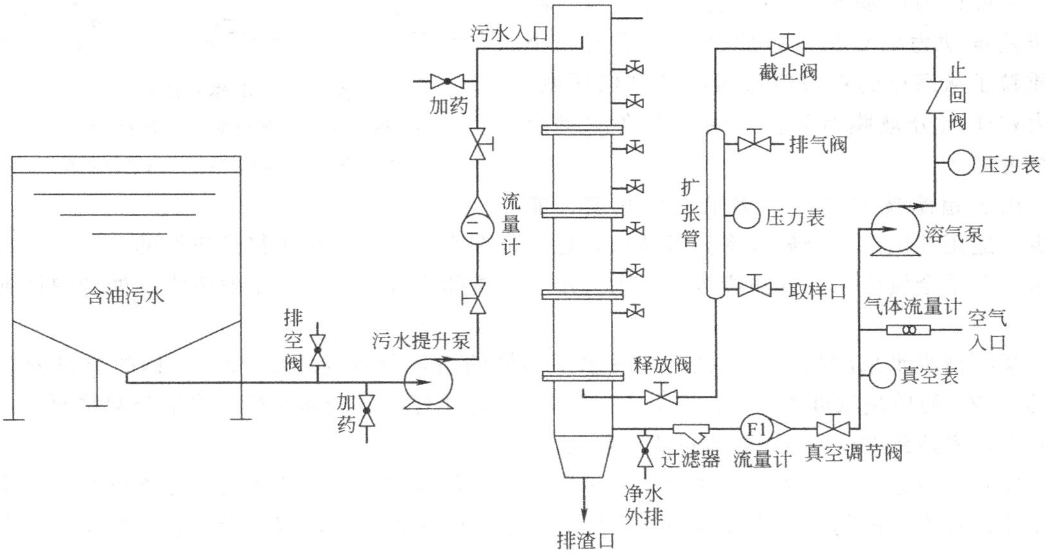

图 4-15　溶气泵加压溶气气浮系统流程图

4. 膜分离法

水处理中的膜分离法一般是指微滤、超滤、反渗透、电渗析等以膜材料为核心工艺方法，利用特定膜材料的透过性能，在一定驱动力作用下，实现对水中颗粒、胶体、分子乃至离子的分离。微滤、超滤和反渗透是以压力差作为驱动力的膜分离法；电渗析是利用离子交换膜对水中离子的选择性，以电位差作为驱动力的膜分离法。

(1) 电渗析

① 电渗析原理　电渗析（ED）技术是膜分离技术的一种。它将阴、阳离子交换膜交替排列于正负电极之间，并用特制的隔板将其隔开，组成除盐（淡化）和浓缩两个系统。在直流电场作用下，以电位差为动力，利用离子交换膜的选择透过性，把电解质从溶液中分离处理，从而实现溶液的浓缩、淡化、精制和提纯。

② 电渗析法处理丙烯腈废水的实例　丙烯腈生产过程中排放的废水中含有高浓度、难降解的有机物。中国石化某丙烯腈车间排放的废水采用电渗析法处理，实验装置如图 4-16 所示。

该废水经过重力沉降、常压砂子过滤处理，含有硫酸铵质量分数为 6%左右，颜色为黑褐色，COD 约 40000mg/L，有刺激性气味。

结果表明：脱盐率随流量的升高而降低，随电压的升高而升高，但达到一定值后，脱盐率基本不随电压的变化而变化。随着流量的增大，能耗降低；电压越高，能耗越高。电压为

10V、流量为 50L/h 的操作条件下，能耗为 16.81kJ/g 左右，温度提高有利于电渗析过程的进行。

(2) 超滤技术　超滤属于压力驱动型膜分离技术，其操作静压差一般为 0.1～0.5MPa，被分离组分的直径大约为 0.01～0.1μm，一般被分离的对象是相对分子质量大于 500～1000000 的大分子和胶体粒子。

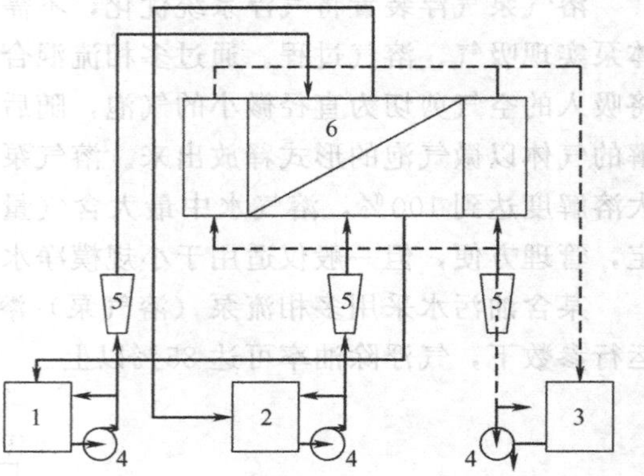

图 4-16　电渗析流程
1—浓缩室；2—淡化室；3—汲水储槽；
4—计量泵；5—流量计；6—电渗析装置

一般认为超滤是一种筛孔分离过程，在静压差推动力的作用下，原料液中溶剂和小溶质粒子从高压的料液侧透过膜流到低压侧，而大粒子组分被膜所阻拦，使它们在滤剩液中浓度增大。

由于超滤技术具有压力低、无相变、能耗少、适用范围广、分离效率高等特点，近年来在废水处理领域中得到较快的发展。在石油废水、含重金属废水、食品废水、造纸废水、纺织印染废水及其他工业废水的处理中得到广泛的应用。

某味精废水采用超滤工艺处理，废水中菌体的质量分数为 1%～2%，糖的质量分数<0.8%，Zn 的质量浓度为 3～5g/L，采用 UF 工艺处理后，废水 COD 质量分数降低 34%，菌体去除率达到 99%，Zn 的质量浓度降至 2mg/L。

(3) 反渗透　反渗透又称逆渗透，一种以压力差为推动力，从溶液中分离出溶剂的膜分离操作。对膜一侧的料液施加压力，当压力超过它的渗透压时，溶剂会逆着自然渗透的方向作反向渗透。从而在膜的低压侧得到透过的溶剂，即渗透液；高压侧得到浓缩的溶液，即浓缩液。如图 4-17 所示。

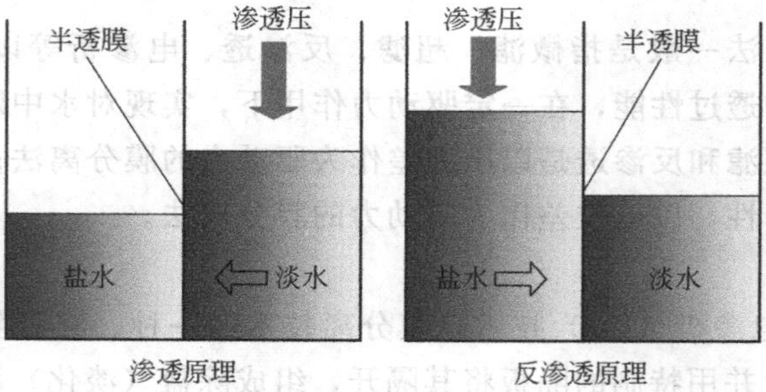

图 4-17　反渗透工作示意图

反渗透可使水中的无机盐和硬度离子以及有机物、细菌等去除率达到 97%～98%，现已被广泛应用于医药、电子、食品、化工等行业。

兖矿鲁南化肥厂碳酸钾生产采用离子交换法，其排放的废水中含有氨、氮等污染环境的有害物质。反洗开始 10min 和上钾过程中排放的废水浓度较低，平均氯化铵质量浓度为 1000～10000mg/L，若送往蒸发处理，蒸汽消耗较大，另一方面产生的冷凝液也多，无法处理。采用反渗透对该低浓度废水进行处理，实验工艺流程如图 4-18 所示。

该装置从 2004 年 3 月 6 日试车运行以来，实际处理废水量为低浓度废水 $100m^3/h$，高

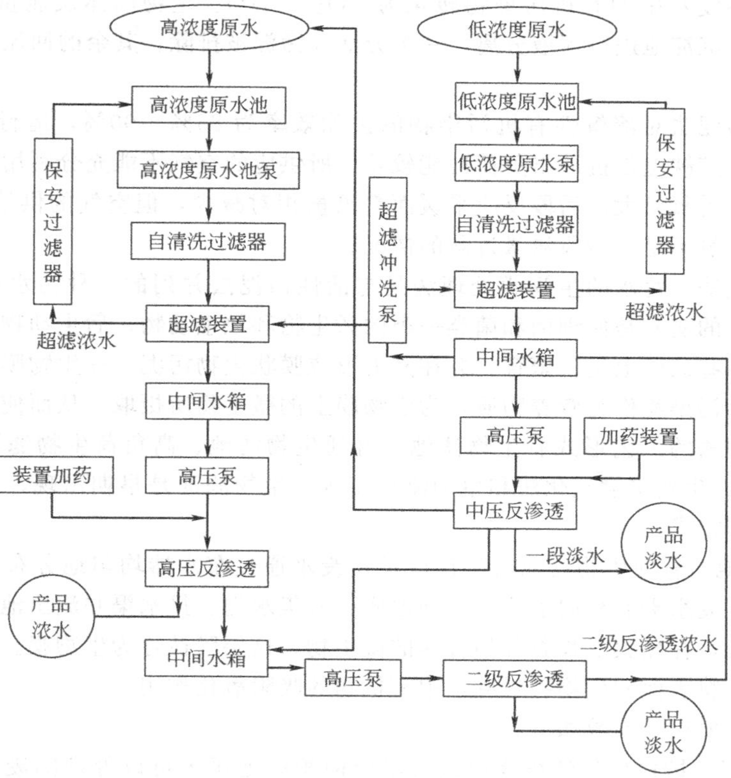

图 4-18　反渗透工艺流程

浓度废水 $40m^3/h$，产品浓水氯化铵质量浓度为 50000～60000mg/L，产品淡水氯化铵质量浓度≤10mg/L。该装置投产后不仅实现了废水的零排放，而且每年可节约一次水 $1\times10^7m^3$，实现了水的综合利用和碳酸钾的清洁生产，年可节约水费 100 万元。

四、生物处理法

生物处理法就是利用微生物新陈代谢功能，使废水中呈溶解和胶体状态的有机污染物被降解并转化为无害的物质，使废水得以净化。根据参与的微生物种类和供氧情况，生物处理法分为好氧生物处理及厌氧生物处理。

1. 好氧生化法

依据好氧微生物在处理系统中的生长状态可分为活性污泥法和生物膜法。

(1) 活性污泥法　活性污泥是活性污泥法中曝气池的净化主体，生物相较为齐全，具有很强的吸附和氧化分解有机物的能力。

根据运行方式的不同，活性污泥法主要可分为普通活性污泥法（常规或传统活性污泥法)、逐步曝气活性污泥法、生物吸附活性污泥法（吸附再生曝气法）和完全混合活性污泥法（包括加速曝气法和延时曝气法）等。其中普通活性污泥法是处理废水的基本方法，其他各法均在此基础上发展而来。

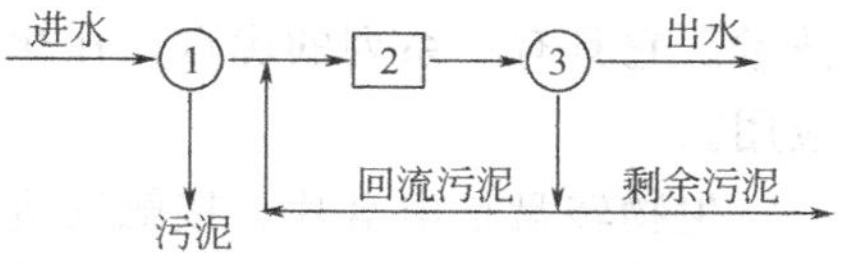

图 4-19　活性污泥法流程

1—初次沉淀池；2—曝气池；3—二次沉淀池

普通活性污泥法（如图 4-19 所示）采用窄长形曝气池，水流是纵向混合的推流式，按需氧量进入空气，使活性污泥与废水在曝气池中互相混合，并保持 4～8h

的接触时间，将废水中的有机污染物转化为CO_2、H_2O、生物固体及能量。曝气池出水，活性污泥在二次沉淀池进行固液分离，一部分活性污泥被排除，其余的回流到曝气池的进口处重新使用。

普通活性污泥法对溶解性有机污染物的去除效率为85%～90%，运行效果稳定可靠，使用较为广泛。其缺点是抗冲击负荷性能较差，所供应的空气不能充分利用，在曝气池前段生化反应强烈，需氧量大，后段反应平缓而需氧量相对减少，但空气的供给是平均分布的，结果造成前段供氧不足，后段氧量过剩的情况。

(2) 生物膜法　污水的生物膜处理法是与活性污泥法并列的一种污水好氧生物处理技术。这种处理法的实质是使细菌和菌类一类的微生物和原生动物、后生动物一类的微型动物附着在滤料或某些载体上生长繁育，并在其上形成膜状生物污泥——生物膜。污水与生物膜接触，污水中的污染物作为营养物质，为生物膜上的微生物所摄取，从而使污水得到净化。

生物膜处理法的工艺形式有生物滤池（普通生物滤池、高负荷生物滤池、塔式生物滤池）、生物转盘、生物接触氧化法和生物流化床等。生物滤池是早期出现，至今仍在发展中的污水生物处理技术。

① 生物滤池　普通生物滤池的工作原理是废水通过布水器均匀地分布在滤池表面，滤池中装满滤料，废水沿滤料向下流动，到池底进入集水沟、排水渠并流出池外。在滤料表面覆盖着一层黏膜，在黏膜上长着各种各样的微生物，这层膜被称为生物膜。生物滤池的工作实质，主要靠滤料表面的生物膜对废水中有机物的吸附氧化作用。

生物滤池主要设计参数如下。

a. 水力负荷，即每单位体积滤料或每单位面积滤池每天可以处理的废水水量。单位是m^3(废水)/[m^3(滤料)·d] 或 m^3(废水)/[m^2(滤池)·d]。

b. 有机物负荷或氧化能力，即每单位体积的滤料每天可以去除废水中的有机物数量。单位是g/[m^3(滤料)·d]。

生物滤池的种类有普通生物滤池、高负荷生物滤池（见图4-20)、塔式滤池等。

高负荷生物滤池采用实心拳状复合式塑料滤料，旋转布水器进水，运行中多采用处理水回流。其优点是：增大水力负荷，促使生物膜脱落，防止滤池堵塞；稀释进水，降低有机负荷，防止浓度冲击，使系统工作稳定；向滤池连续接种污泥，促进生物膜生长；增加水中溶解氧，减少臭味；防止滤池滋生蚊蝇。缺点是：水力停留时间缩短；降低进水浓度，将减慢生化反应速率；回流水中难解的物质产生积累；在冬季回流将降低滤池内水温。

塔式生物滤池（见图4-21）是根据化学工业填料塔的经验建造的。它的直径小而高度大（20m以上)，使得废水与生物膜的接触时间长，生物膜增长和脱落快，提高了生物膜的更新速度，塔内通风得到改善。其上层滤料去除大部分有机物，下层滤料起着改善水质的作用。因塔高且分层对进水的水量水质变化适应性强，对含酚、氰、丙烯腈、甲醛等有毒废水都有较好的去除效果。

② 生物转盘　生物转盘是于20世纪60年代在原联邦德国所开创的一种污水生物处理技术。它具有一系列的优点，在化纤、石化、印染、制革、造纸等废水处理中得到了广泛的应用。

生物转盘是由盘片、接触反应槽、转轴及驱动装置所组成。盘片串联成组，中心贯以转轴，转轴两端安设在半圆形接触反应槽两端的支座上。转盘面积的40%左右浸没在槽内的污水中，转轴高出槽内水面10～25cm。如图4-22所示。

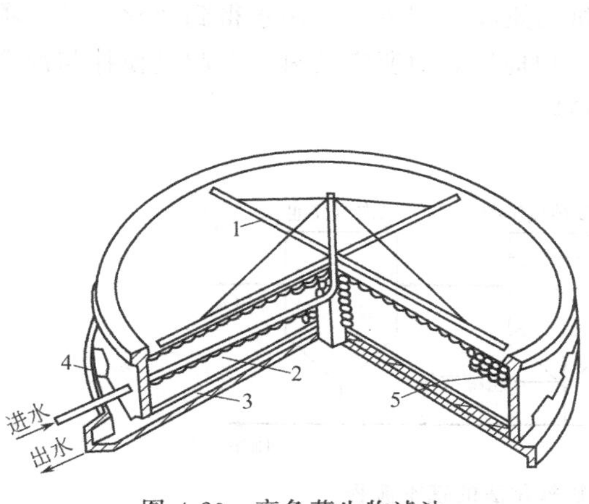

图 4-20　高负荷生物滤池

1—旋转布水器；2—滤料；3—集水沟；4—总排水沟；5—渗水装置

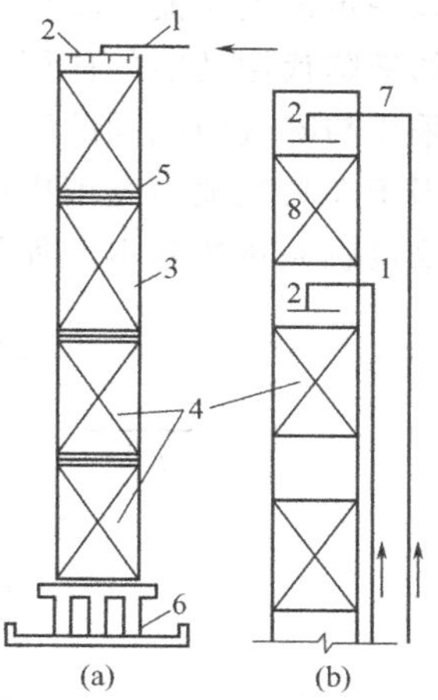

图 4-21　塔式生物滤池

(a) 塔式生物滤池；(b) 二段塔滤的吸收段示意

1—进水管；2—布水器；3—塔身；4—滤料；5—填料支承；6—塔身底座；7—吸收段进水管；8—吸收段填料

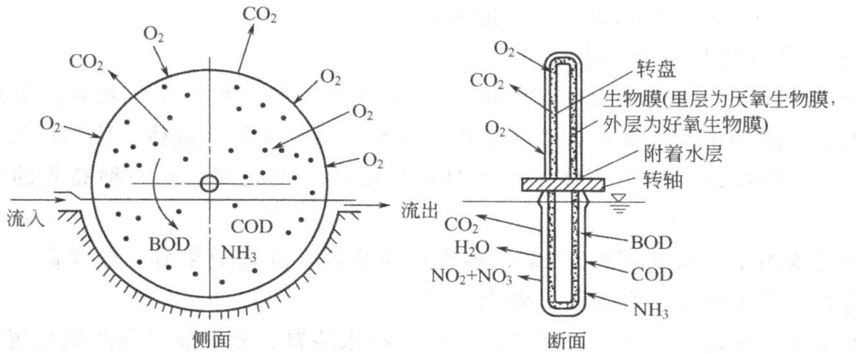

图 4-22　生物转盘净化反应过程与物质传递示意图

接触反应槽内充满污水，转盘交替地和空气与污水相接触。在经过一段时间后，在转盘上即将附着一层栖息着大量微生物的生物膜。微生物的种属组成逐渐稳定，其新陈代谢功能也逐步地发挥出来，并达到稳定的程度，污水中的有机污染物为生物膜所吸附降解。

转盘转动离开污水与空气接触，生物膜上的固着水层从空气中吸收氧，固着水层中的氧是过饱和的，并将其传递到生物膜和污水中，使槽内污水的溶解氧含量达到一定的浓度，甚至可能达到饱和。

在转盘上附着的生物膜与污水以及空气之间，除有机物（BOD、COD）与 O_2 外，还进行着其他物质，如 NH_3、CO_2 的传递。

生物转盘除能有效地去除有机污染物外，如运行得当，生物转盘系统能够具有硝化、脱氮与除磷的功能。

③ 生物接触氧化法　生物接触氧化法是一种介于活性污泥法和生物滤池之间的生物处理技术。生物接触氧化处理技术的实质之一是在池内充填填料，已经充氧的污水浸没全部填

料，并以一定的流速流经填料。在填料上布满生物膜，污水与生物膜广泛接触，在生物膜上微生物的新陈代谢功能的作用下，污水中有机污染物得到去除，污水得到净化。另一项技术实质是采用与曝气池相同的曝气方法，向微生物提供其他所需的氧，并起到搅拌与混合的作用，相当于在曝气池内充填供微生物栖息的填料。

生物接触氧化法基本流程见图 4-23。

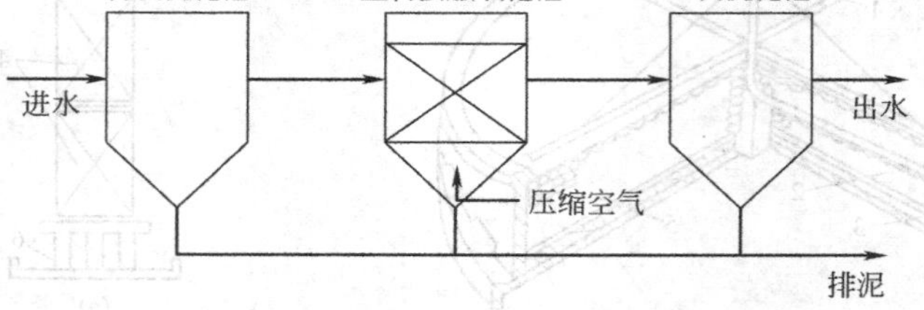

图 4-23 生物接触氧化法的基本流程

主要特点：

a. 生物固体浓度（10～20g/L）高于活性污泥法和生物滤池，容积负荷高［可达 3.0～6.0kgBOD_5/（m^3·d）］；

b. 不需要污泥回流，无污泥膨胀问题，运行管理简单；

c. 对水量水质的波动有较强的适应能力；

d. 污泥产量略低于活性污泥法。

④ 生物流化床 生物流化床是 20 世纪 70 年代开发的一种新型生物膜法处理工艺；以相对密度大于 1 的细小惰性颗粒如砂、焦炭、陶粒、活性炭等为载体；废水以较高的上升流速使载体处于流化状态；生物固体浓度很高，传质效率也很高，是一种高效的生物处理构筑物。

生物流化床用于污水处理具有 BOD 容积负荷率高、处理效果好、效率高、占地少以及投资省等优点，并可取得一定的脱氮效果。

生物流化床的构造主要包括：床体、载体、布水装置、充氧装置和脱膜装置等。

从工艺类型上看，生物流化床按载体流化的动力来源可分为液流动力流化床、气流动力流化床和机械搅拌流化床；按需氧状态可分为好氧生物流化床和厌氧生物流化床。见图 4-24、图 4-25、图 4-26 所示。

2. 厌氧生化法

(1) 厌氧生物处理的基本原理 废水的厌氧生物处理是指在无分子氧的条件下通过厌氧微生物（或兼氧微生物）的作用，将废水中的有机物分解转化为甲烷和二氧化碳的过程。厌氧过程主要依靠三大主要类群的细菌，即水解产酸细菌、产氢产乙酸细菌和产甲烷细菌的联合作用完成。因而应划分为三个连续的阶段，如图 4-27 所示。

第一阶段为水解酸化阶段。复杂的大分子有机物、不溶性的有机物先在细胞外酶的作用下水解为小分子、溶解性有机物，然后渗透到细胞体内，分解产生挥发性有机酸、醇类、醛类物质等。

第二阶段为产氢产乙酸阶段。在产氢产乙酸细菌的作用下，将第一个阶段所产生的各种有机酸分解转化为乙酸和 H_2，在降解有机酸时还形成 CO_2。

第三阶段为产甲烷阶段。产甲烷细菌利用乙酸、乙酸盐、CO_2 和 H_2 或其他一碳化合

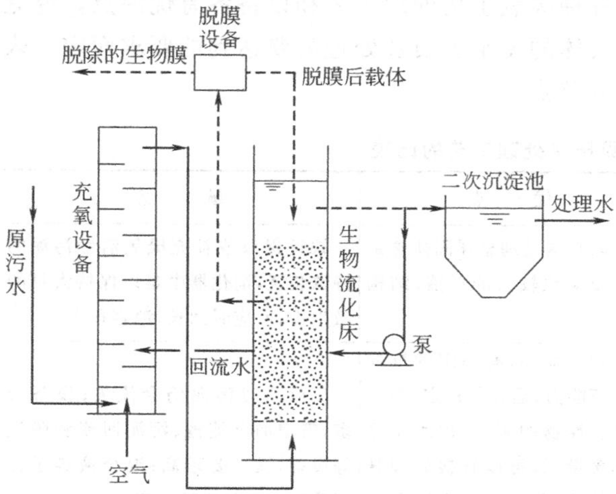

图 4-24　液流动力流化床（二相流化床）

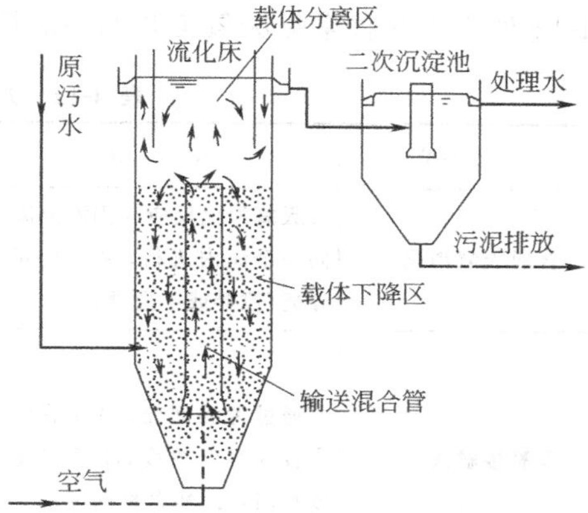

图 4-25　气流动力流化床（三相流化床）

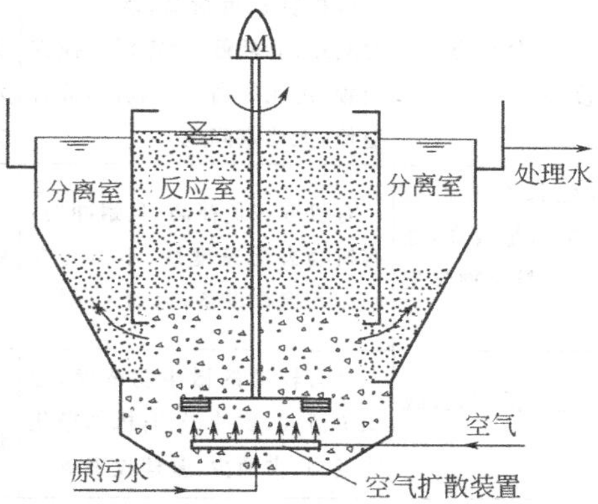

图 4-26　机械搅拌流化床（悬浮粒子生物膜处理工艺）

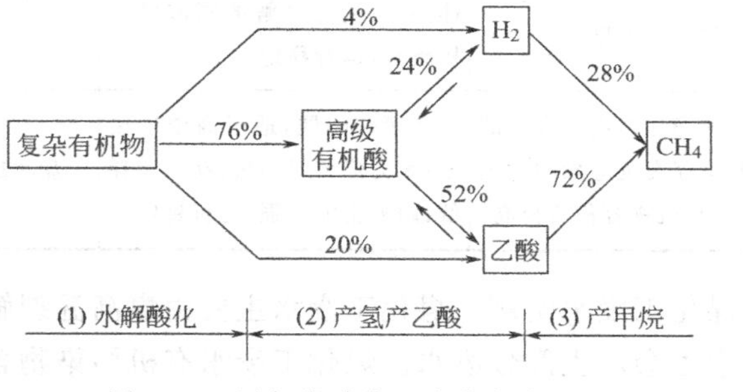

图 4-27　厌氧发酵的三个阶段和 COD
（化学需氧量）转化率

物，将有机物转化为甲烷。

上述三个阶段的反应速率因废水性质的不同而异。而且厌氧生物处理对环境的要求比好氧法要严格。一般认为，控制厌氧生物处理效率的基本因素有两类：一类是基础因素，包括微生物量（污泥浓度）、营养比、混合接触状况、有机负荷等；另一类是周围的环境因素，如温度、pH、氧化还原电位、有毒物质的含量等。

(2) 厌氧生物处理的工艺和设备　由于各种厌氧生物处理工艺和设备各有优缺点，究竟采用什么样的反应器以及如何组合，要根据具体的废水水质及处理需要达到的要求而定。表4-12列举了几种常见厌氧工艺的一般性特点和优点。

表 4-12　几种常见厌氧处理工艺的比较

工艺类型	特　点	优　点	缺　点
普通厌氧消化	厌氧消化反应与固液分离在同一个池内进行，甲烷和固液分离（搅拌或不搅拌）	可以直接处理悬浮固体含量较高或颗粒较大的料液，结构较简单	缺乏保留或补充厌氧活性污泥的特殊装置，消化器中难以保持大量的微生物；反应时间长，池容积大
厌氧接触法	通过污泥回流，保持消化池内较高污泥浓度，能适应高浓度和高悬浮物含量的废水	容积负荷高，有一定的抗冲击负荷能力，运行较稳定，不受进水悬浮物的影响，出水悬浮固体含量低，可以直接处理悬浮固体含量高或颗粒较大的料液	负荷高时污泥仍会流失；设备较多，需增加沉淀池、污泥回流和脱气等设备，操作要求高；混合液难于在沉淀池中进行固液分离
上流式厌氧污泥床	反应器内设三相分离器，反应器内污泥浓度高	有机容积负荷高，水力停留时间短；能耗低，无需混合搅拌装置，污泥床内不填载体，节省造价，无堵塞问题	对水质和负荷突然变化比较敏感；反应器内有短流现象，影响处理能力；如设计不善，污泥会大量流失；构造较复杂
厌氧滤池	微生物固着生长在滤料表面，滤池中微生物含量较高，处理效果较好。适于悬浮物含量低废水	有机容积负荷高，且耐冲击；有机物去除速度快；不需污泥回流和搅拌设备；启动时间短	处理含悬浮物浓度高的有机废水，易发生堵塞，尤其进水部位更严重。滤池的清洗比较复杂
厌氧流化床	载体颗粒细，比表面积大，载体处于流化状态	具有较高的微生物浓度，容积负荷大，耐冲击，有机物净化速度高，占地少，基建投资省	载体流化能耗大，系统的管理技术要求比较高
两步厌氧法和复合厌氧法	酸化和甲烷化在两个反应器中进行。两个反应器内也可以采用不同的反应温度	耐冲击负荷能力强，消化效率高，尤其适于处理含悬浮固体多、难消化降解的高浓度有机废水，运行稳定	两步法设备较多，流程和操作复杂
厌氧转盘和挡板反应器	对废水的净化靠盘片表面的生物膜和悬浮在反应槽中的厌氧菌完成，有机物容积负荷高	无堵塞问题，适于高浓度废水；水力停留时间短；动力消耗低；耐冲击能力强，运行稳定	盘片造价高

(3) 厌氧工艺处理煤化工废水实例　煤化工废水主要由煤高温裂解产生，同时在煤气净化和化工产品回收过程中也会产生部分废水。煤化工废水有机污染物含量高，成分复杂，由于煤质以及工艺的不同，不同工厂的废水水质存在很大差别。据报道，煤化工废水生化处理的进水中共检出244种有机污染物，其中以酚类污染物为主，还含有萘、喹啉、吡啶等多环和杂环类难降解有机物。

东北某气化厂采用厌氧-好氧-生物脱氨-混凝沉淀工艺进行工艺改造，该厂的具体情况如下：该厂煤化工综合废水包括生产废水和生活废水，其中生产废水主要为造气废水和甲醇废水，造气废水经过酚氨萃取后进入综合废水处理系统；生活废水主要为含酚雨水池废水和厂区生活污水。废水水质见表4-13所示。

表 4-13 废水水质

废水水源	COD/(mg/L)	总酚/(mg/L)	氨氮/(mg/L)	pH
造气废水	4000～5000	700～900	200～300	5～9
甲醇废水	5000～7000			5～7
含酚雨水	1000～1500	200～300	100～150	
生活污水	200～300		25～40	7～8
综合废水	2000～2500	360～420	80～120	5～9

工艺流程见图 4-28。

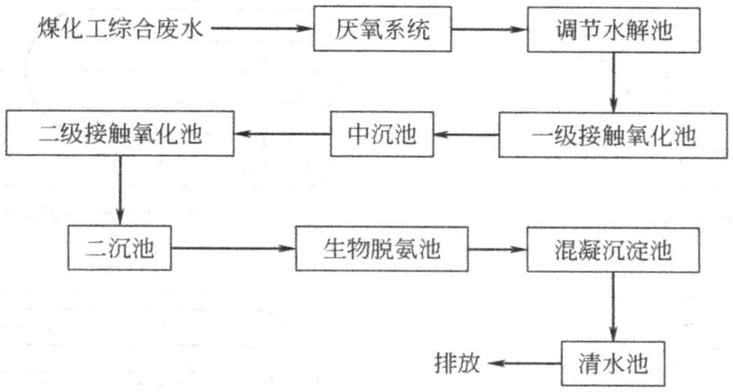

图 4-28 废水处理工艺流程

运行四个月后，该系统的出水水质基本稳定，各项污染物的指标均达到排放标准，具体进出水水质及处理效果见表 4-14。

表 4-14 工艺处理效果

指标	进水/(mg/L)	出水/(mg/L)	去除率/%
COD	2024～2257	86～97	95.7
总酚	376～405	6～8	98.2
氨氮	81～103	10～14	87

注：进水 pH 为 5～9，出水为 7～8。

工程实践证明，采用厌氧-好氧-生物脱氮-混凝沉淀工艺处理煤化工废水，处理效果好，系统运行稳定，耐冲击负荷能力强。

3. 生物处理法的技术进展

(1) 活性污泥法的新进展　在污泥负荷率方面，按照污泥负荷率的高低，分为低负荷率法、常负荷率法和高负荷率法；在进水点位置方面，出现了多点进水和中间进水的阶段曝气法和生物负荷法、污泥再曝气法；在曝气池混合特征方面，改革了传统的推流式，采用了完全混合法；为了提高溶解氧的浓度、氧的利用率和节省空气量，研究了渐减曝气法、纯氧曝气法和深井曝气法。

为了提高进水有机物浓度的承受能力，提高污水处理的效能，强化和扩大活性污泥法的净化功能，人们又研究开发了两段活性污泥法、粉末炭-活性污泥法、加压曝气法等处理工艺；开展了脱氮、除磷等方面的研究与实践；同时，采用化学法与活性污泥法相结合的处理方法，在净化含难降解有机物污水等方面也进行了探索。目前，活性污泥法正在朝着快速、高效、低耗等方面发展。

① 氧化沟　氧化沟（oxidation ditch）又名连续循环曝气池（continuous loop reactor），是活性污泥法的一种变形。氧化沟污水处理工艺是在 20 世纪 50 年代由荷兰的巴斯维尔（Pasveer）研制成功的。自从 1995 年在荷兰的首次投入使用以来，由于其出水水质好、运行稳定、管理方便等技术特点，已经在国内外广泛应用于生活污水和工业污水的治理。至今，氧化沟技术已经历了半个多世纪的发展，在构造形式、曝气方式、运行方式等方面不断创新，出现了种类繁多、各具特色的氧化沟，如图 4-29 所示。

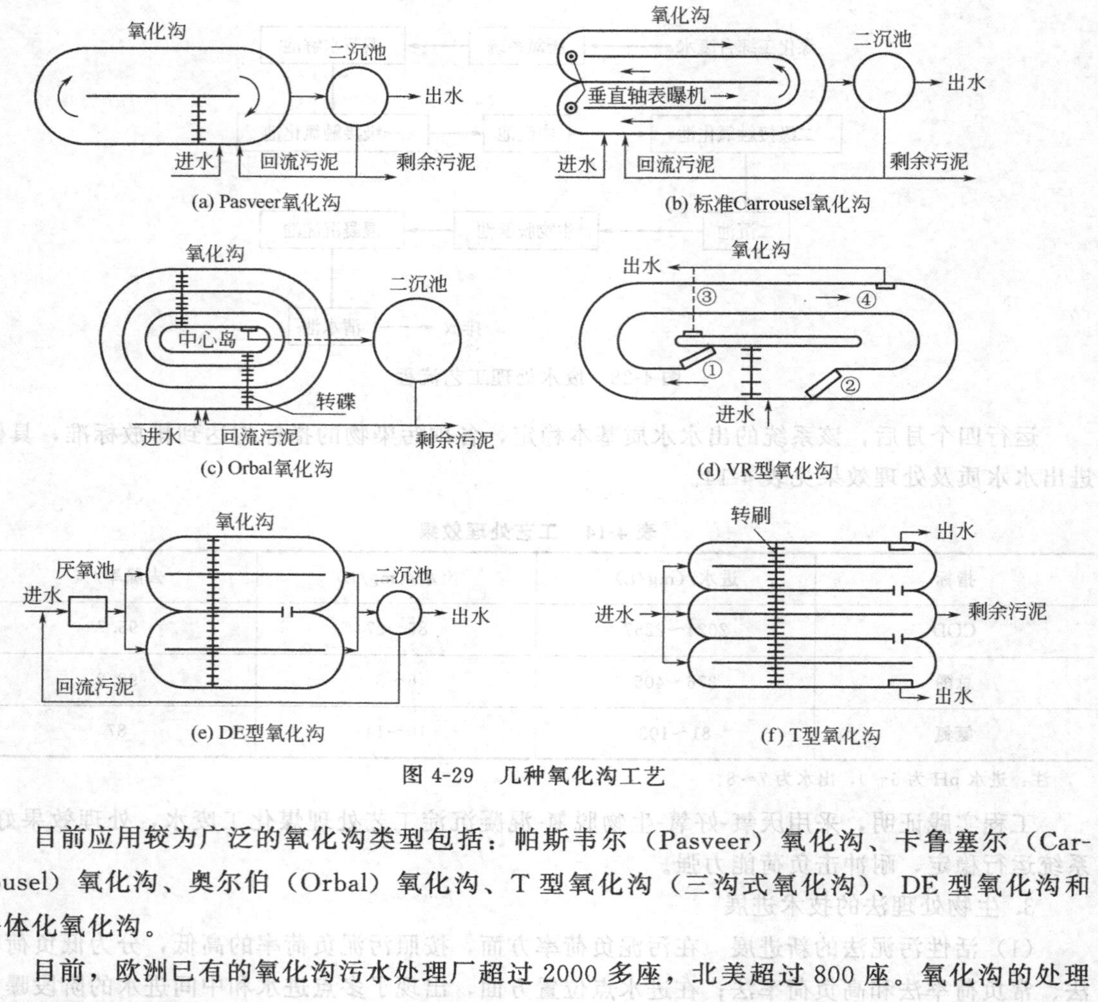

图 4-29　几种氧化沟工艺

目前应用较为广泛的氧化沟类型包括：帕斯韦尔（Pasveer）氧化沟、卡鲁塞尔（Carrousel）氧化沟、奥尔伯（Orbal）氧化沟、T 型氧化沟（三沟式氧化沟）、DE 型氧化沟和一体化氧化沟。

目前，欧洲已有的氧化沟污水处理厂超过 2000 多座，北美超过 800 座。氧化沟的处理能力由最初的服务人口仅 360 人，到如今的 500 万～1000 万人口当量。不仅氧化沟的数量在增长，而且其处理规模也在不断扩大，处理对象也发展到既能处理城市污水又能处理石油废水、化工废水、造纸废水、印染废水及食品加工废水等工业废水。目前在我国，采用氧化沟处理城市污水和工业废水的污水处理厂已有近百家，我国典型氧化沟型式及应用见表 4-15，部分国内氧化沟污水处理厂形式及规模见表 4-16 所示。

表 4-15 我国典型氧化沟型式及应用

氧化沟		实例污水处理厂
交替式	双沟交替式	东莞市塘厦污水处理厂
	三沟交替式	邯郸市东污水处理厂
	五沟交替式	南通污水处理厂
半交替式	DE 型氧化沟	张家巷第二污水处理厂、济南水质净化二厂
合建式	侧沟式	四川新都污水处理厂、山东高密污水处理厂
	船式	信阳铁路污水处理厂
分建式	Passveer 氧化沟	珠海香洲水质净化厂、山东南海县污水处理厂
	Orbal 氧化沟	北京大兴污水处理厂、山东莱西污水处理厂
	Carrousel 氧化沟	桂林东区污水处理厂、昆明第一污水处理厂

表 4-16 部分国内氧化沟污水处理厂形式及规模

污水处理厂名称	处理规模 /(m^3/d)	氧化沟形式	污水处理厂名称	处理规模 /(m^3/d)	氧化沟形式
广东南海县污水处理厂	10000	Pasveer 型	抚顺石油二厂污水处理厂	288000	Orbal 型
桂林东区污水处理厂	40000	Carrousel 型	广州石化公司污水处理厂	20000	Orbal 型
昆明市兰花沟污水处理厂	55000	Carrousel 型	北京燕山石化公司污水处理厂	60000	Orbal 型
福州市洋里污水处理厂	200000	Carrousel 型	成都城北污水处理厂	10000	一体化氧化沟
山东银河纸业集团	50000	Carrousel 型	四川新都污水处理厂	10000	一体化氧化沟
上海龙华肉联厂	1200	Carrousel 型	山东高密污水处理厂	15000	一体化氧化沟
邯郸东污水处理厂	100000	T 型氧化沟	山东泗水污水处理厂	40000	一体化氧化沟

② 间歇式活性污泥处理系统（SBR 工艺） SBR 法是序批式活性污泥法（sequening batch reactor）的简称，它具有如下的特点：a. 在时间上属于理想推流式反应器，沉淀性能好；b. 在沉淀过程中没有水的扰动，处于理想沉淀状态，对有机物的去除效率高；c. 在运行过程中交替出现厌氧、缺氧、好氧状态，有利于提高难降解废水的处理效率，并且可以脱氮除磷；d. 具有选择性标准可以抑制丝状菌膨胀；e. 由于结构本身的特点使得该流程不需二沉池和污泥回流，因而占地少、投资低、能耗低。由于 SBR 工艺具有上述特点，使得该工艺得到较广泛的应用，成为目前一种流行的中小型污水处理厂的污水处理工艺。

SBR 工艺是通过在时间上的交替来实现传统活性污泥法的整个运行过程，它在流程上只有一个基本单元，将调节池、曝气池和二沉池的功能集于一池，进行水质水量调节、微生物降解有机物和固液分离等。经典 SBR 反应器的运行过程为：进水→曝气→沉淀→滗水→待机。

中海油化肥项目污水处理采用 SBR 工艺，主要负责对化工城内的生活污水、生产废水、生产装置的事故排放废水及初期污染雨水进行收集处理。设计的废水水量为 960m^3/d（扩建后处理量为 1920m^3/d），进水水质为 COD_{Cr} 350mg/L，BOD_5 180mg/L，SS100mg/L，NH_3-N50mg/L。废水处理工艺流程见图 4-30 所示。

工程经过调试及运行显示：SBR 工艺能有效处理以大化肥装置为主的化工废水中的 COD_{Cr}，BOD_5 及 SS，其出水水质达到《污水综合排放标准》（GB 8978—1996）规定的一

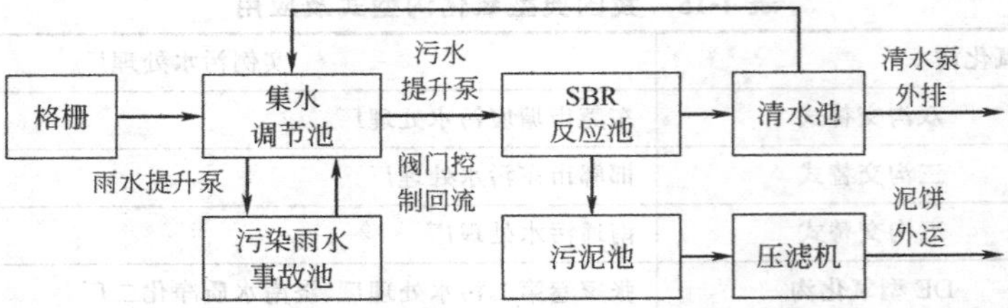

图 4-30 废水处理工艺流程简图

级排放标准。

③ AB 法污水处理工艺 AB 法污水处理工艺是吸附-生物降解工艺的简称。该法是由德国 Bohnke 教授 20 世纪 80 年代初开始在工程中实际应用。工程实践表明，AB 工艺具有高效、低能耗、运转稳定等突出优点，且适应多种工业废水的处理，因此在废水处理领域中发展非常迅速。

AB 法污水处理工艺流程见图 4-31 所示。

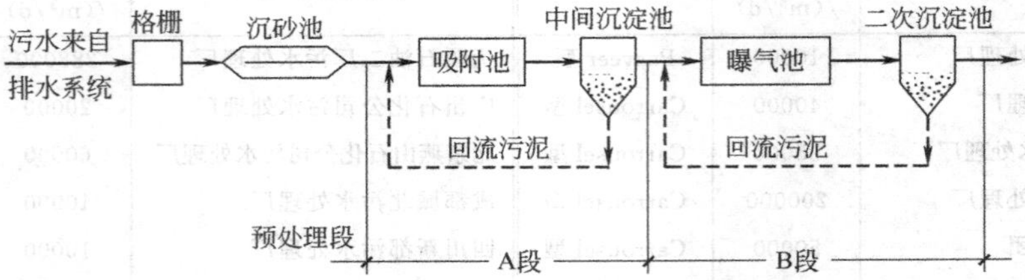

图 4-31 AB 法污水处理工艺流程

AB 工艺的主要特征如下。

a. 全系统共分为预处理段、A 段、B 段等 3 段。在预处理段设格栅、沉砂池等简易处理设备，不设初沉池。

b. A 段由吸附池和中间沉淀池组成，B 段则由曝气池及二次沉淀池所组成。

c. A 段与 B 段各自拥有独立的污泥回流系统，两端完全分开，每段能够培育出各自独特的，适于本段水质特征的微生物种群。

具有吸附特性的 A 段曝气池以高负荷运行，通常为 3.0～6.0 kgBOD_5/(kgMLSS·d)，污泥泥龄比较短，约为 0.5d 左右，水力停留时间一般在 30min；B 段曝气池以低负荷运行，污泥负荷通常为 0.15～0.30kgBOD_5/(kgMLSS·d)，泥龄在 15～20d，水力停留时间为 2～3h。

AB 工艺中的曝气池可以选用完全混合式或推流式，A 段曝气池还可以根据污水水质选择兼氧或好氧运行条件，以改善污水的可生化性能。

吴江万达化工有限公司是一家专业从事塑料颜料的化工企业，生产过程中产生的废水主要污染物为硝基苯类。该厂原有的废水处理工艺为混凝沉淀-吸附工艺，改进工艺为“酸析-压滤-沉淀-AB 法”。

d. 废水水质及水量。pH4.5，COD_{Cr} 7.120g/L，苯胺 19mg/L，硝基苯 370mg/L，挥发酚 15.03mg/L，色度 3025 倍。废水量 80～100t/d。

e. 改进工艺流程如图 4-32 所示。

f. 出水水质 见表 4-17。

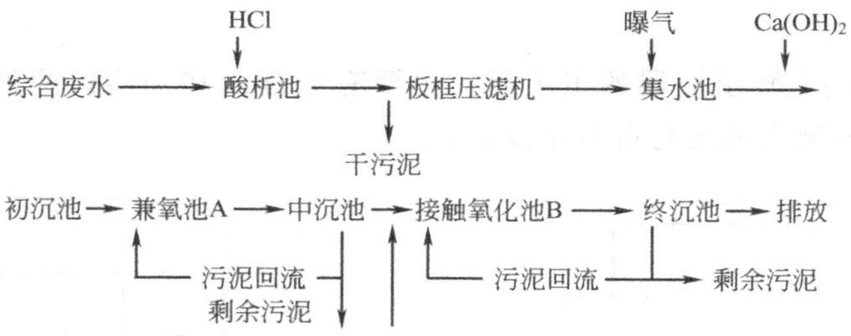

图 4-32 硝基苯类废水处理工艺

表 4-17 监测结果统计

采样位置	统计参数	pH	COD_{Cr} /(mg/L)	苯胺 /(mg/L)	硝基苯 /(mg/L)	挥发酚 /(mg/L)	色度 /(mg/L)
原水	平均值	4.5	7120	19	370	15.03	3025
集水池	平均值	2.86	2360	11	201	3.40	80
	去除率	—	66.9	42.1	45.7	77.4	97.4
中沉池出水	平均值	9.36	1690	127	0.8	2.7	400
	去除率	—	28.4	−91.3	99.6	20.6	−80
终沉池出水	平均值	6.52	87	0.33	0.6	0.010	80
	去除率	—	94.9	99.7	25	99.6	80
达标率%		100	100	100	100	100	100

其主要污染物指标 pH、COD_{Cr}、苯胺、硝基苯、挥发酚、色度等都能达到《污水综合排放标准》(GB 8978—1996) 中表二的一级标准。

④ MBR 工艺 膜生物反应器（MBR）是由膜分离组件及传统的生物反应器组成的处理系统，是通过超滤膜强化生化反应的污水处理新技术。由于 MBR 在很多方面都具有其他工艺所无可取代的出色性能，因此，对它的研究及应用在国内外受到了广泛的重视。

a. MBR 特点

(a) 处理效率高，出水可直接回用。膜生物反应器不仅对悬浮物 SS、COD 去除效率高 (SS 和浊度接近于零，COD 常在 30mg/L 以下，可实现污水资源化)，而且可以去除 NH_3-N、细菌、病毒等。

(b) 系统流程简单，设备少，占地小。生物反应器内微生物浓度高，污泥浓度 (MLSS) 常在 8～13g/L，比常规工艺高 3～6 倍，装置容积负荷大，污泥负荷低，设备体积大大减小，同时由于省去了二沉池，使得系统占地少。

(c) 控制灵活，稳定。膜分离可使微生物完全截留在生物反应器内，实现了反应器水力停留时间和污泥龄的完全分离，因此更加便于控制。

(d) 泥龄长。这有利于增殖缓慢的微生物，如硝化细菌的截留和生长，系统硝化效率得以提高，同时可提高难降解有机物的降解效率。

(e) 污泥产率低，减少了污泥处理设施。由于泥龄可无限长，理论上可实现零污泥排放。

(f) 传质效率高，氧转移效率可达 26%～60%左右。

(g) 易于实现自动控制，操作管理方便等。

但膜生物反应器也存在一些不足之处，如投资高、能耗高、膜易受到污染导致产水量降低等。

b. 工艺组成。膜生物反应器的工艺组成主要有分置式和一体式两种，如图 4-33 所示。其中一体式又分为抽吸淹没式与重力淹没式。

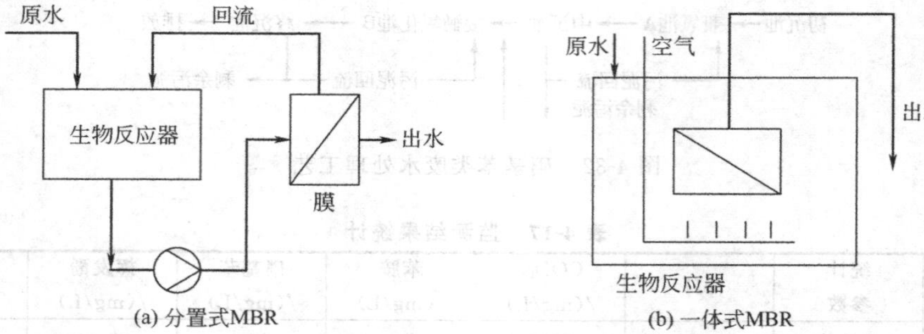

图 4-33 膜反应工艺器的工艺组成

c. MBR 处理高浓度化工废水实例。天脊中化高平化工公司是一家以煤为原料，年产 36 万吨合成氨、4 万吨甲醇、60 万吨尿素的化工企业。其生产过程产生的废水主要由变换气脱硫冷凝液、甲醇精馏废水、煤气压缩废水、地面冲洗水和全厂生活污水组成。具有 COD、NH_3-N、油脂浓度高，生化性差，水质水量波动大的特点，采用气浮＋A/O＋MBR 工艺处理该废水，污水处理装置从 2006 年 5 月投用以来，处理效果良好。

(a) 废水水质及产水水质要求。废水水量 $60m^3/h$，废水处理后要求回用至循环冷却水作为补充水，进出水水质指标见表 4-18。

表 4-18 设计废水水质及产水水质指标

项目	pH	NH_3-N/(mg/L)	COD_{Cr}/(mg/L)	BOD_5/(mg/L)	SS/(mg/L)
废水水质	6～9	≤240	≤1050	≤600	≤100
产水要求	6～9	<10	<60	<20	<10

(b) 工艺流程见图 4-34。

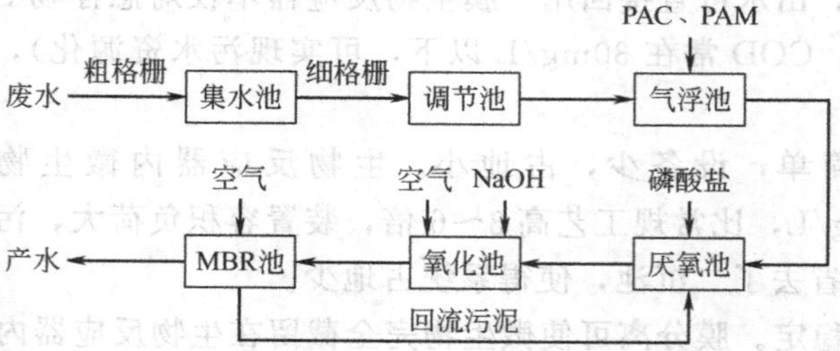

图 4-34 废水处理工艺流程

(c) 运行效果见表 4-19～表 4-21。

表 4-19 系统对 COD 处理效果

日期	集水池/(mg/L)	调节池/(mg/L)	MBR 池/(mg/L)	膜前去除率/%	出水/(mg/L)	膜对 COD 去除率/%	总去除率/%
平均	533.26	455.37	85.03	77.67	28.53	16.93	94.6

表 4-20 系统对 NH_3-N 的处理效果

日期	集水池/(mg/L)	调节池/(mg/L)	MBR 池/(mg/L)	膜前去除率/%	出水/(mg/L)	总去除率/%
平均	182.3	181.6	5.619	96.6	8.04	94.6

表 4-21 原水及出水水质对比

项目	pH	NH_3-N/(mg/L)	COD_{Cr}/(mg/L)	BOD_5/(mg/L)	SS/(mg/L)
原水	6～9	181.6	455.4	309	86
出水	6.5～7.5	8.04	28.53	5.0	6

可见，废水经处理后各项指标均达到或低于设计指标，可回用作为循环水的补充水。

⑤ 生物脱氮除磷工艺　近些年来，随着工农业生产的高速发展和人们生活水平的不断提高，含氮、磷的化肥、农药、洗涤剂的使用量不断上升。然而，我国现有的污水处理厂主要集中于有机物的去除，对氮、磷等营养物的去除率只达到 10%～20%，其结果远达不到国家二级排放标准，造成大量氮磷污染物进入水体，引起水体的富营养化。对我国的 26 个主要湖泊的富营养调查表明，其中贫营养湖 1 个，中营养湖 9 个，富营养湖 16 个，在 16 个富营养化湖泊中有 6 个的总氮、总磷的负荷量极高，已进入异常营养型阶段。其中滇池、太湖、巢湖流域，水体富营养化更为严重。同时，我国沿海地区多次出现赤潮现象。

传统的除磷技术包括化学除磷法和生物除磷法。化学除磷法有：混凝沉淀除磷技术与晶析法；生物除磷有 A/O，A^2/O、Bardenpho、UCT、Phoredox、AB 等除磷工艺。

传统的生物脱氮工艺有：A/O，A^2/O、Bardenpho、UCT、Phoredox、改进的 AB、TETRA 深度脱氮、SBR、氧化沟等脱氮工艺。

传统的同步脱氮除磷工艺主要有 A^2/O 工艺及改进工艺、SBR 工艺及改进工艺、A-B 工艺、氧化沟工艺等。

a. A^2/O 工艺及改进工艺。A^2/O 工艺见图 4-35，其优点是工艺流程简单，厌氧、缺氧、好氧交替运行，可以达到同时去除有机物、脱氮、除磷的目的，同时能够抑制丝状菌生长，基本不存在污泥膨胀问题，总水力停留时间短，不需外加碳源，缺氧、厌氧段只进行缓速搅拌，运行费用低。缺点是除磷效果受到污泥龄、回流污泥中的溶解氧和 NO_3-N 的限制，不可能十分理想；同时由于脱氮效果取决于混合液回流比，A^2/O 工艺的混合液回流比不宜太高（≤200%），脱氮效果不能满足较高要求。

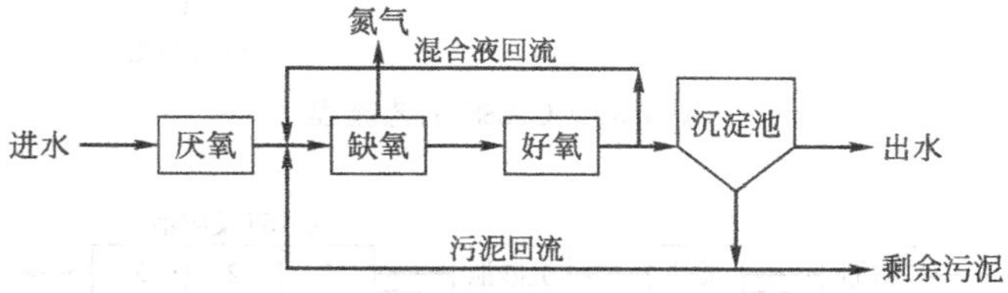

图 4-35　A^2/O 工艺流程图

为了控制厌氧区回流污泥中硝酸盐的含量，以消除其对除磷的影响，提高同步脱氮除磷的效果，研究者们在 A^2/O 工艺的基础上，通过改变混合液的回流方式或增加反硝化环节，开发了不少改良型工艺，包括 UCT、MUCT、JHB 等。如图 4-36～图 4-38 所示。

b. 改进的 SBR 工艺。常规 SBR 工艺在一个池子中根据时间顺序，依次按进水、曝气、沉淀、排水排泥等工序进行，都是间歇运行的，通过调整运行周期以及控制各工序的时间长

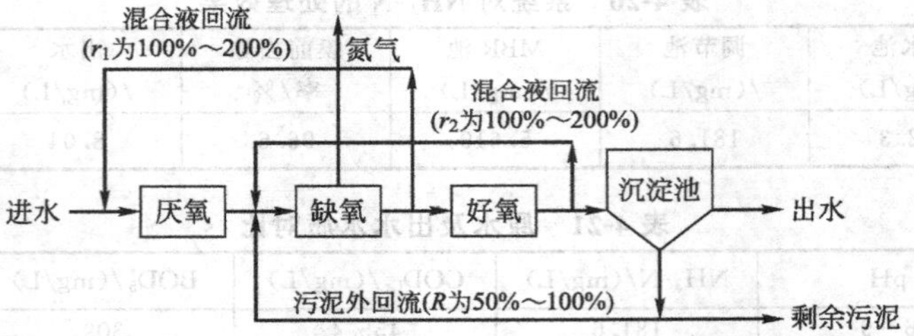

图 4-36 UCT 工艺流程

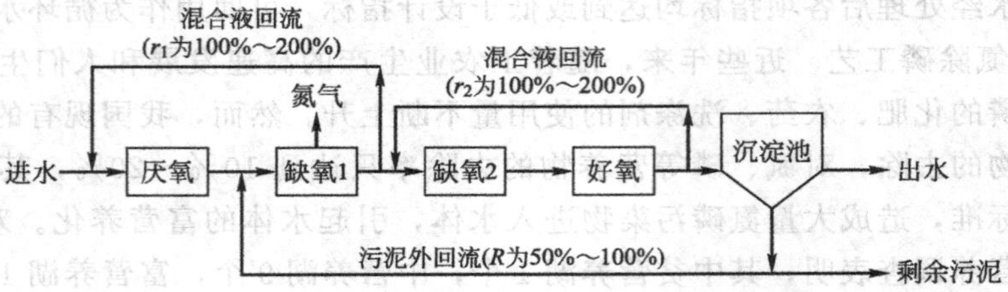

图 4-37 MUCT 工艺流程

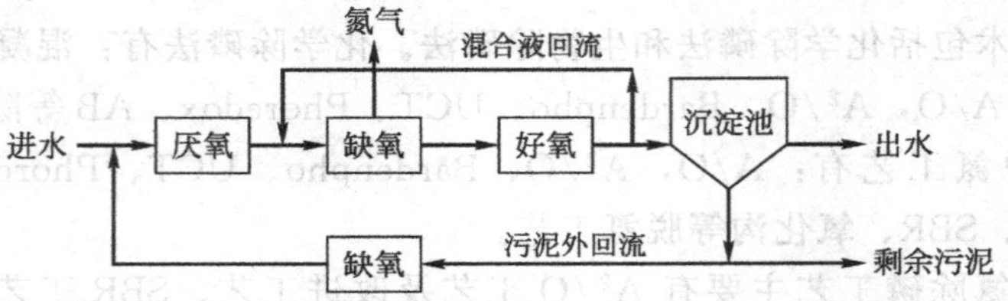

图 4-38 JHB 工艺流程

短，实现对氮、磷等营养物的去除。间歇进水与排水给操作带来了很大的麻烦，为了克服常规 SBR 存在的缺点，研究者开发了众多改进工艺，如 CASS，CAST，UNITANK 等，如图 4-39～图 4-41 所示。

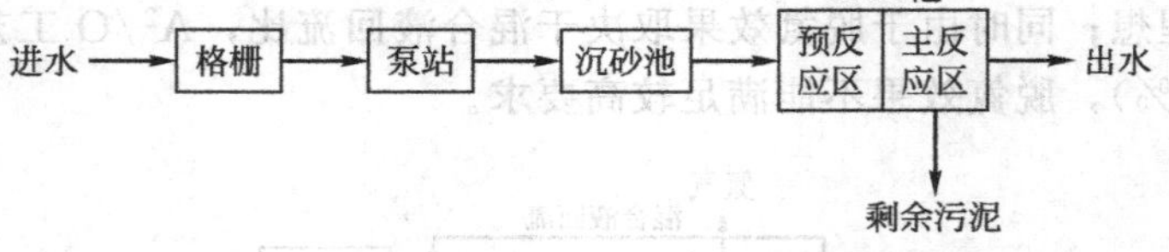

图 4-39 CASS 工艺流程

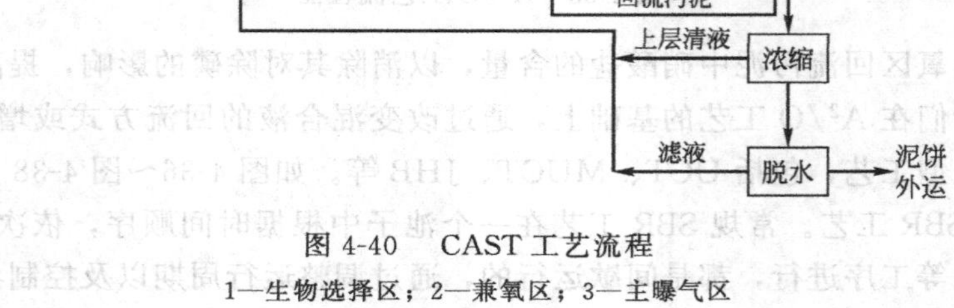

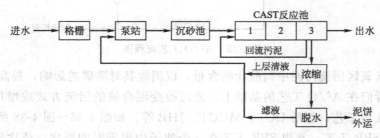

图 4-40 CAST 工艺流程

1—生物选择区；2—兼氧区；3—主曝气区

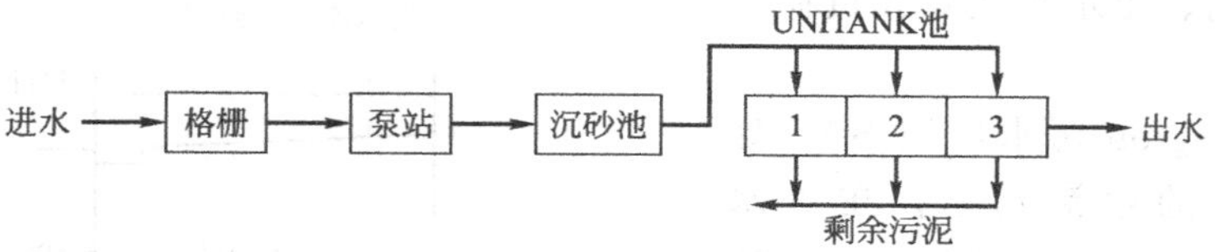

图 4-41　UNITANK 工艺流程

1—生物选择区；2—兼氧区；3—主曝气区

(2) 生物膜法的新进展　迄今为止，应用于污水处理的生物膜反应器各式各样，从传统的生物滤池、生物转盘和生物接触氧化、生物流化床到新型的移动床生物膜反应器及复合式生物膜反应器等，均得到了不同程度的研究应用。

① 移动床生物膜反应器（MBBR）　MBBR 是 1988 年挪威 Kaldnes Mijecpteknogi 公司与 SINTEF 研究机构联合开发，具有耐冲击负荷、泥龄长、剩余污泥少、高效性和运转灵活性等优点。

MBBR 污水处理工艺适合应用于中、小型生活污水和工业有机废水处理，特别是一体化或地埋式污水处理装置，在我国有很好的应用前景。

Chandler 等采用塑料填料，应用两级 MBBR 对造纸厂废水回用处理进行中试，结果表明，当 HRT 为 3h 时，可溶解性 BOD 平均去除率为 93%以上，出水 BOD 平均浓度达到 7.83mg/L。Johnson C. H. 等在 Valley Pride Pack 污水处理厂的活性污泥处理系统前增加 MBBR 作为预处理工艺，当表面积负荷为 20gCOD/(m^2 · d) 时，第一个反应器（MBBR）的可溶解性 BOD 的去除率高于 90%，第二个反应器去除氨氮速率达到 0.38g/(m^2 · d)。

② 微孔膜生物反应器　微孔膜生物反应器是一种很具有开发前景的技术，它采用逆向扩散的方式，即含有挥发性有机物的污水与曝气营养物基质分开，有机物从微孔膜内侧向生物膜方向扩散，而 O_2 从微孔膜外侧向生物膜扩散，两者在生物膜内相聚并在微生物的作用下使有机物氧化分解。

微孔膜一般是透过性超滤膜，主要有中空纤维膜、活性炭膜和硅橡胶膜等。此法主要用来处理有机工业废水中毒性或挥发性的有机物，如酚、二氯乙烷和芳香族卤代物等。实际中采用微孔膜处理某含油废水，出水 COD、SS 和动植物油的去除率保持在 85%以上。

③ 序批式生物膜反应器（SBBR）　SBBR 是将序批式的运作模式与生物膜法相结合的一种新型复合式生物膜反应器，它既保持了生物膜法的优点，又能使系统操作简单方便。该工艺的生物膜载体有软纤维填料、聚乙烯填料和活性炭填料等。SBBR 可用于脱氮除磷或抗冲击负荷等，当废水水质较差时，如可生化性较差或基质浓度低时，该法特别有效。Daniel M White 等用 SBBR 处理含有氰化物的美国和加拿大的金矿冶炼废水，在 Fairbanks Alaska 污水处理厂富集培养氰化物降解菌，在一个周期 48h 内，氰化物从 20mg/L 降低到 0.5mg/L，去除率为 97.5%。屠宰场废水采用 SBBR 处理，结果表明，各项污染指标的去除率 COD 为 97%、BOD_5 为 99%、TKN 为 92%、油脂为 82%，出水满足国家二级标准。

④ 曝气生物滤池（BAF）　BAF 是 20 世纪 80 年代末开发的新型粒状填料之后兴起的污水处理新工艺，如图 4-42 所示。其最大特点是集生物氧化和截留悬浮固体于一体，节省了后续二沉池，有去除 SS、COD、BOD、硝化及脱氮除磷的作用。目前 BAF 在欧美和日本广为流行，已有上百座 BAF 处理设施投入运行。它是以小粒径颗粒填料（如石英砂、陶粒及合成塑料等）作为过滤主体的池型反应器，可以同步发挥生物氧化和物理截留及吸附作用，

具有处理效率高、出水水质好和负荷高等优点。

英国 Packington 污水厂用 BAF 处理含工业废水的生活污水，在进水 COD_{Cr} 562mg/L、BOD_5 286mg/L、SS 139mg/L 的条件下，三者的去除率分别达到 80%、91.3%、78%。国内利用 BAF 进行生活污水处理试验时发现 BOD_5、COD_{Cr}和 SS 的平均去除率分别为 95.3%、92.6%和 96.7%，同步消化率可达 91.5%。

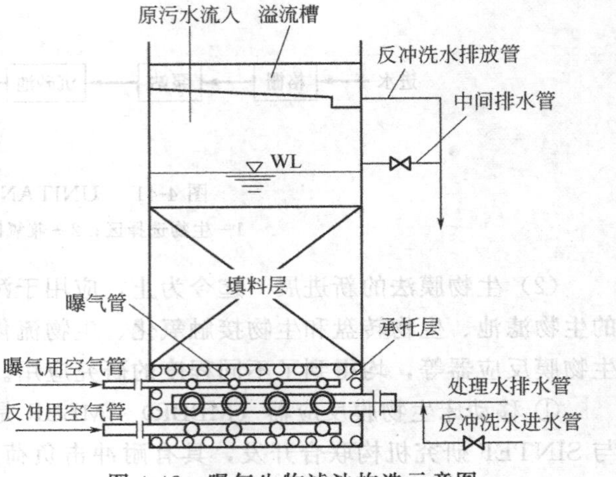

图 4-42 曝气生物滤池构造示意图

作为一种全新的污水生物处理技术，BAF 已经成为国内外研究的热点。随着现代生物监测技术和纳米测量技术的发展，BAF 的处理机理研究有望取得突破，特别是生物膜生长和活性的研究将成为近期的前沿课题。BAF 的硝化与反硝化功能以及同步除磷的研究是此技术的热点领域，采用物理化学手段对填料进行改性处理以增强其吸附性能也是研究重点。

第三节 典型的废水处理流程

一、炼油废水的处理流程

1. 炼油废水的来源、分类及性质

炼油厂的生产废水一般是根据废水水质进行分类分流的，主要是冷却水、含油废水、含硫废水、含碱废水，有时还会排出含酸废水。

(1) 冷却废水 是冷却馏分的间接冷却水，温度较高，有时由于设备渗漏等原因，冷却废水经常含油，但污染程度较轻。

(2) 含油废水 它直接与石油及油品接触，废水量在炼油厂中是最大的。主要污染物是油品，其中大部分是浮油，还有少量的酚、硫等。含油废水大部分来源于油品与油气冷凝油、油气洗涤水、机泵冷却水、油罐洗涤水以及车间地面冲洗水。

(3) 含硫废水 主要来源于催化及焦化装置，精馏塔塔顶分离器、油气洗涤水及加氢精制等。主要污染物是硫化物、油、酚等。

(4) 含碱废水 主要来自汽油、柴油等馏分的碱精制过程。主要含过量的碱、硫、酚、油、有机酸等。

(5) 含酸废水 来自水处理装置、加酸泵房等。主要含硫酸、硫酸钙等。

(6) 含盐废水 主要来自原油脱盐脱水装置，除含大量盐分外，还有一定量的原油。

2. 炼油废水的处理方法

炼油废水的处理一般都是以含油废水为主，处理对象主要是浮油、乳化油、挥发酚、COD、BOD及硫化物等。对于其他一些废水（如含硫废水、含碱废水）一般是进行预处理，然后汇集到含油废水系统进行集中处理。集中处理的方法以生化处理为主。含油废水要先通过上浮、气浮、粗粒化附聚等方法进行预处理，除去废水中浮油和乳化油后再进行生化处理；含硫废水要先通过空气氧化、蒸汽汽提等方法，除去废水中的硫和氨等再进行生化处理。另外，用湿式空气氧化法来处理石油精炼废液也是一项较为理想的污染治理技术。

3. 炼油废水处理实例

某炼油厂废水量 1200m^3/h，含油 300～200000mg/L，含酚 8～30mg/L。采用隔油池、两级气浮、生物氧化、矿滤、活性炭吸附等组合处理工艺流程，见图 4-43。废水首先经沉砂池除去固体颗粒，然后进入平流式隔油池去除浮油；隔油池出水再经两级全部废水加压气浮，以除去其中的乳化油；二级气浮池出水流入推流式曝气池进行生化处理。曝气池出水经沉淀后基本上达到国家规定的工业废水排放标准。为达到地面水标准和实现废水回用，沉淀池出水经砂滤池过滤后一部分排放，一部分经活性炭吸附处理后回用于生产。炼油废水净化效果见表 4-22。

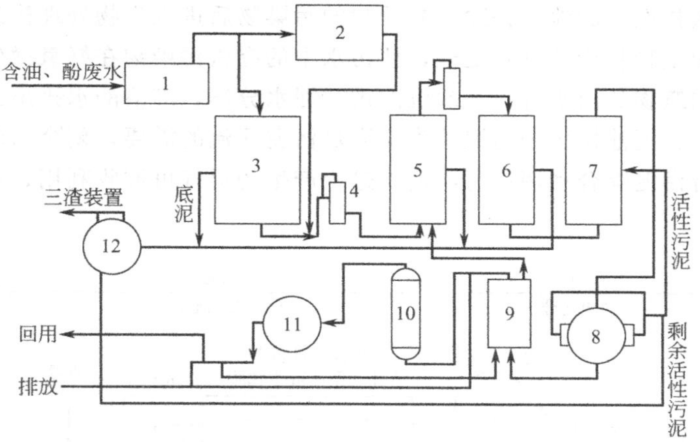

图 4-43 炼油废水处理流程

1—沉砂池；2—调节池；3—隔油池；4—溶气罐；5—一级浮选池；6—二级浮选池；7—生物氧化池；8—沉淀池；9—砂滤池；10—吸附塔；11—净水池；12—渣池

表 4-22 炼油废水净化效果

取样点	主要污染物浓度/(mg/L)				
	油	酚	硫	COD_{Cr}	BOD_5
废水总入口	300～200000	8～30	5～9	280～912	100～200
隔油池出口	50～100				
一级气浮池出口	20～30				
二级气浮池出口	15～20				
沉淀池出口	4～10	0.1～1.8	0.01～1.01	60～100	30～70
活性炭塔出口	0.3～4.0	未检出～0.05	未检出～0.01	<30	<5

隔油池的底泥、气浮池的浮渣和曝气池的剩余污泥经自然浓缩、投加铝盐和消石灰絮凝、真空过滤脱水后送焚烧炉焚烧。隔油池撇出的浮油经脱水后作为燃料使用。

该废水处理系统的主要参数如下。

① 隔油池，停留时间 2～3h，水平流速 2mm/s。

② 气浮系统，采用全溶气两级气浮流程，废水在气浮池停留时间 65min，一级气浮铝盐投量为 40～50mg/L，二级气浮铝盐投量为 20～30mg/L。进水释放器为帽罩式。溶气罐溶气压力 294～441kPa，废水停留时间 2.5min。

③ 曝气池，推流式曝气池废水停留时间 4.5h，污泥负荷（每日每千克混合液悬浮固体能承受的 BOD_5）0.4kgBOD_5/(kg·d)，污泥浓度为 2.4g/L，回流比 40%，标准状态下空气量，相对于 BOD_5 的为 99m^3/kg，相对于废水的为 17.3m^3/m^3。

④ 二次沉淀池，表面负荷 2.5m^3/(m^2·h)，停留时间 1.08h。

⑤ 活性炭吸附塔，处理能力为 500m^3/h，失效的活性炭用移动床外热式再生炉进行再生。

二、城市污水的处理流程

城市污水是指工业废水和生活污水在市政排水管网内混合后的污水。城市污水处理是以去除污水中的有机物质为主要对象的，其处理系统的核心是生物处理设备（包括二次沉淀池），城市污水处理流程如图 4-44 所示。污水先经格栅、沉砂池，除去较大的悬浮物质及砂粒杂质，然后进入初次沉淀池，去除呈悬浮状的污染物后进入生物处理构筑物（或采用活性污泥曝气池或采用生物膜构筑物）处理，使污水中的有机污染物在好氧微生物的作用下氧化分解，生物处理构筑物的出水进入二次沉淀进行泥水分离，澄清的水排出二沉池后再进入接触池消毒后排放；二沉池排出的污泥首先应满足污泥回流的需要，剩余污泥再经浓缩、污泥消化、脱水后进行污泥综合利用；污泥消化过程产生的沼气可回收利用，用作热源能源或沼气发电。

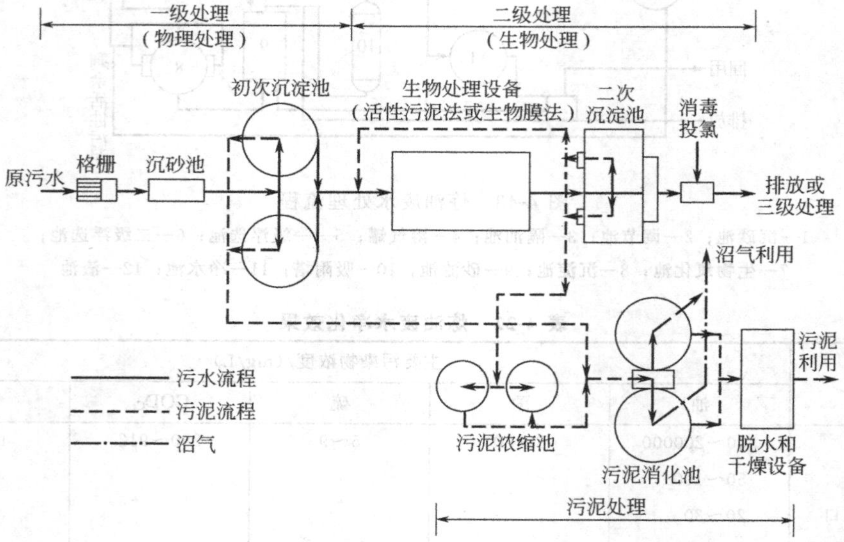

图 4-44 城市污水处理厂流程图

一般城市污水（含悬浮物约 220mg/L，BOD_5 约 200mL/L 左右）的处理效果如表 4-23 所示。

表 4-23 城市污水处理效果/[出水浓度/(mg/L)]

处理等级	处理方法	悬浮物		BOD_5		氮		磷	
		去除率/%	出水浓度	去除率/%	出水浓度	去除率/%	出水浓度	去除率/%	出水浓度
一级处理	沉淀	50～60	90～110	25～30	140～150				
二级处理	活性污泥法或生物膜法	85～90	20～30	85～90	20～30	50	15～20	30	3～5

三、氮肥厂废水的处理流程

在化工生产中，氮肥厂是耗水大户，同时又是水污染大户。由于氮肥厂废水成分复杂，废水经过常规工艺处理后各项指标同时达标仍有困难。这里介绍处理氮肥厂废水效果显著的周期循环活性污泥法（CASS 法）工艺流程及工程设计。

1. 废水来源及水质水量

某化肥厂目前年产合成氨 1.5 万吨，属于小型化肥厂。该厂合成氨的原料为煤、焦炭，生产过程分三步：第一步为 N_2、H_2 的制造；第二步为 N_2、H_2 的净化；第三步为 N_2、H_2 压缩及 NH_3 的合成。在以上生产工艺过程中有大量的工艺废水排放，废水水量约为 60～80t/h，24h 排放，每天最大排水量约 1920t。经监测，废水中含有氰化物、硫化物、氨氮、酚及悬浮物，水质监测数据见表 4-24。

表 4-24　某化肥厂废水水质及要求处理后出水达到的指标　单位：mg/L

项目	pH	COD	ρ(硫化物)	ρ(氰化物)	ρ(挥发酚)	ρ(悬浮物)	ρ(氨氮)
原废水	7～9	420	1.0	0.02	27	400	250
出水	6～9	≤150	≤1.0	≤0.4	≤0.2	≤150	≤50

2. 工艺流程

(1) CASS 工艺介绍　如图 4-45 所示，该工艺在 CASS 池前部设置了预反应区，在 CASS 池后部安装了可升降的自动撇水装置。曝气、沉淀、排水均在同一池子内周期性地循环进行，取消了常规活性污泥法的二沉池。实际工程应用表明，CASS 工艺具有如下特点。

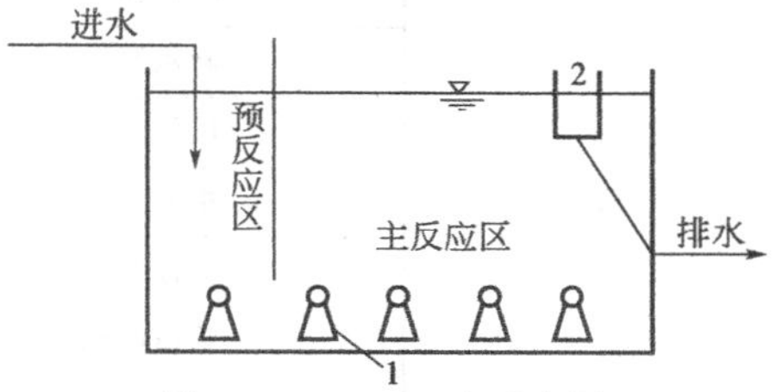

图 4-45　CASS 池示意图
1—射流曝气器；2—撇水器

① 建设费用低，比普通活性污泥法省 25%，省去了初沉池、二沉池。

② 占地面积省，比普通活性污泥法省 20%～30%。

③ 运行费用低，自动化控制程度高，管理方便，氧的吸收率高，除氮效果好。

④ 运行可靠，耐负荷冲击能力强，不产生污泥膨胀现象。

(2) 流程及主要构筑物　该化肥厂废水处理工艺流程如图 4-46 所示。废水首先通过格栅去除机械性杂物及大颗粒悬浮物，然后进入调节池（原有的两个沉淀池改造为调节池），水质水量均化后的废水经提升泵进入砂水分离器。原生物塔滤池在运行过程中由于水中悬浮物含量高，造成滤料堵塞，因此本设计中增设砂水分离器依靠重力旋流把密度较大的砂粒除去。除去砂粒后的废水进入生物滤塔（利用原生物滤塔进行改造），最后进入 CASS 池。CASS 池是废水处理场的中心构筑物，其设计尺寸为：平面尺寸 22.8m×10.9m（分两格），池深 4.5m，水深 4.0m。CASS 池每格设水下射流曝气器 5 台，每台功率为 3.7kW；每格中设排泥泵 1 台，功率为 1.1kW，流量为 $15m^3/h$，扬程为 7m；每格设撇水器 1 台，功率为 2.2kW。

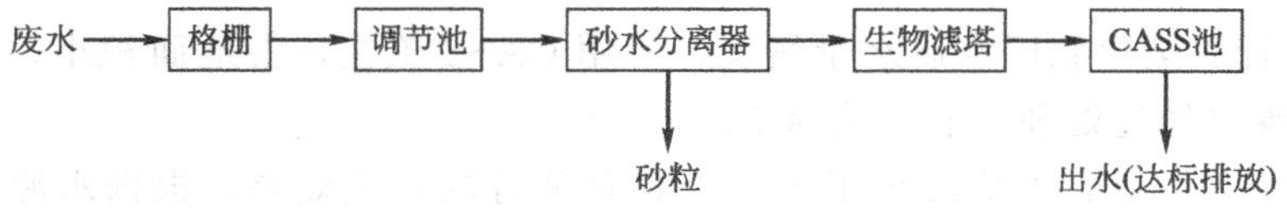

图 4-46　废水处理工艺流程

CASS池的运行是由程控器控制的，每个运行周期分为曝气、沉淀、排水、延时等阶段。运行中可以随时根据水质水量变换运行参数。在曝气阶段通过监测主反应区和预反应区的溶解氧控制曝气量，以达到脱氮效果。由于CASS池独特的反应机理和运行方式，废水中的有机物在微生物的作用下进行较好的氧化分解，大幅度降解有机污染物。同时，池中交替出现厌氧-缺氧-好氧状态，因此有较好的脱氮效果。

3. 工程投资

本工程投资为三部分，即土建、设备和其他，如表4-25所示。

表 4-25　工程投资预算

项目		数　量	价格/万元
土建	调节池(135m³)	1个	
	CASS池(696m³)	1个	
	改造部分		
	小计		18.5
设备	机械格栅	1个	1.5
	除砂器	1台	6.0
	撇水泵	2台	1.0
	风机	3台	6.0
	提升泵	2台	0.8
	自控装置	1套	3.0
	管道阀门	若干	1.2
	电线电缆	若干	1.8
	菌种恢复		1.0
其他	设计费		3.4
	调试费		2.8
	利润		2.8
	不可预见费		1.0
总　计			50.8

4. 运行成本分析

设备运行功率：38kW

电费：0.6元/(kW·h)

日耗电费：38×24×0.6=547（元）

管理及分析化验人员工资：4000元/月(合133元/日)

日运行费：680元（日处理水量1920t）

处理1t废水的成本：680元/1920t=0.35元/t

5. 结论

① 该设计针对某化肥厂水质水量情况，采用CASS工艺，占地面积小，节省投资，运行管理方便，废水经过处理后能够达标排放。

② CASS工艺的运行方式决定了该工艺具有独特的脱氮效果，根据水源情况可以通过调整运行参数，达到脱氮的目的。

第四节 水污染的综合防治

水污染综合防治是指从整体出发综合运用各种措施，对水环境污染进行防治。包括工业废水和城市污水污染综合防治与整个水系的水污染综合防治（或某一水域的污染综合防治）。就水污染综合防治的实际效果而言，应当从控制措施和废水利用两个方面入手。

一、控制措施

1. 改革或改进工艺，减少污染

改革和改进生产工艺是实施清洁生产的重要途径。从水污染防治角度讲主要包括以下几方面。

（1）对污染严重的生产工艺进行改革 目前中国各工业产品用水单耗指标与世界先进水平相比差距很大，原因是大多工业企业生产设备和工艺陈旧。生产过程大量污染物的产生主要也是由于工艺过程的不完善而造成的，不从改革生产工艺着手，单纯进行末端治理就不能从根本上解决污染问题。积极的办法应该是改革旧工艺，包括采用新的流程，建立连续、闭路生产线；优化工艺操作参数，适当改变操作条件，如浓度、温度、压力、时间等；采用最新的科学技术成果，如机电一体化技术、高效催化技术、生化技术、膜分离技术等；配套自动控制装置，实现过程的优化控制等。

（2）加速产品的更新换代 许多工业产品，特别是有些化工产品在生产和使用中剧毒有害，污染环境，需要采取改变产品品种的措施。如化学农药是用以消除病虫害的，但是其残留毒性对环境会造成很大的危害，如无机砷、有机汞农药分解为元素时，具有单质态的毒性，可造成人、畜和水生生物的中毒。鉴于汞制剂的残留毒性，一些国家已禁止或限制使用汞制剂。中国早已禁止生产和停止进口有机汞农药，并积极研制非汞杀菌剂，可以有效地防治水稻、小麦、棉花等农作物的多种病害，代替了有残留毒性的汞制剂杀菌剂。

（3）改造设备和改进操作 为了减少和消除污染，需要对污染环境的生产设备进行改造，选用合适的设备。如在冷却、洗涤操作上，一般沿用气-液直接接触式设备，从而产生大量废水。其实在很多情况下，都可以改成间接式。例如，电解食盐水时产生的氯气，过去用直接淋水冷却的办法去除氯气内水蒸气，在喷淋过程中水与氯气直接接触，有一部分氯气溶解于水，使排放出的废水含氯。现在改用钛材列管冷却器，氯气通过钛管，被管外的水或冷冻盐水间接冷却，使氯气内水蒸气直接冷凝下来，不与冷却用水接触，消除了排出水含氯的问题，并可以减少氯气的损失。

（4）减少系统泄漏 从控制污染的观点考虑，除了使系统少排出“三废”以外，提高设备和管道的密闭性，减少反应物料的泄漏也是十分重要的。跑、冒、滴、漏往往是造成工厂环境污染的一个重要原因。

（5）控制排水 首先要严格执行国家颁布的废水排放标准。对于有多种产品和不同工艺的化工厂，所排放的废水或进行均化，或按比例排放。

同时要注意排水系统的清污分流。把生产工艺排水，特别是有严重污染的废水，与间接冷却排水、雨水等分开。对于新厂，从设计上就要考虑这一问题。目前，一些老厂的生产工艺废水、冷却水以及生活污水都流经同一条管道排放，应该创造条件，积极予以改造，做到清污分流，分质排放。

2. 加强对水体及污染源的监测与管理

要保护水源，保证水质，控制污染源，必须大力加强水质监测和水质监督，通过定期监测、自动监测和巡回监测三种方式在公共水域建立完整的监测体系，以对污染源进行严密的监督和控制。

(1) 对水体及污染源的监测

① 要注意对水样的采集和保存　对湖泊、水库，除入口、出口布点外，可以在每 $2km^2$ 内设一采样点。流经城市的河流，应在城市的上游、中游和下游各阶段设一断面，城市供水点上游 1km 处至少设一采样点，河流交叉口上游和下游也应设一采样点。河宽在 50m 以上的河流，应在监测断面的左、中、右设置采样点。一般可同时取表层（水面下 20～50cm）和底层（距河底 2m）两个水样。采样的时间、次数应根据水的流量变化、水质变化来确定。

水样保存的目的是使水样在存放期间内尽量减少因样品组分变化而造成的损失。水样的保存方法一般为控制溶液的 pH、加入化学试剂及冷藏冷冻等。表 4-26 和表 4-27 分别给出保存剂的作用原理和部分监测项目水样的保存方法。

表 4-26　各类保存剂的应用范围

保存剂	作　用	应　用　范　围
$HgCl_2$	细菌抑制剂	各种形式的氮，各种形式的磷
HNO_3	金属溶剂防止沉淀	
H_2SO_4	细菌抑制剂和有机碱类生成盐	有机水样(COD，油，油脂)，氨，胺类
NaOH	与挥发化合物形成盐类	氰化物，有机酸类
冷冻	抑制细菌，减慢化学反应速率	酸度、碱度、有机物、BOD、色、嗅、有机磷、有机氮等生物机体

表 4-27　部分监测项目水样的保存法

监测项目	保存温度/℃	保存剂	最长保存时间	备注
酸度、碱度	4		24h	
生化需氧量	4		6h	
化学耗氧量	4	加 H_2SO_4 至 pH<2	7d	
总有机碳			24h	
硬度			7d	
溶解氧(文克尔法)	4	加 1mL$MnSO_4$，再加 2mL 碱性碘化钾	48h	现场固定
氟化物	4		7d	
氯化物			7d	
氰化物	4	加 NaOH 至 pH<12	24h	
氨氮(凯氏法)	4	加 H_2SO_4 至 pH<2	24h	
硝酸盐	4	加 H_2SO_4 至 pH<2	24h	
亚硝酸盐	4		24h	
硫酸盐	4		7d	
硫化物		2mL 醋酸锌/L	24h	现场固定
亚硫酸盐	4			
砷		加 HNO_3 至 pH<2	6 个月	
硒		加 HNO_3 至 pH<2	7d	
总金属		加 HNO_3 至 pH<2		
硅	4		7d	
总汞		加 HNO_3 至 pH<2	13d	
溶解汞		过滤	13d	
六价铬		加 HNO_3 至 pH<2 每升多加 5mL	当天测定	
总铬		加 HNO_3 至 pH<2 每升多加 5mL	当天测定	
酚类	4	加 H_3PO_4 至 pH<2 和 1g$CuSO_4$/L	7d	
油和脂	4	加 H_2SO_4 至 pH<2	7d	
有机氯农药(DDT，六六六)		加水样量的 1% H_2SO_4	24h	

② 及时对水样进行预处理 在实际监测分析中，如废水样品，往往由于存在悬浮物和有机物，使水样浑浊、呈色，且样品的本身组成复杂，这些因素对分析测定会产生干扰，因此必须对样品进行预处理。

a. 有机物的消化 当样品中所含有机物对测定组分有影响时，需将有机物破坏或分解成相应的无机化合物。通常采取加入适当的氧化剂进行氧化分解的方法，称为消化法。常用的消化剂有硝酸-硫酸、硝酸-高氯酸、高锰酸钾等。

b. 浓缩和分离 在环境监测中，被测组分往往含量极低，且存在干扰物质。因此，需对样品进行富集和分离，以消除干扰，提高测定方法的灵敏度和选择性。常用方法有浓缩、蒸馏、萃取、离子交换等。

③ 准确测定水中污染物 水体中污染物质繁多，测定方法、原理各异。水中主要污染物的测定方法见第八章表 8-4。值得说明的是：除了表 8-4 所列出的一些有害物质的测定方法外，还有许多特定的测定仪器。如溶解氧测定仪用于测定废水和生物处理后出水的溶解氧值；水质测定仪可同时测定废水的溶解氧值、pH 及浊度等污染指标。

（2）对水体及污染源的管理

① 健全法制，加强管理 我国先后颁布了《中华人民共和国水污染防治法》、《中华人民共和国海洋环境保护法》、《中华人民共和国水土保护工作条例》等法规，在水资源管理中要严格执行，协调关系，提高水资源开发利用的综合效益。

根据国外经验，采取总体性的战略措施，开展区域性的全面规划综合治理，可以达到最经济、最有效的防治污染的目的。以水系为对象在调查已有污染源的基础上，综合考虑该地区的区域规划、资源利用、能源改造、有害物质的净化处理和自净能力等因素，应用系统工程学的理论和方法对复杂的水环境进行综合的系统分析与数字模拟，提出最优的治理方案，从总体上解决水污染问题。

② 建立水源保护区 水质好坏直接影响供水的质量和数量，影响人们的健康和产品的使用价值。为了确保安全供水首先要建立水源保护区，在水源地区内严禁建立有污染性的企业。对已有的污染源要限期拆迁或根治，违者追究法律责任和赔偿经济损失。

③ 合理开发利用水资源 人类对水资源的合理开发利用，对保护环境、维持生态平衡、保持水体自净能力等是极其重要的。地下水自然补给的速度是较慢的，超采地下水可造成地下水降落漏斗，其降落漏斗范围内会出现地面下沉、水质恶化，给工业生产、市政交通和人民生活带来重大危害。在国外有许多城市如东京、大阪、墨西哥城、曼谷都发生过地面沉降现象。中国上海由于长期开采地下水，结果建筑物发生不均匀的沉降，地下管道遭到破坏、海水上涨登陆等。因此，必须合理开发地下水资源，使取用量和自然补给量保持平衡。

调节水源流量与开发水资源也是同等重要的。在流域内建造水库调节河水流量，在汛期洪水威胁很大，在上游各支流兴建水利工程建造水库，把丰水期多余的水储存在库内，不仅可提高水源供水能力，还可以为防洪、发电、发展水产等多种用途服务。跨流域调水是把多余的水源引到缺水的地区以补其不足，这是一项比较复杂的水源开发工程。

④ 科学用水和节约用水 开展全国性的科学用水和节约用水宣传，提倡“增产不增水”，“在节水中求发展”，探索开发科学用水和节约用水的新技术。例如，在农业灌溉方面采用防渗管道输送水比明渠输送水增加实用水量近 50%，喷灌比漫灌节水 50%，地膜覆盖也可以节约大量用水，森林能增加蓄水量的 30%左右，减少蒸发 20%～30%。在工业上节约用水主要是提高水的循环利用率，回用冷却用水，推广污水冷却和咸水冷却技术；在生活

上节水主要是取消用水包费制，实行分户安装水表、用水计量、按量收费以及加强维修、抢修、检漏和防漏。在制定工农业规划和城市规划时，要考虑水资源因素，不要在缺水地区兴建耗水量大的工业项目，或者种植需水量大的农作物，同时要适当地控制城市人口的过度集中。

3. 提高废水处理技术水平

工业废水的处理，正向设备化、自动化的方向发展。传统的处理方法，包括用来进行沉淀和曝气的大型混凝池也在不断地更新。近年来广泛发展起来的气浮、高梯度电磁过滤、臭氧氧化、离子交换等技术，都为工业废水处理提供了新的方法。

目前，废水处理装置自动化控制技术正在得到广泛应用和发展。在提高废水处理装置的稳定性和改善出水水质方面将起到重要作用。

另外，还应有效提高城市污水处理技术水平，目前，我国对城市污水所采用的处理方法，大多是二级处理就近排放。此法不仅基建投入大，而且占地多，运行费用高，很多城市难以负担。而国外发达国家，大都采用先进的污水排海工程技术来处置沿海城市污水。

4. 充分利用水体的自净能力

在水体环境容量可以承受的情况下，受到污染的水体，在一定的时间内，通过物理、化学和生物化学等作用，污染程度逐渐降低，直到恢复到受污染前的状态，这个过程称水体的自净作用。在自净能力的限度内，水体本身就像一个良好的天然污水处理厂。但自净能力不是无限的，超过一定限度，水体就会被污染，造成近期或远期的不良影响。

(1) 物理自净过程　排入水体的污染物不同，发生的物理净化过程也有差异，如稀释、混合、挥发、沉淀等。在自净过程中含有某些物质的废水，可以通过水体的稀释作用使之无害化。废水中密度比水大的固体颗粒，借助自身重力沉至水体的底部形成底泥，使水得以净化。废水里的悬浮物胶体及可溶性污染物则由于混合稀释过程污染浓度逐渐降低。

水体物理自净过程受许多因素的影响，废水排入河流流经的距离，废水污染物的性质和浓度，河流的水文条件，水库、海洋、湖泊的水温、性质、大小等，都是有关因素。废水能否排入自然水体充分利用其物理自净作用，要经过测定调查及相应的评价之后才能确定。

(2) 化学自净过程　废水污染物排入水体，会产生化学反应过程。反应过程进行的快慢和多少取决于废水和水体两方面的具体条件。在水体化学反应过程中会产生氧化、还原、中和、化合、分解、凝聚、吸附等过程。使有害污染物变成无害物质的过程，就是化学自净作用。例如，水体的难溶性硫化物在水体中能够氧化为易溶的硫酸盐；可溶性的二氧化铁可以转化为不溶性的三氧化二铁；水体中的酸性物质可以中和废水中的碱性物质，碱性物质也可以中和废水中的酸性物质。

影响化学自净过程的主要因素是，水体和废水的对应数量及化学成分，以及加速或延缓化学反应过程的其他条件如水温、水体运动情况等。

(3) 生物自净过程　在有溶解氧存在的条件下，通过微生物的作用，能使有机污染物氧化分解为简单的无害化合物，这就是生物自净过程。例如，废水中的有机污染物经水体好氧微生物的作用，变成二氧化碳、水和某些盐类物质，使水体得到净化。生物自净过程要消耗掉一定的溶解氧。水体溶解氧的补充有两个来源，一是大气中的氧靠表面扩散作用溶入水层。在流动的水中，湍流越大，氧溶解于水中的速度越快，氧的补充越迅速。二是水生植物的光合作用能放出氧气，使水体溶解氧得到补充。如水体中溶解氧逐渐减少，甚至接近于零时，厌氧菌就会大量繁殖，使有机物腐败，水体就要变臭。所以溶解氧的多寡是反映水体生物自净能力的主要指标，也是反映水体污染程度的一个指标。水体的生物自净速度取决于溶解氧的多少、水流速度、水温高低以及水量的补给状况诸因素。

二、废水利用

1. 循环使用废水，降低排放量

近20年来，许多国家都注重发展生产工艺的闭路循环技术，将生产过程中所产生的废水最大限度地加以回收再生和循环使用，减少污水的排放量作为防止废水污染的主要措施。从中国的情况看，工业用水的循环率逐年在提高，这是节约用水所努力的成果。例如，中国重点钢铁企业工业用水循环率由1973年的54.9%提高到1982年的65.2%，年循环水量达到50亿吨，而到1996年循环率又提高到82.9%。用水量大，并以冷却用水为主的电力、钢铁、化工等工业部门提高工业用水循环利用率是开发水源的重要途径。另外在洗涤粉尘、洗涤煤气的浊循环系统中，采用适宜的处理技术，使本系统的循环率提高到90%以上，也为节水打开了新局面。

2. 回收废水中有价值的物质

回收有用物质，变害为利是治理工业废水的重要特征之一。比如，用铁氧体法处理电镀含铬废水，处理$1m^3$含100mL/L CrO_3的废水，可生成0.6kg左右的铬铁氧体，铬铁氧体可用于制造各类磁性元件，同时废水经处理后防止了二次污染发生，变害为利。对印染工业的漂洗工段排出的废碱液进行浓缩回收，已成为我国普遍采用的工艺，回收的碱返回到漂洗工序。在采用氰化法提取黄金的工艺中，产生的贫液含CN^-的浓度达500～1000mg/L，且含铜200～250mg/L，无疑有很高的回收价值，如果不回收就排放还要造成严重污染。一些金矿采用酸化法回收氰化钠和铜，获得了较高的经济效益，其尾水略加处理即可达到排放标准。又比如，用重油造气生产合成氨，不可避免地要产生大量的含炭黑废水，采用萃取或过滤方法回收废水中的炭黑，供油墨、油漆、电池等行业作为原料，不仅污染问题得到有效解决，而且还有较好的经济效益。此外，还有影片洗印厂从含银废液中回收银；印刷厂从含锌废液中回收锌；废碱、废酸中可回收利用碱和酸等。合理回收利用废水中有价值的物质，不仅利于减少环境污染，而且利于经济发展，是值得大力研究开发的重要课题。

复习思考题

1. 水污染的来源有哪些？简单叙述其产生的原因。
2. 无毒污染物分哪几类？
3. 有毒污染物分为几类？对水体有什么危害？
4. 你认为我国水体环境保护应遵循什么方针？目前哪些现象或问题阻碍水体环境保护事业的发展？
5. 废水通过均衡和调节作用可达到什么目的？
6. 沉淀法有哪几种类型？平流式沉淀池有何优缺点？
7. 格栅、筛网的主要功能是什么？
8. 离心分离的基本原理是什么？常用的离心分离设备有哪些？各自的优缺点是什么？
9. 从水力旋流器和各种离心机产生离心力的大小来分析它们适合于分离何种性质的颗粒？
10. 化学混凝法的基本原理是什么？影响混凝效果的主要因素有哪些？

11. 试述混凝沉淀处理流程由哪几个阶段所组成。每个阶段各起什么作用，对搅拌的要求有何不同？

12. 化学沉淀法和化学混凝法在原理上有何不同？使用的药剂有何不同？

13. 物理化学处理法与化学处理法相比，在原理上有何不同？处理的对象有何不同？

14. 吸附法处理废水的基本原理是什么？适用于处理什么性质的废水？分为哪几种类型？影响吸附的因素有哪些？

15. 气浮法中浮选剂具有哪些促进作用？介绍几种类别的浮选剂。

16. 生物吸附法的主要特点是什么？绘出简单流程。

17. 简述活性污泥法处理废水的生物化学原理。

18. 常用的曝气池有几种？各有什么特点？

19. 结合你所参观的有关企业废水处理情况来说明活性污泥法在废水处理中的实际应用。

20. 高负荷生物滤池和塔式生物滤池各有什么特点？

21. 如何合理利用水体的自净作用？

实 训 题

参观城市污水处理厂

城市污水处理厂主要是对生活公用污水进行集中处理，同时也对部分工业废水进行处理。城市污水处理厂的建设在我国开展较晚，但在1978年后有了迅速的发展，对解决城市水污染起到了相当大的作用。我国处理能力较大、设备较先进的城市污水处理厂有北京北小河污水处理厂、上海石洞口污水处理厂、上海白龙港污水处理厂与竹园第一污水处理厂。

北京北小河污水处理厂位于朝阳区北小河北岸，建于1990年，处理规模$4\times10^4m^3/d$，采用传统活性污泥工艺，并对污泥进行消化处理，工程占地6.07hm^2。2006年7月，北小河污水处理厂改扩建及再生水利用工程开工建设，工程总规模$10\times10^4m^3/d$，总流域面积109.3km^2。工程主要内容分为两部分：①扩建$6\times10^4m^3/d$污水处理设施采用MBR工艺，出水达到回用要求，其中$1\times10^4m^3/d$的出水再经过RO深度处理后作为高品质再生水，直接供给奥运公园水体补水及场馆杂用水；②原$4\times10^4m^3/d$污水处理设施改造，出水排入北小河。扩建工程于2008年7月建成投产。

上海市的三座大型城市污水处理厂为石洞口、白龙港与竹园第一污水处理厂。

石洞口污水处理厂位于宝山区盛桥镇长江边，原西区污水总管出口处，东侧为石洞口煤气厂，西邻罗泾煤码头，北靠长江。该厂处理规模为$40\times10^4m^3/d$，采用二级加强生物除磷脱氮处理工艺；污泥采用浓缩、干化、焚烧工艺。建设资金来自中央及地方投资、部分亚洲开发银行贷款。上海白龙港污水处理厂位于浦东新区合庆乡东侧长江岸边，该处已建白龙港预处理厂，新厂扩建位于预处理厂北侧长江边。该厂处理规模为$120\times10^4m^3/d$，采用一级加强物化法除磷处理工艺；污泥采用储泥池、脱水、卫生填埋，最终作绿化介质土。建设资金来自中央及地方投资、部分世界银行贷款。

上海市竹园第一污水处理厂位置在浦东新区高东镇，已建合流污水竹园排放口预留污水处理厂厂址范围内。该地区在合流污水输水箱涵管南侧，海徐路、航津路以及长江大堤所围地区。该厂处理规模为$170\times10^4m^3/d$，采用一级加强生物化学絮凝处理工艺，污泥采用浓缩、脱水、卫生填埋，最终作绿化介质土。建设资金来自民营投资。

通过参观学校所在地区城市污水处理厂，学生应达到以下要求。

(1) 了解学校所在地区水体污染情况。

(2) 了解废水处理的工艺流程、主要设备，明确建设城市污水处理厂的必要性。

(3) 写出参观报告（在1000字以上），简单画出污水处理流程图。

阅读材料

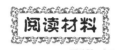

中国水资源可持续发展的战略措施

由中国工程院组织，钱正英和张光斗两位院士主持，43位院士和近300位专家参与的“21世纪中国可持续发展水资源战略研究”报告会提出，要实现中国水资源的可持续发展必须实施八大战略性转变。

(1) 防洪减灾　从无序、无节制地与洪水争地转变为有序、可持续地与洪水协调共处的战略，从以建设防洪工程体系为主的战略转变为在防洪工程体系的基础上，建成全面的防洪减灾工作体系。

(2) 农业用水　从传统的粗放型灌溉农业和旱地雨养农业转变为以建设节水高效的现代灌溉农业和现代旱地农业为目标的农业用水战略。

(3) 城市和工业用水　从不重视节水、治污和开发传统水资源转变为节流优先、治污为本、多渠道开源的城市水资源可持续利用战略。

(4) 防污减灾　从末端治理为主转变为源头控制为主的综合治污战略。

(5) 生态环境建设　从不重视生产环境用水转变为保证生态环境用水的资源配置战略。

(6) 水资源的供需平衡　从单纯以需定供转变为在加强需水管理基础上的水资源供需平衡战略。

(7) 北方水资源问题　从以超采地下水和利用未经处理的污水维持经济增长转变为在大力节水和合理利用当地水资源的基础上，采取南水北调的战略措施，保证北方地区社会经济的可持续增长。

(8) 西北地区水资源问题　从缺乏生态环境意识的低水平开发转变为与生态环境建设相协调的水资源开发利用战略。

勿将肥皂当香皂

肥皂和香皂都具有洗涤作用，外观差别也不大，生活中经常有人图方便或便宜，拿肥皂当香皂使用，这对皮肤是有害的。从化工工艺角度讲，肥皂和香皂虽然是近亲，但是有许多不同。

皮肤的清洁不同于衣物，因为皮肤是有活力的机体。皮肤要经常保持干净，以利于更好地发挥其功能，关键在于如何去除皮肤的污垢。一般衣物或其他用品的合成洗涤剂是把洗掉被洗物上的油性污垢作为性能指标，但皮肤上污垢界限却非那么明确。如皮脂膜，其本身对皮肤有一定的保护作用，如全部去掉反而使皮肤过于干燥、有损表皮。

香皂是弱酸强碱相结合而成的洗涤剂，皮肤分泌的酸性物质和香皂的碱结合，生成游离脂肪酸，可以防止过多地洗掉皮肤所需的脂肪。而且，从化工工艺讲，生产香皂所需的原料和制作工艺要比生产肥皂精良一些。香皂加工过程中所用的油脂原料要经过碱炼、脱色、脱臭等一系列精细处理过程，这比一般的肥皂加工工艺要讲究得多，也更复杂。同时选用的表面活性剂也均是性质温和，对皮肤无刺激性。所以从健康安全的角度上讲，香皂要优于普通肥皂。这也是化工发展过程中更加贴近群众需要、关注生命健康的表现。

第五章 固体废物与化工废渣处理

第一节 概 述

固体废物（solid waste）是指人类在生产过程和社会生活活动中产生的不再需要或没有“利用价值”而被遗弃的固体或半固体物质。确切地说，固体废物是指在生产建设、经营、日常生活和其他活动中产生的污染环境的各种固态、半固态、高浓度固液混合态、黏稠状液态等废弃物质的总称。

一、固体废物的来源、分类及危害

1. 固体废物的来源和分类

由于固体废物影响因素众多，几乎涉及所有行业，来源极其广泛。按组成可分为有机废物和无机废物；按形态可分为固体块状、粒状、粉状废物；按危害状况可分为危险废物和一般废物；通常为了便于管理，按其来源分为工业固体废物（industrial solid waste）、城市垃圾（或称城市固体废物 municipal solid waste，简写为 MSW）、农业固体废物（agricultural solid waste）和放射性固体废物（radioactive solid waste）四类。

（1）工业固体废物　工业固体废物是指工矿企业在生产活动过程中排放出来的固体废物。主要包括以下几类。

① 冶金废渣　主要指在各种金属冶炼过程中或冶炼后排出的所有残渣废物。如高炉矿渣、钢渣、各种有色金属渣、铁合金渣、化铁炉渣以及各种粉尘、污泥等。

② 采矿废渣　在各种矿石、煤的开采过程中，产生的矿渣数量极其庞大，包括的范围很广，有矿山的剥离废石、掘进废石、煤矸石、选矿废石、选洗废渣、各种尾矿等。

③ 燃料废渣　燃料燃烧后所产生的废物，主要有煤渣、烟道灰、煤粉渣、页岩灰等。

④ 化工废渣　化学工业生产中排出的工业废渣，主要包括硫酸矿烧渣、电石渣、碱渣、煤气炉渣、磷渣、汞渣、铬渣、盐泥、污泥、硼渣、废塑料以及橡胶碎屑等。

其他还有玻璃废渣、陶瓷废渣、造纸废渣和建筑废材等。

（2）城市垃圾　主要指城市居民的生活垃圾、商业垃圾、市政维护和管理中产生的垃圾，包括废纸、废塑料、废家具、废碎玻璃制品、废瓷器、厨房垃圾等。

（3）农业固体废物　主要指农、林、牧、渔各业生产、科研及农民日常生活过程中产生的各种废物。如农作物秸秆、人和牲畜的粪便等。

（4）放射性固体废物　在核燃料开采、制备以及辐照后燃料的回收过程中都有固体放射性废渣或浓缩的残渣排出。例如，一座反应堆一年可以生产 $10\sim100m^3$ 不同强度的放射性废渣。

表 5-1 列出了从各类发生源产生的主要固体废物。

2. 固体废物的危害

表 5-1 固体废物的分类、来源和主要组成物

分类	来源	主要组成物
工业固体废物	矿山、选冶	废矿石、尾矿、金属、废木、砖瓦灰石等
	冶金、交通、机械、金属结构等	金属、矿渣、砂石、模型、芯、陶瓷、边角料、涂料、管道、绝热和绝缘材料、胶黏剂、废木、塑料、橡胶、烟尘等
	煤炭	矿石、木料、金属
	食品加工	肉类、谷物、果类、蔬菜、烟草
	橡胶、皮革、塑料等	橡胶、皮革、塑料、布、纤维、染料、金属等
	造纸、木材、印刷等	刨花、锯木、碎木、化学药剂、金属填料、塑料、木质素
	石油、化工	化学药剂、金属、塑料、橡胶、陶瓷、沥青、油毡、石棉、涂料
	电器、仪器、仪表等	金属、玻璃、木材、橡胶、塑料、化学药剂、研磨料、陶瓷、绝缘材料
	纺织服装业	布头、纤维、橡胶、塑料、金属
	建筑材料	金属、水泥、黏土、陶瓷、石膏、石棉、砂石、纸、纤维、玻璃
	电力	炉渣、粉煤灰、烟尘
城市垃圾	居民生活	食物垃圾、纸屑、布料、木料、庭院植物修剪、金属、玻璃、塑料、陶瓷、燃料灰渣、碎砖瓦、废器具、粪便、杂品
	商业、机关	管道、碎砌体、沥青及其他建筑材料、废汽车、废电器、废器具，含有易爆、易燃、腐蚀性、放射性的废物，以及类似居民生活区内的各种废物
	市政维护、管理部门	碎砖瓦、树叶、死禽畜、金属、锅炉灰渣、污泥、脏土、下水道淤积物等
农业固体废物	农林	稻草、秸秆、蔬菜、水果、果树枝条、糠秕、落叶、废塑料、人畜粪便、腥臭死禽畜、禽类、农药
	水产	腐烂鱼、虾、贝壳，水产加工污水、污泥
放射性固体废物	核工业、核电站、放射性医疗单位、科研单位	金属，含放射性废渣、粉尘、污泥、器具、劳保用具、建筑材料

固体废物对人类环境危害的途径见图 5-1，概括起来，从其对各环境要素的影响看，要表现为以下几个方面。

(1) 侵占土地，破坏地貌和植被 固体废物如不加利用就处置，只能占地堆放。据估平均每堆积 1 万吨废渣和尾矿，就占地 670m^2 以上。土地是宝贵的自然资源，我国虽然幅员辽阔，但耕地面积却十分紧缺，固体废物的堆积侵占了大量土地，造成了极大的经济损失，并且严重地破坏了地貌、植被和自然景观。

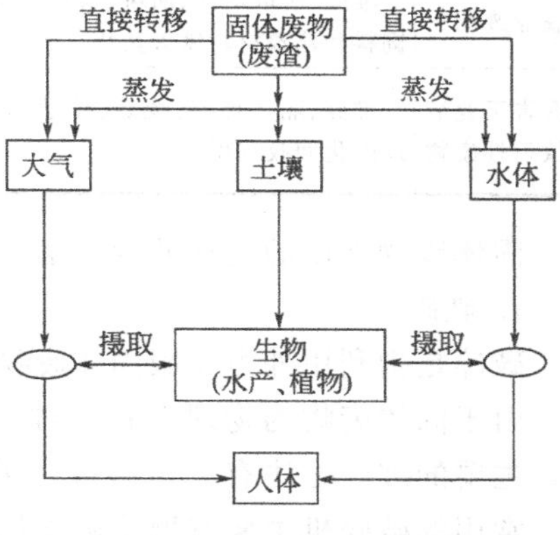

图 5-1 固体废物的污染途径

(2) 污染土壤和地下水 固体废物长期露天堆放，部分有害组分很易随渗沥液浸出，并渗入地下向周围扩散，使土壤和地下水受到污染。工业固体废物还会破坏土壤的生态平衡，使微生物和动植物不能正常地繁殖和生长。

(3) 污染水体 许多沿江河湖海的城市和工矿企业，直接把固体废物向邻近水域长期大量排放，随天然降水和地表径流进入河流、湖泊，致使地表水受到严重污染，破坏了天然水体的生态平衡，妨碍了水生生物的生存和水资源的利用。据统计，全国水域面积和新中国成立初期相比，已减少了 $1.33\times10^7 m^2$。

（4）污染大气　固体废物中所含的粉尘及其他颗粒物在堆放时会随风飞扬；在运输和装卸过程中也会产生有害气体和粉尘；这些粉尘或颗粒物不少都含有对人体有害的成分，有的还是病原微生物的载体，对人体健康造成危害。有些固体废物在堆放或处理过程中还会向大气散发出有毒气体和臭味，危害则更大。例如，煤矸石自燃时，散发出煤烟和大量的 SO_2、CO_2、NH_3 等气体，造成严重的大气污染。

（5）造成巨大的直接经济损失和资源能源的浪费　中国的资源能源利用率很低，大量的资源、能源会随固体废物的排放而流失。矿物资源一般只能利用50%左右，能源利用只有30%。同时，废物的排放和处置也要增加许多额外的经济负担。

此外，某些有害固体废物的排放除了上述危害之外，还可能造成燃烧、爆炸、中毒、严重腐蚀等意外事故和特殊损害。

二、常见的固体废物处理、处置方法

固体废物处理是指通过各种物理、化学、生物等方法将固体废物转变为适于运输、资源化利用、贮存或最终处置的过程。

固体废物由于其来源和种类的多样化和复杂性，它的处理处置方法应根据各自的特性和组成进行优化选择。表 5-2 列出了国内外各种处理方法现状和发展趋势。

表 5-2　固体废物处理方法的现状和发展趋势

类别	中国现状	国际现状	国际发展趋势
城市垃圾	填埋、堆肥、无害化处理和制取沼气、回收废品	填埋、卫生填埋、焚化、堆肥、海洋投弃、回收利用	压缩和高压压缩成型，填埋、堆肥、化学加工、回收利用
工矿废物	堆弃、填坑、综合利用、回收废品	填埋、堆弃、焚化、综合利用	化学加工、回收利用和综合利用
拆房垃圾和市政垃圾	堆弃、填坑、露天焚烧	堆弃、露天焚烧	焚化、回收利用和综合利用
施工垃圾	堆弃、露天焚烧	堆弃、露天焚烧	焚化、化学加工和综合利用
污泥	堆肥、制取沼气	填埋、堆肥	堆肥、焚烧、化学加工、综合利用
农业废物	堆肥、制取沼气、回耕、农村燃耕、饲料和建筑材料露天焚烧	回耕、焚化、堆弃、露天焚烧	堆肥、化学加工和综合利用
有害工业渣和放射性废物	堆弃、隔离堆存、焚烧、化学和物理固化回收利用	隔离堆存、焚化、土地还原、化学和物理固定，化学、物理及生物处理，综合利用	隔离堆存、焚化、化学固定，化学、物理及生物处理，综合利用

固体废物常用的处理处置方法有以下几种。

1. 破碎

破碎是指利用外力克服固体废物质点间的内聚力而使大块固体废物分裂成小块的过程。

由于固体废物的物理形状多样，成分复杂以及回收利用的目的不同，破碎工艺差别较大，主要的破碎方法有冲击破碎、剪切破碎、挤压破碎、摩擦破碎、低温破碎及湿式破碎等。常用的破碎机主要有颚式破碎机、锤式破碎机、冲击式破碎机、剪切式破碎机、辊式破碎机和球磨机等。结构分别如图 5-2～图 5-7。

2. 分选法

分选方法很多，其中手工选法是在各国最早采用的方法，适用于废物产源地、收集站、处理中心、转运站或处置场。机械分选方式则大多需在废物分选前进行预处理，一般至少需经过破碎处理。分选处理技术主要有以下几种。

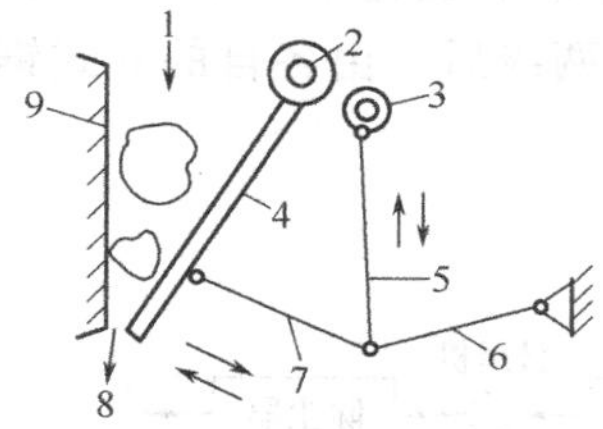

图 5-2 简单摆动颚式破碎机工作原理

1—给料；2—心轴；3—偏心轴；4—动颚；5—连杆；6—后肘板；7—前肘板；8—排料；9—定颚

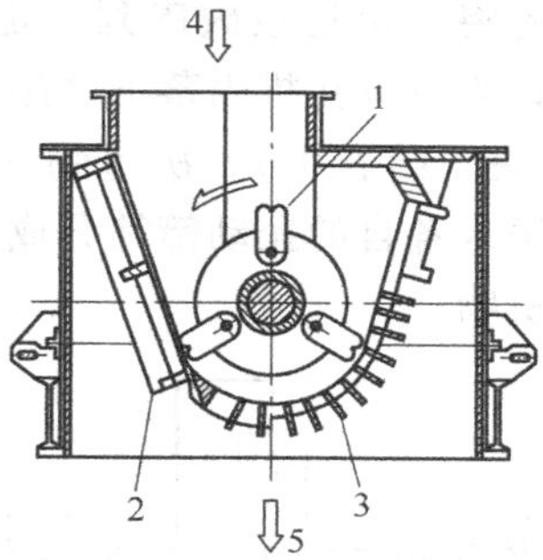

图 5-3 锤式破碎机

1—锤头；2—破碎板；3—筛板；4—废物；5—排料

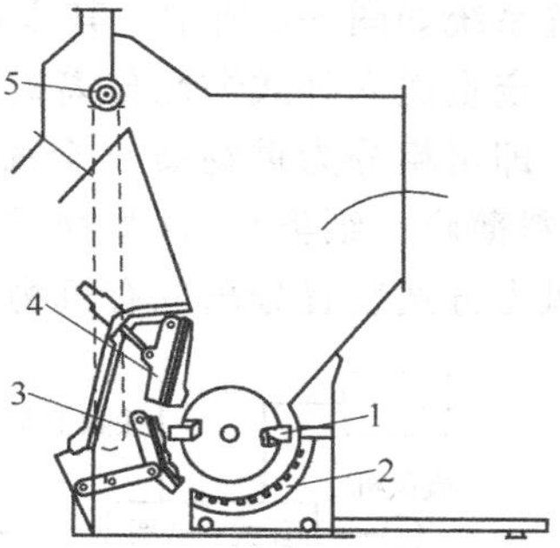

图 5-4 Universa 型冲击式破碎机

1—板锤；2—筛条；3—研磨板；4—冲击板；5—链幕

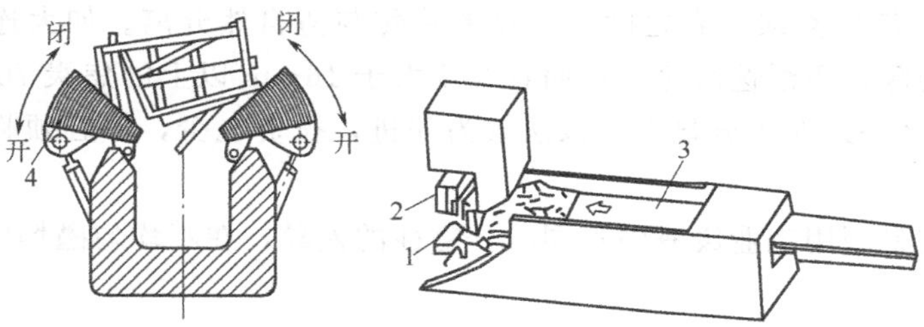

(a) 预压机　(b) 剪切机

图 5-5 Lindemann 剪式破碎机

1—压紧器；2—刀具；3—推料杆；4—压缩盖

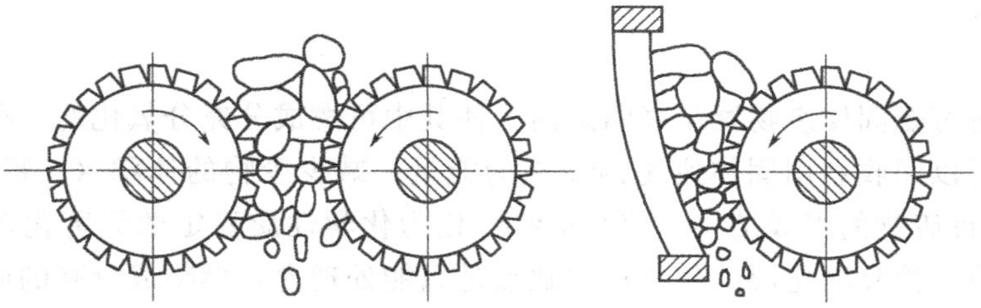

(a) 双齿辊破碎机　(b) 单齿辊破碎机

图 5-6 齿辊破碎机

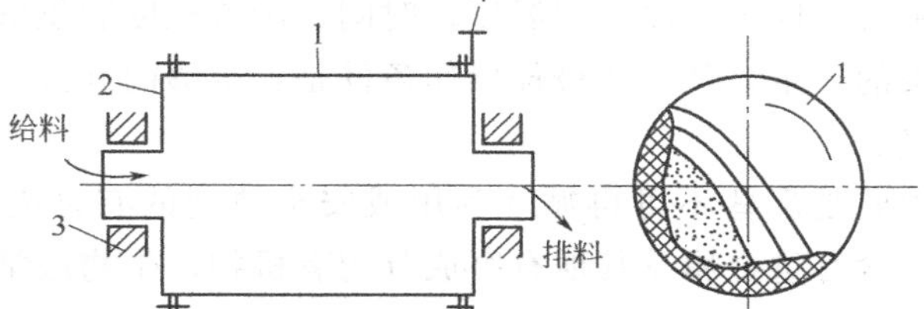

图 5-7 球磨机

1—筒体；2—端盖；3—轴承；4—大齿轮

（1）风力分选　风力分选属于干式分选，主要分选城市垃圾中的有机物和无机物。风力分选系统如图 5-8 所示。其方法是先将城市垃圾破碎到一定粒度，再将水分调整在 45%以下，定量送入卧式惯性分离机分选；当垃圾在机内落下之际，受到鼓风机送来的水平气流吹散，即可粗分为重物质（金属、瓦块、砖石类）、次重物质（木块、硬塑料类）和轻物质（塑料薄膜、纸类）；这些物质分别送入各自的振动筛筛分成大小两级后，由各自的立式锯齿形风力分选装置分离成有机物和无机物。

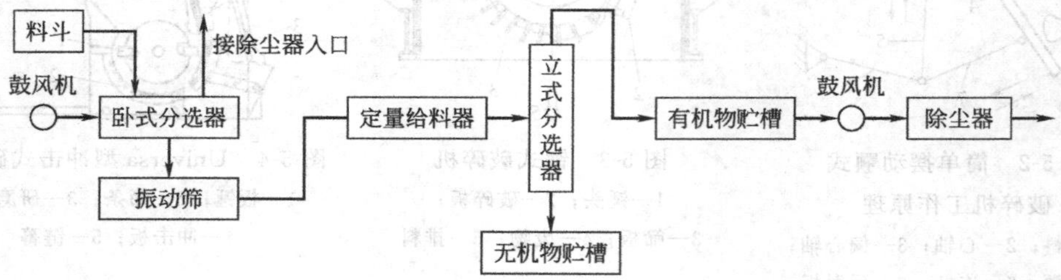

图 5-8　风力分选系统

（2）浮选　浮选法是利用较重的水质（海水或泥浆水）与较轻的碳质（焦），在大水量、高流速的条件下，借助水-炭二者之间的密度差将焦与渣自然分离。如大连化学公司化肥厂利用丰富的海水资源，用浮选法每年可回收粒度大于 16mm 以上的焦炭 7000～7500t，返炉制氨约 3500t/a，经济效益十分显著。该法较为先进，投资也少，但必须临近海边，不能为一般厂家所采用。

（3）磁选　它是利用工业废渣中不同组分磁性的差异，在不均匀磁场中实现分离的一种分选技术。

（4）筛分　它是根据化工废渣颗粒尺寸大小进行分选的一种方法。一个均匀筛孔的筛分器只允许小于筛孔的颗粒通过，较大颗粒则留在筛面上被排除。筛分有湿筛和干筛两种操作，化工废渣多采用干筛，如炉渣的处理。其他还有一些分选技术，如惯性分选、淘汰分选、静电分选等。

3. 焚烧法

焚烧法是将可燃固体废物置于高温炉内，使其中可燃成分充分氧化的一种处理方法。焚烧法的优点是可以回收利用固体废物内潜在的能量，减少废物的体积（一般可减少 80%～90%），破坏有毒废物的组成结构，使其最终转化为化学性质稳定的无害化灰渣，同时还可彻底杀灭病原菌、消除腐化源。焚烧法的缺点是只能处理含可燃物成分高的固体废物，否则必须添加助燃剂，增加运行费用。另外，该法投资比较大，处理过程中不可避免地会产生可造成二次污染的有害物质，从而产生新的环境问题。

影响焚烧的因素主要有四个方面，即温度、时间、湍流程度和供氧量。为了尽可能焚毁废物，并减少二次污染的产生，焚烧的最佳操作条件是：足够的高温；足够的停留时间；良好的湍流；充足的氧气。

适合焚烧的废物主要是那些不可再循环利用或安全填埋的有害废物，如难以生物降解的、易挥发和扩散的、含有重金属及其他有害成分的有机物、生物医学废物（医院和医学实验室所产生的需特别处理的废物）等。

4. 填埋法

填埋法即土地填埋法。目前，采用较多的土地填埋方法是卫生土地填埋、安全土地填埋和浅地层处置法。

（1）卫生土地填埋　卫生土地填埋是处置垃圾而不会对公众健康及环境造成危害的一种方法。通常是每天把运到土地填埋场的废物在限定的区域内铺散成 40～75cm 薄层，然后压实以减少废物的体积，并在每天操作之后用一层厚 15～30cm 的土壤覆盖、压实，废物层和土壤覆盖层共同构成一个单元，即填筑单元。具有同样高度的一系列相互衔接的填筑单元构成一个升层。完成的卫生土地填埋场地是由一个或多个升层组成的。当土地填埋场达到最终的设计高度之后，再在该填埋层之上覆盖一层 90～120cm 厚的土壤，压实后就得到一个完整的卫生土地填埋场。卫生土地填埋场剖面图见图 5-9。

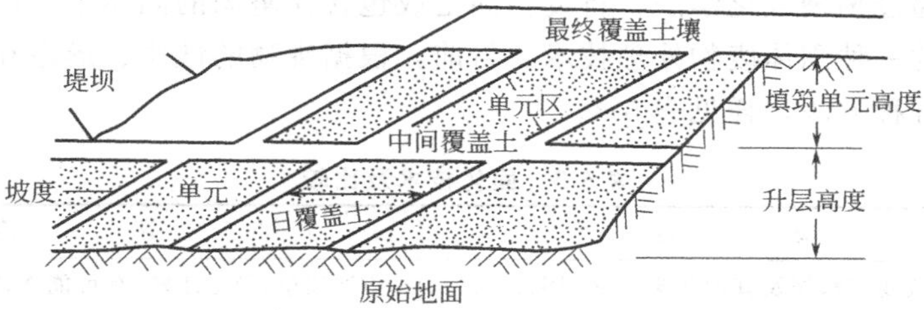

图 5-9　卫生土地填埋场剖面图

（2）安全土地填埋　安全土地填埋是在卫生土地填埋技术基础上发展起来的、一种改进了的卫生土地填埋。其结构和安全措施比卫生土地填埋场更为严格。

安全土地填埋选址要远离城市和居民较稠密的安全地带，土地填埋场必须有严密的人造或天然衬里，下层土壤或土壤同衬里相结合部渗透率小于 10^{-8}cm/s；填埋场最底层应位于地下水位之上；要采取适当的措施控制和引出地表水；要配备严格的浸出液收集、处理及监测系统；设置完善的气体排放和监测系统；要记录所处置废物的来源、性质及数量，把不相容的废物分开处置。若此类废物在处置前进行稳态化预处理，填埋后更为安全，如进行脱水、固化等预处理。

5. 堆肥

堆肥就是依靠自然界广泛分布的细菌、放线菌、真菌等微生物，有控制地促进可微生物降解的有机物向稳定的腐殖质转化的生物化学过程。根据处理过程中起作用的微生物对氧气要求的不同，堆肥可分为好氧堆肥法和厌氧堆肥法两种。

（1）好氧堆肥法　好氧堆肥法是在有氧的条件下，通过好氧微生物的作用使有机废物达到稳定化、转变为有利于作物吸收生长的有机物的方法。堆肥的微生物学过程如图 5-10 所示。

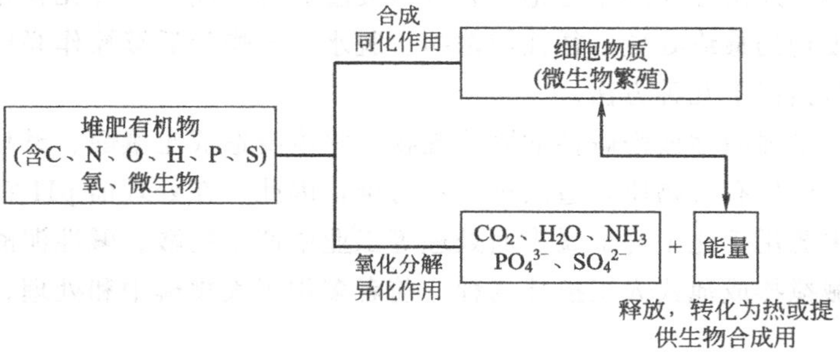

图 5-10　有机堆肥好氧分解过程

参与好氧堆肥的微生物主要包括：嗜温菌和嗜热菌。依据温度变化，好氧微生物降解过程大致分为三个阶段：升温阶段、高温阶段、降温和腐熟保肥阶段。

(2) 厌氧堆肥法　在不通气的条件下，将有机废物进行厌氧发酵，制成有机肥料，使固体废物无害化的过程。堆肥方式与好氧堆肥法相同，但堆内不设通气系统，堆温低，腐熟及无害化所需时间较长，堆肥简便、省工。

(3) 堆肥过程的影响因素　影响堆肥速度和堆肥质量的因素很多，主要有：固体颗粒的大小、温度、通风强度、物料含水率、物料的酸碱度、物料的营养平衡等。

6. 固化法

固化法是指通过物理或化学法，将废物固定或包含在坚固的固体中，以降低或消除有害成分的溶出特性的一种固体废物处理技术。目前，根据废物的性质、形态和处理目的可供选择的固化技术有五种方法，详见表 5-3。

表 5-3　固化技术及比较

方法	要点	评论
水泥基固化法	将有害废物与水泥及其他化学添加剂混合均匀，然后置于模具中，使其凝固成固化体，将经过养生后的固化体脱模，经取样测试，其有害成分含量低于规定标准，便达到固化目的	方法简单，稳定性好，有可能作建筑材料，对固化的无机物，如氧化物可互溶，硫化物可能延缓凝固和引起破裂，除非是特种水泥，卤化物易浸出，并可能延缓凝固，重金属、放射性废物互溶
石灰基固化法	将有害废物与石灰及其他硅酸盐类，并配以适当的添加剂混合均匀，然后置于模具中，使其凝固成固化体，固化体脱模、取样测试方式和标准与“水泥基固化法”同	方法简单，固化体较为坚固，对固化的有机物，如有机溶剂和油等多数抑制凝固，可能蒸发逸出，对固化的无机物如氧化物、硫化物互溶，卤化物可能延缓凝固并易于浸出，重金属、放射性废物互溶
热塑性材料固化法	将有害废物同沥青、柏油、石蜡或聚乙烯等热塑性物质混合均匀，经过加热冷却后使其凝固而形成塑胶性物质的固化体	固化效果好，但费用较高，只适用于某种处理量少的剧毒废物。对固化的有机物，如有机溶剂和油，在加热条件下可能蒸发逸出。对无机物如硝酸盐、次氯化物、高氯化物及其他有机溶剂等则不能采用此法，但与重金属、放射性废物互溶
高分子有机物聚合稳定法	将高分子有机物如脲醛等与不稳定的无机化学废物混合均匀，然后将混合物经过聚合作用而生成聚合物	此法与其他方法相比，只需少量的添加剂，但原料费用较昂贵，不适于处理酸性以及有机废物和强氧化性废物，多数用于体积小的无机废物
玻璃基固化法	将有害废物与硅石混合均匀，经高温熔融冷却后而形成玻璃固化体	固化体性质极为稳定，可安全地进行处置，但费用昂贵只适于处理极有害化学废物和强放射性废物

7. 化学法

化学处理是通过化学反应使固体废物变成另外的安全和稳定的物质，使废物的危害性降到尽可能低的水平。此法往往用于有毒、有害的废渣处理，属于一种无害化处理技术。化学处理法不是固体废物的最终处置，往往与浓缩、脱水、干燥等后续操作联用，从而达到最终处置的目的。其包括以下几种方法。

(1) 中和法　呈强酸性或强碱性的固体废物，除本身造成土壤酸、碱化外，往往还会与其他废弃物反应，产生有害物质，造成进一步污染，因此，在处理前 pH 宜事先中和到应用范围内。该方法主要用于化工与金属表面处理等工业中产生的酸、碱性泥渣。中和反应设备可以采用罐式机械搅拌或池式人工搅拌两种，前者多用于大规模中和处理，后者则多用于间断的小规模处理。

(2) 氧化还原法　通过氧化或还原化学反应，将固体废物中可以发生价态变化的某些有毒、有害成分转化成为无毒或低毒且具有化学稳定性的成分，以便无害化处置或进行资源回收。例如对铬渣的无害化处理，由于铬渣中的主要有害物质是四水铬酸钠（$Na_2CrO_4 \cdot 4H_2O$）和铬酸钙（$CaCrO_4$）中的六价铬，因而需要在铬渣中加入适当的还原剂，在一定条件下使六价铬还原为三价铬。经过无害化处理的铬渣，可用于建材工业、冶金工业等部门。

（3）化学浸出法　该法是选择合适的化学溶剂（浸出剂，如酸、碱、盐水溶液等）与固体废物发生作用，使其中有用组分发生选择性溶解然后进一步回收的处理方法。该法可用于含重金属的固体废物的处理，特别是在石化工业中废催化剂的处理上得到广泛应用。下面以生产环氧乙烷的废催化剂的处理为例来加以说明。

用乙烯直接氧化法制环氧乙烷，大约每生产1t产品要消耗18kg银催化剂，因此，催化剂使用一段时期（一般为两年），就会失去活性成为废催化剂。回收的过程由以下三个步骤组成。

① 以浓HNO_3为浸出剂与废催化剂反应生成$AgNO_3$、NO_2和H_2O。

$$Ag+2HNO_3 \longrightarrow AgNO_3+NO_2+H_2O$$

② 将上述反应液过滤得$AgNO_3$溶液，然后加入NaCl溶液生成AgCl沉淀。

$$AgNO_3+NaCl \longrightarrow AgCl\downarrow+NaNO_3$$

③ 由AgCl沉淀制得产品银。

$$6AgCl+Fe_2O_3 \longrightarrow 3Ag_2O\downarrow+2FeCl_3$$

$$2Ag_2O \longrightarrow 4Ag+O_2$$

该法可使催化剂中银的回收率达到95%，既消除了废催化剂对环境的污染，又取得了一定的经济效益。

三、化工废渣的来源与特点

化工生产的特点是原料多、生产方法多、产品种类多、产生废物多。各种化工原料约有2/3变成废物，这些废物中约有二分之一固体废物。在治理废水或废气过程中也会有新的废渣产生，这些化工废渣对环境造成危害。化学工业固体废物一般按废物产生的行业和生产工艺过程进行分类。如硫酸生产中产生的硫铁矿烧渣；聚氯乙烯等生产中产生的电石渣。

生产工序中产生的废渣有硫铁矿烧渣、铬渣、电石渣、磷肥渣、纯碱渣、废催化剂、废有机物、废塑料、下脚料等；辅助生产工序产生的废渣有污水处理浮渣、沉淀污泥、活性污泥、炉（灰）渣、废气处理收集物、生活垃圾等。

化工废渣的特点主要有以下三点。

（1）废弃物产生和排放量比较大。化学工业固体废物产生量较大，约占全国固体废物产生量的6.16%。

（2）化工固体废物中危险废弃物种类多，有毒物质含量高。化学工业固体废物中，有相当一部分具有剧毒性、反应性、腐蚀性等特征，对人体健康和环境有危害或潜在危害。常见化工危险废物主要有以下几类。

① 四氯乙烯、二氯甲烷、丙烯腈、环氧氯丙烷、苯酚、硝基苯、苯胺等有机物原料生产中用过的废溶剂（卤化或非卤化）、产生的蒸馏重尾馏分、蒸馏釜残液、废催化剂等；

② 三氯酚（$C_6H_3Cl_3O$）、四氯酚（$C_6H_2Cl_4O$）、氯丹（$C_{10}H_6Cl_8$）、乙拌磷（$C_8H_{19}O_2PS_3$）、毒杀芬（$C_{10}H_{10}Cl_8$）等农药及其中间体生产中产生的蒸馏釜残液、过滤渣、废水处理剩余的活性污泥等；

③ 铬黄、锌黄、氧化铬绿等无机颜料、氯化法钛白粉生产中产生的废渣和废水处理

污泥；

④ 水银法烧碱生产中产生的含汞盐泥，隔膜法烧碱生产中产生的废石棉绒；

⑤ 炼焦生产氨蒸馏塔的石灰渣、沉降槽焦油渣等。

（3）废弃物再资源化可能性大。化工固体废物组成中有相当一部分是未反应的原料和反应副产物，都是很宝贵的资源，如硫铁矿烧渣、合成氨造气炉渣、烧碱盐泥等，可用作制砖、水泥的原料。一部分硫铁矿烧渣、废胶片、废催化剂中还含有金、银、铂等贵金属，有回收利用的价值。

四、化工废物处理方法

化工废物综合利用及处理大致可分为以下几种方法。

1. 物理法

主要包括筛选法、重力分选法、磁选法、电选法、光电分选法、浮选法等。

2. 物理化学法

主要包括离析法、烧结法、挥发法、汽提法、萃取法、电解法等。

3. 化学法

主要包括溶解法、浸出法、化学处理法、热解法、焚烧法、湿式氧化法等。

4. 生物化学法

主要包括细菌浸出法和消化法。

5. 其他法

主要包括浓缩干化、代燃料、填埋、农用、建材等。

第二节　典型的化工废渣处理

一、塑料废渣的处理

塑料废渣属于废弃的有机物质，主要来源于树脂的生产过程、塑料的制造加工过程以及包装材料。塑料在低温条件下可以软化成型。在有催化剂的作用下，通过适当温度和压力，高分子可以分解为低分子烃类。根据各种塑料废渣的不同性质，经过预分选后，废塑料可进行熔融固化或热分解处理。

1. 再生处理法

再生处理需根据各种废渣的不同性质，分别对待。不同类型的塑料废渣，预先可以借助外观及其他特征加以鉴别区分。混合塑料废渣鉴别时通常采用分选技术。

对单一种类热塑性塑料废渣进行再生称为单纯性再生即熔融再生。整个再生过程由分选、粉碎、洗涤、干燥、造粒或成型等几个工序组成。图 5-11 为塑料废渣熔融再生工艺流程。

（1）分选　分选的目的是要得到单一种类的热塑性塑料废渣，而将其他夹杂物分选出

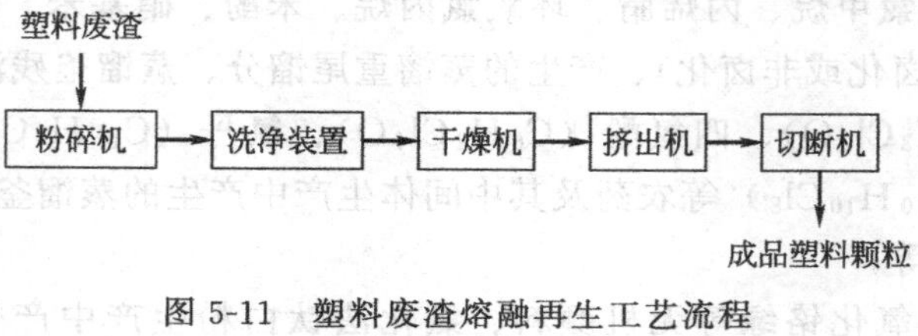

图 5-11　塑料废渣熔融再生工艺流程

去。分选之前经常需要先将塑料废渣粉碎，并粉碎到一定程度之后进行分选。

(2) 粉碎　除对塑料废渣在分选之前需要进行粉碎之外，在送入挤出机之前，往往还需要对塑料废渣作进一步粉碎。对小块塑料废渣一般可采用剪切式粉碎机，对大块废渣则以采用冲击式粉碎机效果较好。

(3) 洗涤和干燥　塑料废渣常常带有油、泥沙及污垢等不清洁物质，故需进行洗涤处理，一般用碱水洗或酸洗，然后再用清水冲洗，洗干净之后还需进行干燥以免有水分残留而影响再生制品的质量。

(4) 挤出造粒或成型　把经过洗净、干燥的塑料废渣，如果不再需要粉碎的话，就可以直接送入挤出机或者直接送入成型机，经加热使其熔融后便可以造粒或成型。

在造粒或成型过程中，通常还需要添加一定数量的增塑剂、稳定剂、润滑剂、颜料等辅助材料。辅助材料的选择和配方，应根据废渣的材料品种和情况来决定。

2. 热分解法

热分解法是通过加热等方法将塑料高分子化合物的链断裂，使之变成低分子化合物单体、燃烧气或油类等，再加以有效利用的一项技术。塑料热分解技术可以分为熔融液槽法、流化床法、螺旋加热挤压法、管式加热法等。

熔融液槽热分解法工艺流程如图 5-12 所示。将经过破碎、干燥的废塑料加入熔融液槽中，进行加热熔化使其进入分解。熔融槽温度为 300～350℃，而分解温度为 400～500℃。各槽均靠热风加热，分解槽有泵进行强制循环，槽上部设有回流区（200℃左右），以便控制温度。焦油状或蜡状高沸点物质在冷凝器凝缩分离后需返回槽内再加热，进一步分解成低分子物质。低沸点成分的蒸气，在冷凝器内分离成冷凝液和不凝性气体，冷凝液再经过油水分离后，可回收油类。该油类黏度低，但沸点范围广，着火点极低，最好能除去低沸点成分后再加以利用。不凝性气态化合物，经吸收塔除去氯化物等气体后，可作燃烧气使用。回收油和气体的一部分可用作液槽热风的能源。本工艺的优点是可以任意控制温度而不致堵塞管路系统。

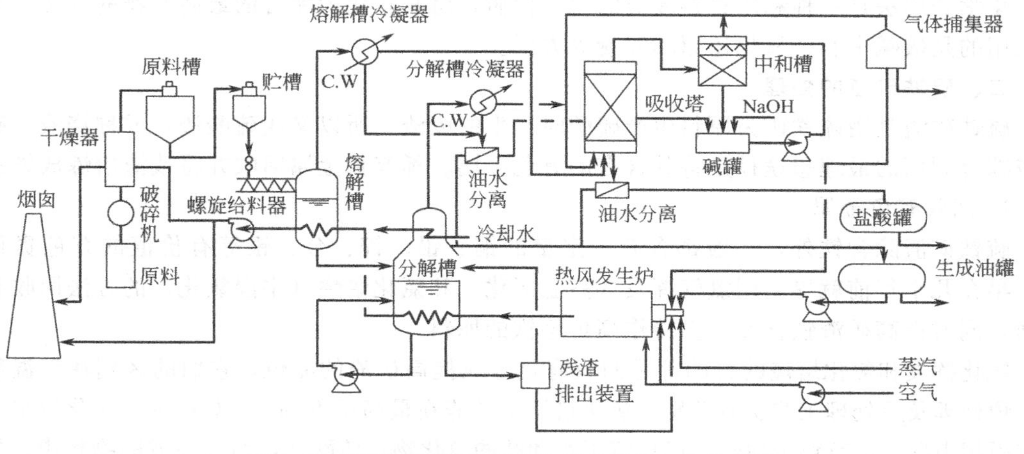

图 5-12　熔融液槽热分解法处理废塑料工艺流程图

3. 焚烧法

塑料焚烧法可分为传统的一般法和部分燃烧法两种。前者在一次燃烧室内可以达到高温，由火焰、炉壁等辐射热，使废塑料在一次燃烧室进行热分解。目的是在一次燃烧室内求得彻底的燃烧，但往往燃烧不完全，因而产生煤烟和未燃气体，为此需再经二次或三次燃烧室用助燃喷嘴使之烧尽。部分燃烧法在第一燃烧室控制空气量，在800～900℃的温度下，使废塑料的一部分燃烧，再将热分解气体和未燃气、煤烟等送至第二燃烧室，这里供给充分空气，使温度提高到1000～1200℃完全燃烧。部分燃烧法燃烧充分，产生煤烟少，但热分解速度较慢，处理能力较小。其装置系统如图5-13所示。

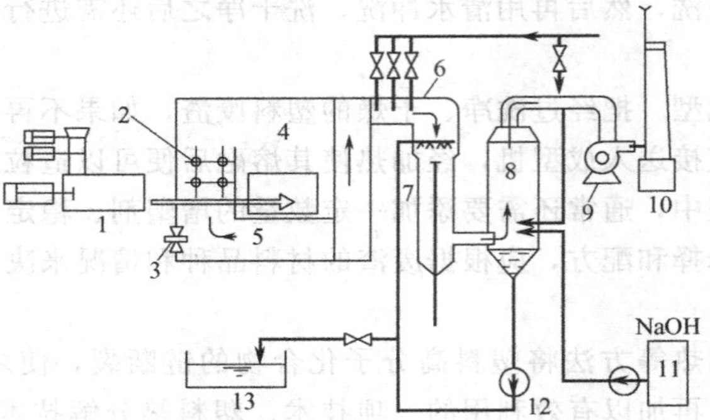

图5-13　部分焚烧法处理废塑料工艺流程图

1—加料装置；2—空气喷嘴；3—重油烧罐；
4—一次燃烧室；5—二次燃烧室；6—气体冷却室；
7—湿式喷淋塔；8—气液分离器；9—抽风机；
10—烟囱；11—碱罐；12—循环泵；13—排水槽

4. 湿式氧化和化学处理方法

湿式氧化法就是在一定的温度和压力条件下，使塑料渣在水溶液中进行氧化，转化成不会造成污染危害的物质，而且也可以回收能源。对塑料废渣采用湿式氧化法进行处理，与焚烧法相比，具有操作温度低、无火焰生成、不会造成二次污染等优点。根据报道，一般塑料废渣在3.92MPa的压力下和120～370℃温度下，均可在水溶液中进行氧化反应。

化学处理法是一种利用塑料废渣的化学性质，将其转化为无害的最终产物的方法。最普遍采用的是酸碱中和、氧化还原和混凝等方法。

二、硫铁矿渣的处理

硫铁矿渣是用硫铁矿为原料生产硫酸时产生的废渣，所以又叫硫酸渣，或称烧渣。硫铁矿渣综合利用的最理想途径是将其含有的有色金属、稀有贵金属回收并将残渣冶炼成铁。

1. 回收有色金属

硫铁矿渣除含铁外，一般都含有一定量的铜、铅、锌、金、银等有价值的有色贵重金属。早在几十年前就提出用氯气挥发（高温氯化）和氯化焙烧（中温氯化）的方法回收有色金属，同时提高矿渣铁含量，直接作高炉炼铁的原料。

氯化挥发和氯化焙烧的目的都是回收有色金属提高矿渣的品位，它们的区别在于温度不同，预处理及后处理工艺也有差别。氯化焙烧是矿渣在最高温度600℃左右进行氯化反应，主要在固相中反应，有色金属转化成可溶于水和酸的氯化物及硫酸盐，留在烧成的物料中，然后经浸渍、过滤使可溶性物与渣分离。溶液可回收有色金属，渣经烧结后作为高炉炼铁原料。氯化挥发法是将矿渣造球，然后在最高温度1250℃下与氯化剂反应，生成的有色金属氯化物挥发随炉气排出，收集气体中的氯化物，回收有色金属。氯化反应器排出的渣可直接用于高炉炼铁。具有代表性的工厂是日本光和精矿户佃工厂。光和精矿法高温氯化流程见图5-14。

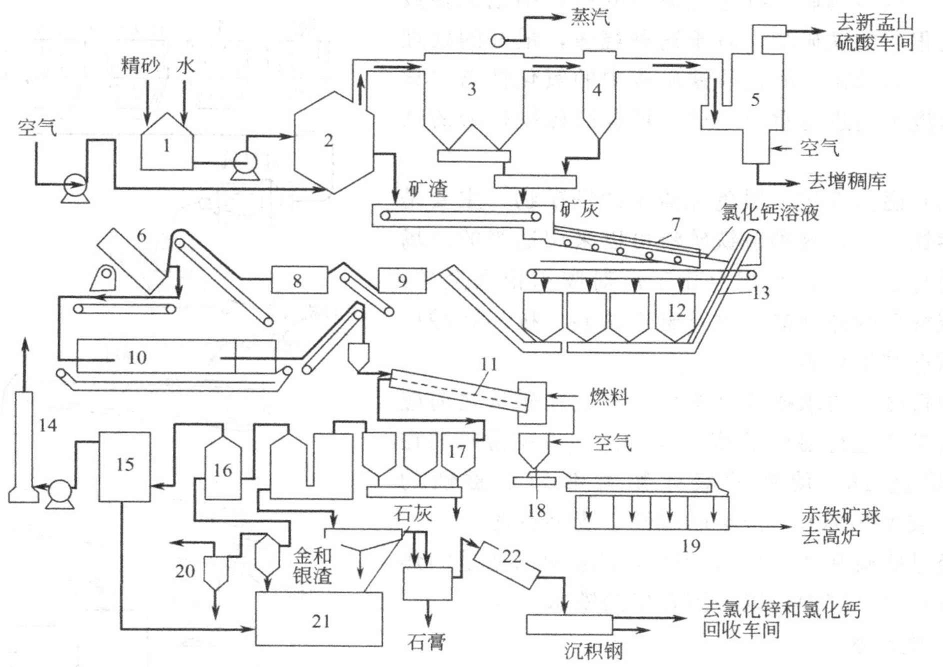

图 5-14 光和精矿法高温氯化流程图

1—搅拌器；2—沸腾炉；3—废热锅炉；4—旋风器；5—洗涤器；6—圆盘造球机；7—矿渣冷却器；8—捏土磨机；9—球磨机；10—输送干燥器；11—回转窑；12—掺和仓；13—循环输送机；14—烟囱；15—除雾器；16—冷却及洗涤塔；17—集尘室；18—球冷却器；19—球仓；20—真空冷却器；21—铝、银、金和铁回收车间；22—转鼓

2. 烧渣炼铁

硫铁矿渣炼铁的主要问题是含硫量较高，按原化工部颁布标准，规定沸腾炉焙烧工序得到的硫铁矿渣残硫量不得高于0.5%，现在一般为1%～2%，这给炼铁脱硫工作带来很大负担，影响生铁质量。其次是含铁量较低，一般只有45%，且波动范围大，直接用于炼铁，经济效果并不理想，所以在用于炼铁之前，还需采取预处理措施，以提高含铁品位。

降低硫含量可用水洗法去除可溶性硫酸盐，也可用烧结选块方法来脱硫。一般烧结选块脱硫率为50%～80%。将硫铁矿渣100kg、无烟煤或焦粉10kg，块状石灰15kg拌匀后在回转炉中烧结8h，得到烧结矿，含残硫从0.8%～1.5%降至0.4%～0.8%。提高硫铁矿渣铁品位大致有以下几种方法。

(1) 提高硫铁矿含铁量 我国硫铁矿原料含硫量仅为35%～40%，相应的硫铁矿渣含铁量就更低。如把现用的原料尾砂再浮选一次，得到精矿生产，不但对硫酸制造有利，也给硫铁矿渣的综合利用带来方便。

表 5-4 硫铁矿渣磁选结果

编号	化学组成/%				一次磁选			二次磁选		
	TFe	FeO	S	SiO_2	TFe	S	铁回收率/%	TFe	S	铁回收率/%
1	49.15	10.50	2.06	10.80	54.65	1.28	75.49	55.49	0.71	68.40
2	51.99	22.89	2.57	10.55	56.69	2.16	89.92	57.65	1.1	83.62

（2）重力选矿 红色烧渣中的铁矿物绝大多数是磁性很弱的铁矿物。对于这种烧渣，最好的处理方法是重力选矿。根据硫铁矿渣中的氧化铁与二氧化硅密度不同进行重力选矿，可提高硫铁矿渣的铁含量。

（3）磁力选矿 黑色烧渣中的铁矿物，主要是以磁性铁为主，这种硫铁矿渣可以采用适当的磁场强度进行选矿。山东烟台化工厂对胶东招远金矿、杭州硫酸厂的硫铁矿渣进行磁选试验。杭州硫酸厂烧渣磁选结果见表 5-4。

进行磁选要求矿渣呈磁性，因此在磁选之前应将硫铁矿渣进行磁性焙烧，即加入 5%炭粉或油在800℃焙烧 1h，使铁的氧化物大部分呈磁性的 Fe_3O_4 或 γ-Fe_2O_3，产生的磁性矿渣再磁选。

经过脱硫和选矿后的精硫铁矿渣配以适量的焦炭和石灰进入高炉可以得到合格的铁水。

3. 生产水泥

高炉炼铁以及其他转炉冶炼都不能利用高硫渣，而应用回转炉生铁-水泥法可以利用高硫烧渣制得含硫合格的生铁，同时得到的炉渣又是良好的水泥熟料。用烧渣代替铁矿粉作为水泥烧成时的助溶剂，既可满足需要的含铁量，又可以降低水泥的成本。见图 5-15 所示。

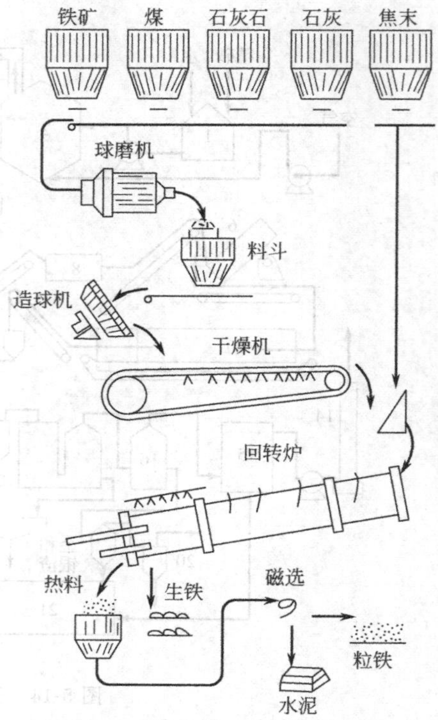

图 5-15 回转炉生铁-水泥法流程示意图

第三节 污泥的处理与处置

在给水和废水（包括污水）处理中，采用各种分离方法去掉溶解的、悬浮的或胶体的固体物质后所剩的沉渣统称为污泥。

一、污泥的来源、分类及特性

污泥有的是从废水中直接分离出来的，如沉砂池中的沉渣、初次沉淀池中的沉淀物、隔油池和浮选池中的油渣等；有的是在处理过程中产生的，如酸性废水石灰中和产生的化学污泥、废水混凝处理产生的沉淀物、废水生物处理产生的剩余活性污泥或生物膜等。

污泥的种类很多，分类较复杂，根据来源分有生活污水污泥、工业废水污泥和给水污泥三类。根据污泥的主要成分可分为污泥和沉渣两类。污泥的主要特性是有机物含量高，容易腐化发臭，颗粒较细，密度较小，含水率高，不易脱水，呈胶状结构的亲水性物质。初次沉淀池、二次沉淀池的沉淀物均属污泥。沉渣的主要特性是组分以无机物为主、颗粒较粗、密度较大、易脱水，但流动性较差。沉砂池以及某些工业废水在物理、化学处理过程中的沉淀物均属沉渣。

二、污泥的处理及处置

污泥处理：污泥经单元工艺组合处理，达到减量化、稳定化、无害化目的的全过程。

污泥处置：处理后的污泥，弃置于自然环境中（地面、地下、水中）或再利用，能够达到长期稳定并对生态环境无不良影响的最终消纳方式。

污泥的处理目的一是减少污泥的体积，即降低含水率，为后续处理、利用、运输创造条件。二是使污泥无害化、稳定化。污泥中常含有大量的有机物，也可能含有多种病原菌。有时还含有其他有毒有害物质，必须消除这些会散发恶臭、导致病害及污染环境的因素。三是通过处理改善污泥的成分和某种性质，以利于应用并达到回收能源和资源的目的。

为了实现污泥处理的目的，常采用浓缩、消化、化学调理、干化、干燥、脱水、焚烧等工艺对污泥进行处理，如图 5-16 所示。通过生产实践表明，污泥脱水用单一方法很难奏效，必须采用几种方法配合使用，才能收到良好的脱水效果。

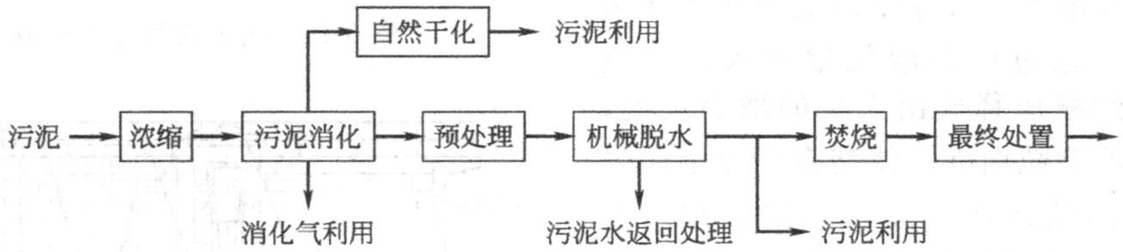

图 5-16　污泥处理的一般流程

（一）污泥的处理

1. 污泥的调理

污泥的调理是为了提高污泥浓缩、脱水效率的一种预处理方法。主要有化学调节法、淘洗法、热处理法和冷冻法四种。

（1）化学调节法　化学调节法就是在污泥中加入适量的助凝剂、混凝剂等化学药剂，使污泥颗粒絮凝，改善污泥的脱水性能。

助凝剂的主要作用在于提高混凝剂的混凝效果。常用的助凝剂有硅藻土、珠光体、酸性白土、锯屑、污泥焚烧灰、电厂粉尘及石灰等惰性物质。

混凝剂的主要作用是通过中和污泥胶体颗粒的电荷和压缩双电层厚度，减少粒子和水分子的亲和力，使污泥颗粒脱稳，改善其脱水性。常用的混凝剂包括无机混凝剂和高分子聚合电解质两类。无机混凝剂有铝盐和铁盐，高分子聚合电解质有聚丙烯酰胺和聚合铝等。

化学调节的关键是化学药品的选择和投药量的确定，通常通过实验室试验来确定。

（2）淘洗法　污泥的淘洗是将污泥与 3～4 倍污泥量的水混合后再进行沉降分离的一种方法。污泥的淘洗仅适用于消化污泥的预处理，目的在于降低碱度，节省混凝剂用量，降低机械脱水的运行费用。淘洗可分为一级淘洗、二级淘洗或多级淘洗，淘洗水用量为污泥量的 3～5 倍。经过淘洗的污泥，其碱度可从 2000～3000mg/L 降至 400～500mg/L，可节省 50％～80％的混凝剂。

淘洗过程是：泥水混合→淘洗→沉淀。三者可以分开进行，也可在合建的同一池内进行。如果在池内辅以空气搅拌或机械搅拌，可以提高淘洗效果。

2. 浓缩

污泥浓缩是指通过污泥增稠来降低污泥的含水率并减少污泥的体积。主要有重力浓缩、离心浓缩和气浮浓缩三种方法。工业上主要采用后两种，中小型规模装置多采用重力浓缩。

（1）重力浓缩　重力浓缩是一种重力沉降过程，依靠污泥中固体物质的重力作用进行沉降与压密。它是在浓缩池内进行的，污泥浓缩池分为间歇式和连续式两种。

间歇式污泥浓缩池是一种圆形水池，底部有污泥斗（见图 5-17）。工作时，先将污泥充满全池，经静止沉降，浓缩压密，池内形成上清液区、沉降区和污泥层。定期从侧面分层排出上清液，浓缩后的污泥从底部泥斗排出。

连续式污泥浓缩池与沉淀池构造相类似，可分为竖流式和辐流式两种。图 5-18 所示为带有刮泥机与搅动装置的浓缩池，池底坡度一般为 1/100，污泥通过污泥管排出。浓缩时间一般为 10～16h，刮泥机的转速为 0.75～4r/h。

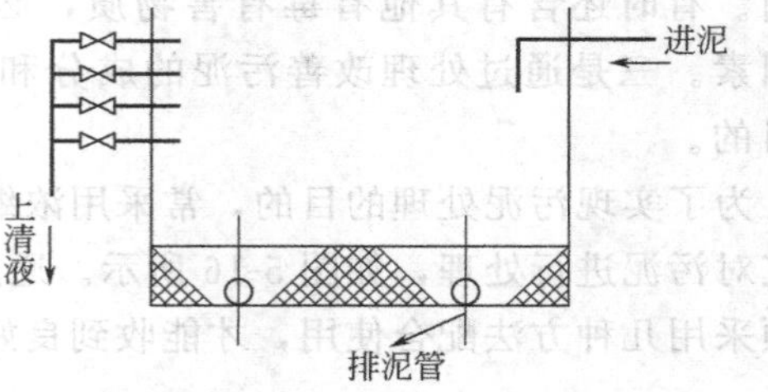

图 5-17　间歇式污泥浓缩池

(2) 气浮浓缩　气浮浓缩是采用加压溶气气浮原理，通过压力溶气罐溶入过量空气，然后突然减压释放出大量的微小气泡，并附着在污泥颗粒周围，使其密度减小而强制上浮，从而使污泥在表层获得浓缩。因此，溶气气浮法适用于相对密度接近于 1 的活性污泥的浓缩。

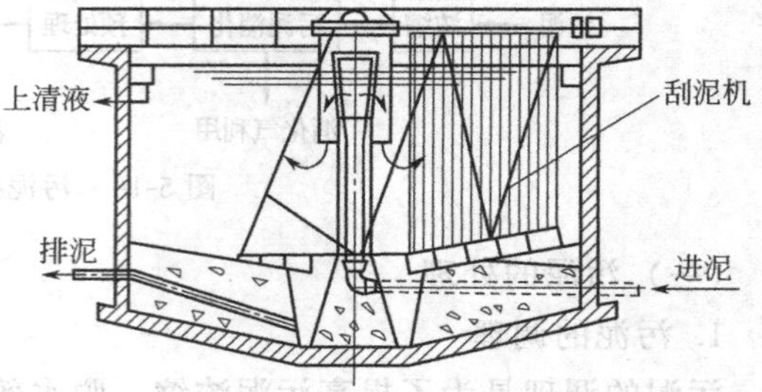

图 5-18　带刮泥机与搅动装置的连续式污泥浓缩池

溶气气浮浓缩的工艺流程如图 5-19 所示，它与废水的气浮处理基本相同。

3. 消化

(1) 污泥的厌氧消化　厌氧消化是污泥处理的重要方法之一，它利用厌氧微生物分解污泥中有机物，使污泥趋于稳定。

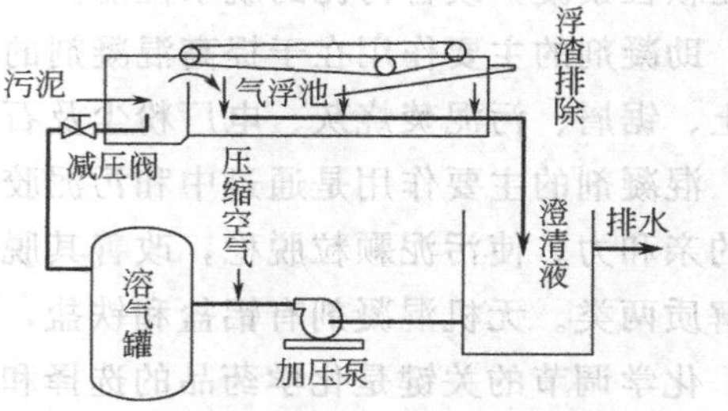

图 5-19　气浮浓缩的工艺流程

污泥厌氧消化是一个极其复杂的过程，厌氧消化被概括为两个阶段：第一阶段为酸性发酵阶段，有机物在产酸细菌的作用下，分解成脂肪酸及其他产物，并合成新细胞；第二阶段为甲烷发酵阶段，脂肪酸在专性厌氧菌——产甲烷菌的作用下转化为 CH_4 和 CO_2。

影响污泥消化的因素主要包括：温度、生物固体停留时间与负荷、搅拌和混合、营养与 C/N 比、氮的守恒与转化、有毒物质等。

(2) 污泥的好氧消化　污泥好氧消化处于内源呼吸阶段，细胞质反应方程如下：

$$C_5H_7NO_2 + 7O_2 \longrightarrow 5CO_2 + 3H_2O + H^+ + NO_3^-$$

好氧消化池工艺如图 5-20 所示。

好氧消化有如下主要优缺点。

优点：污泥中可生物降解有机物的降解程度高；上清液 BOD 浓度低；消化污泥量少，无臭、稳定、易脱水，处置方便；消化污泥的肥分高，易被植物吸收；好氧消化池运行管理方法简单，构筑物基建费用低等。缺点：运行能耗多，运行费用高；不能回收沼气；因好氧消化不加热，所以污泥有机物分解程度随温度波动大；消化后的污泥进行重力浓缩时，上清液 SS 浓度高。

4. 机械脱水

污泥机械脱水是通过过滤达到脱水目的的。常采用的脱水机械有真空过滤脱水（真空转鼓、真空吸滤）、压滤脱水机（板框压滤机、滚压带式过滤机）、离心脱水机等。

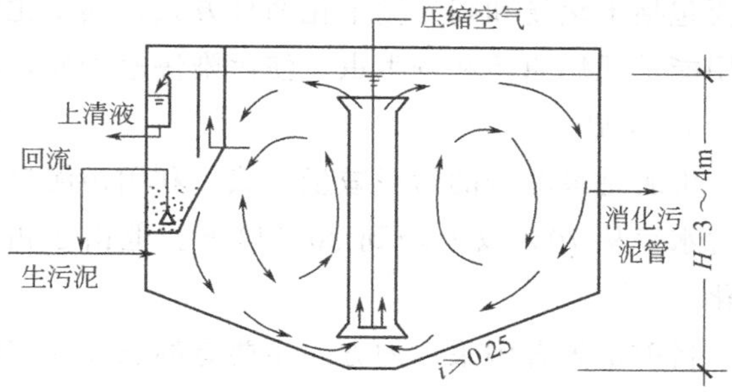

图 5-20 好氧消化池工艺图

（1）真空过滤脱水 真空过滤使用的机械是真空过滤机，如转鼓式真空过滤机。如图 5-21 所示。转鼓每旋转一周，依次经过滤饼形成区、吸干区、反吹区和休止区。

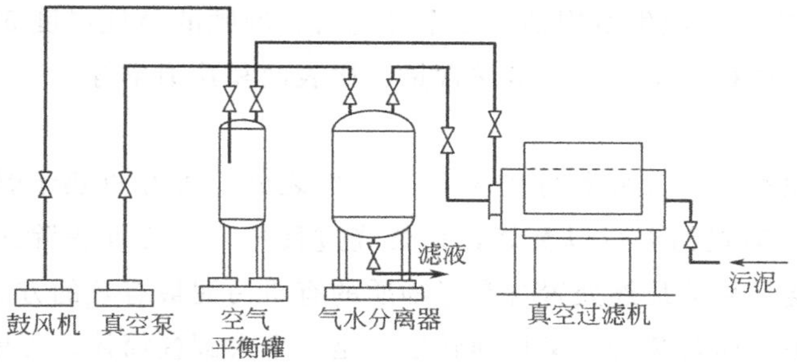

图 5-21 转鼓式真空过滤机脱水的工艺流程图

（2）离心脱水 离心脱水使用的设备为离心机。转筒式离心机的构造如图 5-22 所示。它主要由转筒、螺旋输送器及空心轴所组成。螺旋输送器与转筒由驱动装置传动，沿同一个方向转动，但两者之间有一个小的速差，依靠这个速差的作用，使输送器能够缓慢地输送浓缩的污泥。

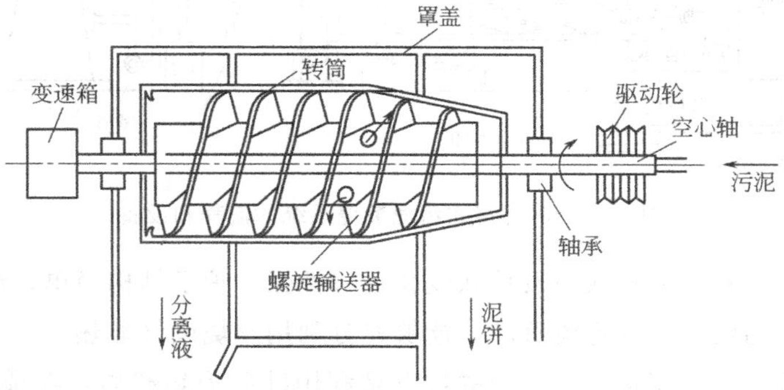

图 5-22 转筒式离心机结构示意图

5. 干化

干化是最有效的减量方式，是在单位时间里将一定数量的热能传给物料所含的湿分，这些湿分受热后汽化，与物料分离，失去湿分的物料与汽化的湿分被分别收集起来，这就是干化的工艺过程。污泥干化可以将污泥含水率从 70%降到 10%以下。

污泥干化包括自然干化和热干化技术：自然干化主要利用太阳能对污染进行干化处理，

主要包括干化场和阳光棚干化两种方式；热干化技术是利用热能将污泥烘干。它的高温灭菌作用能杀死病原菌和寄生虫，使污染快速干燥，避免了臭味对周围环境的影响。

6. 堆肥

堆肥是最廉价的污泥减量方式，利用污泥自身有机质的发酵产生的热量进行蒸发，可以将含水率从70%以上降到30%以下。但由于占地巨大和臭气处理难度，在效率上要低于干化。

目前世界各国采用的方法主要有静态和动态堆肥两种，如自然堆肥法圆柱形分格封闭堆肥法、滚筒堆肥法，这些方法都在不断发展和完善。我国近年还发展了将污泥和城市垃圾等其他物质混合堆肥后加以利用的新方法。一般和污泥进行混合堆肥的物质有城市垃圾、木屑、树皮、稻壳、稻草等有机调理剂或回流堆肥，一般城市垃圾使用较多。堆肥时一次发酵周期约为7～10d左右，二次发酵周期为1个月左右。堆肥的最佳温度50～65℃。堆肥处理时主要影响因素有：原料含水率、有机质含量、比表面和孔隙率等。

7. 焚烧

污泥经浓缩和脱水后，含水率约在60%～80%之间，可经过热干燥进一步脱水，使含水率降至20%左右。有机污泥可以焚烧，在焚烧过程中，一方面去除水分，一方面氧化污泥中的有机物。焚烧是目前最终处置含有毒物质的有机污泥最有效的方法。

(1) 回转焚烧炉　回转焚烧炉又称回转窑，是一个大圆柱筒体，外围有钢箍，钢箍落在转动轮轴上，由转动轮轴带动炉体旋转。回转炉可分为逆流回转炉和顺流回转炉两种类型。污泥焚烧处理，常用逆流回转炉，如图5-23所示。

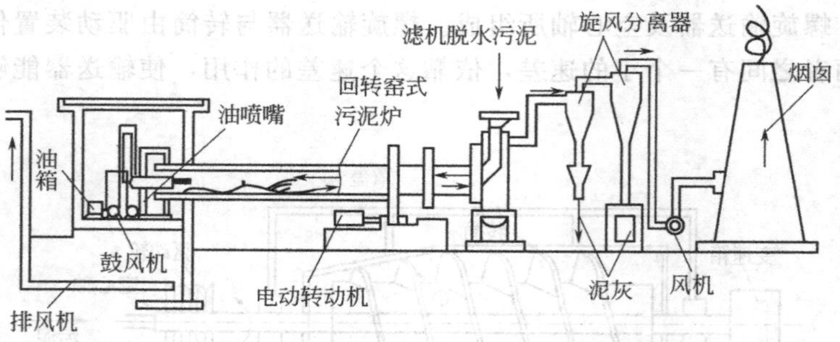

图5-23　回转窑式污泥焚烧系统的流程和设备

回转炉的优点是对污泥投入量及性状变化适应性强；炉子结构简单，温度容易控制，可以进行稳定焚烧；污泥与燃气逆流移动，能够充分利用燃烧废气显热。

(2) 流化床焚烧炉　流化床焚烧炉的特点是利用硅砂为热载体，在预热空气的喷射下，载体形成悬浮状态。泥饼首先经过快速干燥器。干燥器的热源是流化床焚烧炉排出的烟道气。流化床的流化空气用鼓风机吹入，焚烧灰与燃烧气一起飞散出去，用一次旋流分离器加以捕集。流化床焚烧炉的工艺流程见图5-24所示。

流化床焚烧炉的优点是结构简单，接触高温的金属部件少，故障也少；硅砂和污泥接触面积大，热传导效果好；可以连续运行。缺点是操作较复杂，运行效果不够稳定，动力消耗较大。

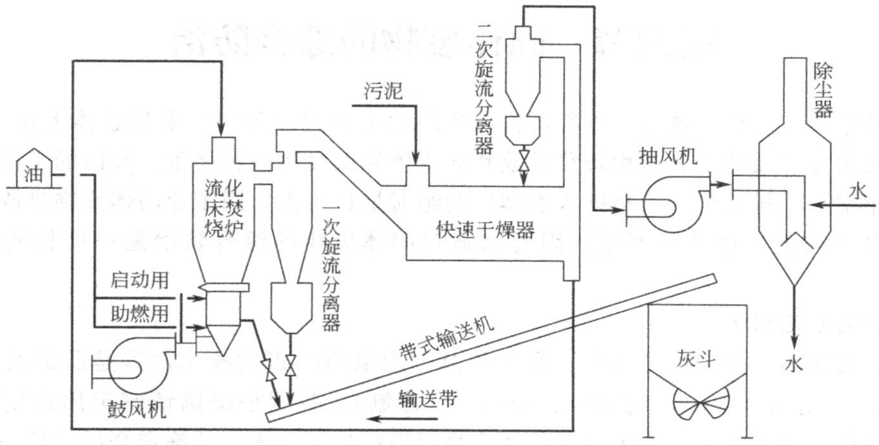

图 5-24 流化床焚烧炉的工艺流程

（二）污泥的处置

1. 卫生填埋

污泥卫生填埋始于 20 世纪 60 年代，到目前为止已经发展成为一项比较成熟的污泥处置技术。污泥卫生填埋基本属厌氧性填埋，仅在初期填埋的污泥表层及填埋区内排水排气管路附近，由于空气的接触扩散形成局部的准好氧填埋方式。虽然污泥在污水处理厂中经过了厌氧中温消化处理，但由于这一过程有机物没有达到完全的降解（进入填埋区的污泥有机物含量仍在 40%左右），因此，污泥在填埋过程中依然存在着一个稳定化降解过程。最终污泥中的可降解的有机质被分解为稳定的矿化物或简单的无机物，并释放出包括 CH_4 和 CO_2 在内的污泥气。然而，由于填埋污泥彻底的稳定化是一个漫长的过程，一般需十几年，甚至几十年。

2. 土地利用

土地利用越来越被认为是一种积极、有效、有前途的污泥处置方式。这种方式主要是将污泥用于农田等施肥垦荒地、贫瘠地等受损土壤的修复及改良园林绿化建设森林土地施用等。用于土地利用的污泥通常是剩余活性污泥。污泥中含有丰富的有机营养成分如氮、磷、钾等和植物所需的各种微量元素如 Ca、Mg、Cu、Zn、Fe 等，其中有机物的浓度一般为 40%～70%，其含量高于普通农家肥。因此能够改良土壤结构，增加土壤肥力，促进作物的生长。如能合理利用将是非常有价值的资源。在国外，污泥及其堆肥作肥源农用已有多年的历史。城市污泥农用比例最高的是荷兰占 55%；其次是丹麦、法国和英国占 45%；美国占 25%。与国外相比我国对城市污泥农用资源化的理论研究与实践均相差甚远，但京、沪、津等地的污泥农用也有二十几年的历史。

3. 资源化利用

除了以上传统的污泥处理处置技术外，还有一些污泥的更深层次的资源化利用途径。主要包括以下几种途径：污泥热解制油技术是通过无氧加热污泥干燥至一定温度，由干馏和热分解作用使污泥转化为油、反应水、不凝性气体（NGG）和炭等 4 种可燃产物。产油的热值高，收集起来后可以作为能源储存。此外，诸如污泥炭化技术、污泥合成燃料技术、污泥制取吸附剂技术、蚯蚓生态床处理剩余污泥、建材利用等污泥资源化利用工艺都有一定的研究和应用。

第四节 固体废物的综合防治

伴随着世界工业化、城市化进程，世界各国的工业固体废物产生量总体上在日益增加。贸易和非法贸易导致的工业废物转移排放和向水体倾倒废物也很严重。我国的工业固体废物产生量逐年增加，排放量（包括排入水体）的绝对量也很大，因工业固体废物排放和堆存造成的污染事故和损失也愈加严重。因此加强对固体废物的综合防治是一项长期而艰巨的任务。

一、综合防治对策

目前，就国内外研究进展而言，在世界范围内取得共识的技术对策是所谓的“3C”原则，即 clean（清洁）、cycle（循环）、control（控制）。我国根据国情制定出近期以“无害化”、“减量化”、“资源化”作为控制固体废物污染的技术政策；并确定今后较长一段时间内应以“无害化”为主，以“无害化”向“资源化”过渡，“无害化”和“减量化”应以“资源化”为条件。

固体废物“无害化”处理的基本任务是将固体废物通过工程处理，达到不损害人体健康，不污染周围的自然环境。如垃圾的焚烧、卫生填埋、堆肥、粪便的厌氧发酵，有害废物的热处理和解毒处理等。

固体废物“减量化”处理的基本任务是通过适宜的手段，减少和减小固体废物的数量和容积。这一任务的实现，需从两个方面着手，一是对固体废物进行处理利用，二是减少固体废物的产生，做到清洁生产。例如，将城市生活垃圾采用焚烧法处理后，体积可减少80%～90%，余烬则便于运输和处置。

固体废物“资源化”的基本任务是采取工艺措施从固体废物中回收有用的物质和能源。固体废物“资源化”是固体废物的主要归宿。相对于自然资源来说，固体废物属于“二次资源”和“再生资源”范畴，虽然它一般不再具有原使用价值，但是通过回收、加工等途径可以获得新的使用价值。

二、资源化系统

所谓“资源化系统”就其广义来说，它是表示资源的再循环，指的是从原料制成成品，经过市场直到最后消费变成废物又引入新的生产-消费的循环系统。

从资源开发过程看，利用固体废物作原料，可以省去开矿、采掘、选矿、富集等一系列复杂工作，保护和延长自然资源寿命，弥补资源不足，保证资源永续，且可节省大量的投资，降低成本，减少环境污染，保持生态平衡，具有显著的社会效益。以开发有色金属为例，每获得 1t 有色金属，要开采出 33t 矿石，剥离出 26.6t 围岩，消耗成百吨水和 8t 左右的标煤，而且要产生几十吨的固体废物以及相应的废气和废水。

许多固体废物含有可燃成分，且大多具有能量转换利用价值。如具有高发热量的煤矸石，既可通过燃烧回收热能或转换为电能，也可用来代替土节煤生产内燃砖等。表 5-5 列出了可作为建筑材料的工业废渣。

由此可见，固体废物的“资源化”具有可观的环境效益、经济效益和社会效益。“资源化系统”应遵循的原则是：“资源化”技术可行；经济效益比较好，有较强的生命力；废物应尽可能在产生地就近利用，以节省废物在贮放、运输等过程的投资；“资源化”产品应当符合国家相应产品的质量标准。

表 5-5 可作为建筑材料的工业废渣

工业废渣	用途
高炉渣、粉煤灰、煤渣、煤矸石、钢渣、电石渣、尾矿粉、赤泥、镍渣、铅渣、硫铁矿渣、铬渣、废石膏、水泥、窑灰等	1. 制造水泥原料或混凝土材料； 2. 制造墙体材料； 3. 道路材料，制造地基垫层填料
高炉渣(气冷渣、粒化渣、膨胀矿渣、膨珠)、粉煤灰(陶料)、煤矸石(膨胀煤矸石)、煤渣、赤泥(陶粒)、钢渣和镍渣(烧胀钢渣和镍渣)等	作为混凝体骨料和轻质骨料
高炉灰、钢渣、镍渣、铬渣、粉煤灰、煤矸石等	制造热铸制品
高炉渣(渣棉、水渣)、粉煤灰、煤渣等	制造保温材料

三、综合管理模式

由于固体废物本身往往是污染的“源头”，故需对其产生—收集运输—综合利用—处理—贮存—最终处置，实行全过程管理，在每一个环节都将其当作污染源进行严格的控制。根据我国近二十年来的管理实践，借鉴国外有益的经验，做好固体废物的综合管理工作，应按下列管理程序进行。

(1) 减少废物的产量　推广无污染生产工艺；提高废物内部循环利用率；强化管理手段。

(2) 物资回收途径　采用明智的生产技术；加强废物的分离回收；资源化工厂（如堆肥厂）。

(3) 能源回收途径　焚烧、厌氧分解、热解等。

(4) 安全填埋　包括废物的干燥、稳定化、封装、混合填埋（城市垃圾与工业废物）、废物的自然衰减及正确的填埋工程施工。

(5) 废物的最终贮存（处置）。

固体废物最终处置达到无害、安全、卫生。

对固体废物实行程序化管理，对于有效控制环境污染和生态破坏，提高资源、能源的综合利用率具有十分重要的意义。这一模式的主要目标是通过促进资源回收、节约原材料和减少废物处理量，从而降低固体废物对环境的影响，即达到“三化”：减量化、资源化和无害化的目的。综合管理已成为今后固体废物处理和处置的方向。

复习思考题

1. 解释下列名词

固体废物、固体废物的处理、焚烧法、浮选法、卫生土地填埋、安全土地填埋、废物固化、城市垃圾、污泥

2. 固体废物对环境造成的危害主要表现在哪些方面？

3. 为了降低污染，常采用的固体废物处理的方法有哪些？

4. 焚烧法的最佳操作条件有哪些？

5. 筛分的主要功能是什么？化工废渣处理应注意什么？

6. 利用安全土地填埋处理废渣应考虑哪些因素？

7. 试比较各种固化方法的特点，并说明它们的适用范围。

8. 化工废渣特点有哪些？

9. 塑料废渣有哪些处理方法？各方法有哪些突出优点？

10. 硫铁矿渣中可回收哪些物质？

11. 为什么污泥机械脱水前要进行调理？怎样调理？

12. 污泥的最终出路是什么？如何最终消除污泥对环境的污染？

13. 新世纪如何加强对固体废物的管理，以达到“无害化”、“减量化”、“资源化”，控制固体废物污染的技术政策是什么？

实训题　固体废物综合利用考察

工业固体废物的处理以综合利用为主，我国近年来发展很快，处理技术也达到了国际中上水平，综合利用率更是国际领先。2010年我国工业固体废物综合利用量达到15.2亿吨，综合利用率达到69%。其中煤矸石、粉煤灰、钢铁渣、尾矿、工业副产石膏的综合利用量分别达到4亿吨、3亿吨、1.8亿吨、1.7亿吨和0.5亿吨；再生资源的回收利用量达到1.4亿吨，并形成了一批规模化的骨干企业。

通过对工矿企业参观考察，达到以下要求。

(1) 了解周围的工矿企业主要工业固体废物污染情况及产生的原因。

(2) 了解工业固体废物现有清洁生产及污染控制技术（包括方法、工艺流程、主要设备等）。

(3) 工业固体废物的综合利用率如何，写出一篇考察报告。

阅读材料

旅游观光点——垃圾转运站和填埋场

美国纽约市第59号大街上的垃圾转运站和其临近的斯塔滕岛（Staten Lsland）上的世界上最大的弗雷什·基尔斯（Fresh Kills）废物填埋场是世界著名的旅游观光点。

游客们不仅能够参观转运站花园般的外部环境，还可观看其内部工作情况，整个转运站坐落在一座封闭式的大型玻璃建筑中，室内空气清新，没有臭味。这座转运站不但能够转运垃圾，还具有回收各种废物的能力，全部采用流水线进行作业。各种混合垃圾被卸入长长的储料槽后，由传送带输送到各个分选设备，进行加工处理后，最后不可分选物被送到终端，装上大型驳船，沿哈得逊河（the Hudson River）送到斯塔滕岛上，世界上最大的费雷什·基尔斯填埋场。由于填埋垃圾的不断增高，这里很快成为美国东海岸上的第二个制高点。游客们站在纽约市中心曼哈顿大街上就能够看到这一壮丽的景观。通过参观，人们不仅增长了废物处理方面的知识，最重要的是认识到了保护环境和自然资源的重要性。

中国城市垃圾分类

近几年随着经济的迅速发展，居民生活水平和消费能力明显提高，城市范围的不断扩大以及城市人口的逐渐增加，城市生活垃圾的总量在不断增加。据统计，我国200万人口以上的城市人均垃圾产量为0.62～0.98kg/d。

根据不同的性质，城市垃圾分为四类，见表5-6。随着居民消费方式、饮食结构和城市蔬菜供应方式的改变，各组成在垃圾中所占的比例也相应改变。

表 5-6 垃圾分类

分类项目			具体实例
可燃垃圾	1. 厨房垃圾		剩饭、做饭剩下的残渣(蔬菜残渣、毛豆的根叶、玉米皮、肉的骨头)等
	2. 废纸		废纸、手纸、烟盒壳、复写纸等
	3. 包装纸		装糕点的袋、箱等一部分称为产品的东西
	4. 废木材		废木材、方便筷子、软木瓶塞、竹条,庭院里的树木、枯叶、插花
	5. 纸盒		牛奶、饮料等的纸盒
	6. 纸尿布		婴儿用品
	7. 食用废油		
不燃垃圾	8. 塑料类		购物时用的袋、装糕点用的袋、各种保鲜纸、塑料盘子类、泡沫等苯乙烯类、各种酸奶饮料容器类、各种成形的玩具、绳、网类
	9. 橡胶皮革等		鞋、拖鞋、皮带、包
	10. 其他不能烧的垃圾		陶器类、焚烧后的灰、喷雾堆头、油瓶、很脏的瓶、平板玻璃等不能燃烧的东西
资源类	纸类	11. 新闻广告	报纸、传单等
		12. 杂志类	杂志类
		13. 厚纸	厚纸、装餐巾纸的纸盒
	14. 纺织品		汗衫、裤子、裙子、毛衣、风衣、外套等,毛线残渣、破布
	瓶类	15. 瓶类(可回收再利用的瓶子)	啤酒瓶、饮料瓶、牛奶瓶、装醋的瓶子等,在卖酒、卖牛奶的店可以换取的瓶子
		16. 杂瓶类	营养饮料瓶子、果酱瓶子、不进行加工处理不能利用的瓶子
	金属类	17. 不锈钢罐	用于饮料、食品等的罐,能用吸铁石吸起来的罐
		18. 铝合金罐	装啤酒、饮料等的罐,不能用吸铁石吸起来的罐
		19. 铁类	锅、浅平锅等用吸铁石能吸起的东西
		20. 非铁类	铝合金锅、铜锅、铝箔等用吸铁石不能吸起来的东西
其他	21. 含水银的东西		干电池、日光灯管、体温表、镜子
	22. 复制品		塑料和玻璃、布和金属等用 2 种以上材料做成的产品(暖瓶、伞等)
	23. 其他		以上没有记入的东西(干燥剂、方便取暖袋、吸尘器的垃圾、家畜的粪便)

垃圾处理立法拾零

禁用法：美国多数州都已实施了“禁用法”，禁止所有不能分解和还原处理的食品塑料包装上市。

课税法：意大利实行“塑料袋课税法”，明文规定每只付 8 美分税，商店每卖一个价值 50 里拉的塑料袋要交 100 里拉税。美国佛罗里达州规定，对不能回收的新闻纸，每吨付税 10 美分。欧盟各国对塑料、除锈剂等造成污染的物品都征收环境税。

收费法：美国西雅图市规定：每月为每户居民运走 4 桶垃圾的费用为 13.75 美元，每增加 1 桶垃圾，加收 9 美元。据称，实行这一规定后，西雅图市的垃圾量一下减少了 25%。

罚款法：法国对垃圾的处理规定：将任何类型的废物、废料等垃圾抛弃或抛扔到公共场所或不属于自己又没有受益权、租用权的私人地方的人，都将被罚款。包括丢弃废旧汽车或需要用车辆才能搬运清理的东西，往河流、运河和小溪中倾废物等。

奖励法：美国伯克利市对遵守垃圾处理规定的市民给予“垃圾回收奖”。这样一来，该市居民在倒垃圾之前总是挑了又挑，绝不会把可回收的物品扔入垃圾桶内，以免错失获奖机会。

第六章　化工清洁生产技术

第一节　清洁生产基本概念

一、清洁生产的定义与内涵

20 世纪 70 年代以来，针对日益恶化的全球环境，世界各国不断增加投入，治理生产过程中所排放的废物，以减少对环境的污染，这种污染控制战略被称为“末端治理”。一边治理，一边排放，末端处理在某种程度上减轻了部分环境污染，但并没有从根本上改变全球环境恶化的趋势，反而投入大量资金，背上了沉重的经济负担。这种昂贵代价的选择，显然不符合可持续发展的要求。

清洁生产的基本思想最早出现于美国 3M 公司于 1976 年推行的 3P（pollution，prevention，pays）活动中。不同国家清洁生产有不同名称，如“废物减量化（waste losing）”、“无废工艺（waste-free technology）”、“污染预防（pollution prevention）”等，尽管至今没有统一、完整的定义，但清洁生产的核心是改变以往依赖“末端治理”的思想，以污染预防为主，是实现可持续发展的重要举措，因此，清洁生产呈现出越来越迅猛的发展势头。

1996 年联合国环境署对清洁生产概念提出的定义是：清洁生产是指将整体预防的环境战略持续应用于生产过程、产品和服务中，以期增加生态效率并减少对人类和环境的风险。清洁生产是绿色技术思想在生产过程中的反映，在社会经济活动特别是生产过程中体现了环境保护的要求。

对生产，清洁生产包括节约原材料、淘汰有毒原材料、减降所有废物的数量和毒性；对产品，清洁生产战略旨在减少从原材料到产品的最终处置的全生命周期的不利影响；对服务，要求将环境因素纳入设计和所提供的服务中。

清洁生产主要包括以下三方面内容。

① 清洁的能源　包括常规能源的清洁利用、可再生能源的利用、新能源的开发、各种节能技术和措施等。

② 清洁的生产过程　尽量少用、不用有毒有害的原料；减少或消除生产过程中各种危险因素；采用和开发少废、无废的工艺；使用高效的设备；加强物料的再循环；实施简便、可靠的操作和控制、强化管理。

③ 清洁的产品　节约原料和能源，利用二次资源作原料；产品在使用过程中不含危及人类健康和生态环境的因素；易于回收和再生、合理的包装、使用功能和使用寿命；产品报废后易处理、易降解等。

推行清洁生产在于实现两个全过程：①在宏观层次上组织工业生产的全过程控制，包括资源和地域的评价、规划、组织、实施、运营管理和效益评价等环节；②在微观层次上的物料转化生产全过程控制，包括原料的采集、储运、预处理、加工、成型、包装、产品贮存等环节。

清洁生产谋求达到：①通过资源的综合利用，短缺资源的高效利用，二次能源的利用及节能、降耗、节水，合理利用自然资源，减缓资源的耗竭；②减少废物和污染物的生成和排放，促进工业产品的生产、消费过程与环境相容，降低整个工业活动对人类和环境的风险。清洁生产的概念不但含有技术上的可行性，还包括经济上可赢利性，体现经济效益、环境效益和社会效益的统一，保证国民经济的持续发展。

二、中国化工清洁生产发展的科技问题

化学工业既是我国国民经济重要产业部门之一，也是全国污染源之一。根据国家环保总局对全国30个省、自治区、直辖市的6072个化工企业环境污染情况的统计结果，化工企业的废水排放量占全国工业废水排放总量的21.9%，居第一位；化工废气排放量占全国工业总量的8%，居第三位；化工固体废物产量占7.9%，居第四位。造成我国化工企业污染严重的原因主要是：①工艺技术落后、设备陈旧造成产废量大，资源能源消耗高。以北京燕山石化总公司30万吨/年乙烯为例，虽然其装置的运转周期、开工率、物耗能耗、乙烯收率等方面居国内同行业领先地位，但与国际先进水平相比，差距十分明显；②生产原料品位低、质量差，造成资源利用率低，环境负荷大。例如中国中小型聚氯乙烯生产多采用电石乙炔法，生产1t聚氯乙烯产生20kg电石粉尘、2万～3万吨电石渣浆和10t含硫碱性废水，比使用清洁原料乙烯的氧氯化法污染严重得多。生产管理和维护不良造成资源流失和环境污染。我国许多老厂生产规模小，在原材料储运管理、生产工艺操作条件控制、设备仪表维修保养及废物处置方面管理不善，造成资源流失、环境污染严重。表6-1对部分化工产品工艺的国内、国外同类装置的排污系数进行了比较。

表6-1 国内外同类装置排污系数比较

产品	生产工艺	排污系数/[kg/t(产品)]					
		废气		废水		固体废物	
		国外	国内	国外	国内	国外	国内
氯乙烯	氧氯化法	4.9～12	113～220	0.33～4.35	837	0.05～4.0	211
乙苯	烷基化法	0.29～1.7	4.8	1.9～21.5	2867	—	—
丙烯腈	氨氧化法	0.017～200	5882	0.002～34.1	2592	—	—
环氧丙烷	氧醇法氧化法	0.005～8.5	178～560	—	—	—	—
环氧乙烷	氧化法	0.25～47.5	630	—	—	—	—
丙烯酸乙酯	酯化法	0.265～265	22.7	—	—	—	—
乙醛	氧化法	—	—	0.6～13.9	10800～40000	—	—
对苯二甲酸二甲酯	酯化法	—	—	微量～54	1170	—	—

1995年国家环保总局对世界银行推行中国清洁生产项目中部分试点企业的调查表明，制约工业企业实施清洁生产的障碍有技术、政策法规、组织协调、资金及思想观念等因素，其中技术方面的制约因素主要是企业工艺技术落后、设备陈旧。在缺少资金支持情况下，难于实现废物的源头削减，只有在现有工艺设备水平基础上，实现技术改造，采用清洁生产技术。

但在以技术进步为内容的清洁生产方案中，一些设计工艺单元过程的关键的问题未得到解决，缺乏针对具体产品和主要污染物的无废、低废的工艺技术以及清洁生产的示范工程。尽管近年来国内科研单位和大专院校开发了许多污染防治技术，但由于科研成果转化机制、环保产业服务体系发展滞后，许多科研成果难以转化成科技成果，阻碍了清洁生产新技术、新设备的工业化推广应用。另外，信息流通不畅，清洁生产法规、标准、污染防治政策等方面不完善，环保资金投入不足，社会公众环境意识不高等这些因素都制约我国清洁生产技术的发展。

三、化工清洁生产技术领域

1. 绿色化工技术

绿色化工技术是指在绿色化学基础上开发的从源头削减环境污染物的化工技术。它通过采用原子经济反应，即将化工原料中每个原子转化成产品，不产生任何废物和副产品，实现废物的“零排放”或者通过高选择性的化学反应，提高反应产物的收率，减少副产品和废物的生成，并使反应产物易于回收，节约资源的清洁工艺技术。在绿色化工技术中，提高材料、能源和水的使用效率，大量使用再生材料，更多依靠可再生资源，研究开发更安全的流程和产品。从而达到单位资源创造更多消费和社会价值、改变人类社会生活的目的。

1996～1998 年美国设立并颁发了“总统绿色化学挑战奖”，其中孟山都公司开发“用二乙醇胺替代剧毒氢氰酸催化脱氢生产氨基二乙酸钠技术”极大地减少了废物量而获得“变更合成路线奖”；道化学公司用二氧化碳代替氯氟烃作苯乙烯的发泡剂而获得“改变溶剂/反应条件奖”；开发了两个生产热聚天冬氨酸清洁工艺的 Donlar 公司荣获“小企业奖”；马克霍尔普开发“生物废料转化为动物食物技术”因大大减少污染也获得奖励。

2. 原材料改变和替代技术

绿色化工技术还包括采用无毒无害原料、催化剂和容器替代有毒有害化学物质、清洗剂，减少和消除健康危害和环境污染的技术以及对环境友好的清洁产品的开发。如开发超临界流体，特别是用超临界二氧化碳替代有机溶剂作油漆涂料的喷雾剂和塑料发泡剂、汽车零部件和电子工业清洗剂等。

3. 工艺过程的源削减技术

清洁生产源削减技术是针对化工单元过程来研究开发的，如表 6-2 所示。

表 6-2 化工单元过程的源削减技术

单元过程	源削减技术
化学反应	优化反应参数(如温度、压力、时间、浓度) 改进工艺控制 优化反应剂添加方法 淘汰使用有毒催化剂，改进反应器设计
过滤与洗涤	淘汰或减少使用助滤剂，处置滤料 开启过滤器前，排掉滤料，使用逆流洗涤 循环利用洗涤水 最大限度进行污泥脱水
设备与零部件清洗	封闭溶剂清洗装置 使用耗水少、效率高的清洗喷头 合理安排生产，改进清洗程序，减少设备清洗次数 重复利用冲洗水 安装喷射或喷雾冲洗系统
冷却和冷凝	改进换热设备，提高传热效率，节约用水量 进行冷却水稳定处理，循环利用冷却水 采用空气冷却等其他方法
原料和产品贮存	贮槽安装溢流报警器 清洗或处置前倒空容器 采取适当电绝缘措施，定期检查腐蚀情况 制订书面装卸料操作程序 使用适当设计的专用贮槽

4. 物质流/产品生命周期评估技术

开展清洁生产技术研究，首先要对现有的生产工艺和过程的环境负担性进行准确的评估。国际上一般采用生命周期评估方法（life cycle assessments，LCA）来评价一个工业生产过程的环境负担性。LCA是用数学物理方法结合实际分析对某一产品、事件或过程中的资源消耗、能耗、废物排放、环境吸收和消化能力等进行评估，以确定该产品或事件的环境合理性和环境负荷量的大小。

物质流（materials flow）又称材料链，是用数学物理方法对在工业生产过程中，按照一定的生产工艺，所投入的原材料的流动方向和数量大小的一种定量理论研究。主要用于研究、评价工业生产过程所投入的原材料的资源效率，以找出提高资源效率的途径。通过对工艺过程的物质流分析，查出污染物的排放原因，采取技术措施，从源头开始控制污染，这是实施清洁生产过程的关键。

四、化工行业清洁生产技术分述

（一）精细化工

所谓精细化工通常被认为是生产专用化学品及介于专用化学品和通用化学品之间产品的工业。它已成为当今世界各国化学工业发展的战略重点，精细化工产品产值占化工总产值的百分率（简称精细化率）也在相当大程度上反映着一个国家的发达水平、综合技术水平及化学工业集约化的程度。

按照原化学工业部发布的暂行规定，将精细化工产品分为农药、染料、涂料（包括油漆和油墨）及颜料、试剂和高纯物、信息用化学品（包括感光材料、磁性材料等）、食品和饲料添加剂、胶黏剂、催化剂和各种助剂、化学药品、日用化学品、功能高分子材料等。在催化剂和各种助剂中又分为催化剂、印染助剂、塑料助剂、橡胶助剂、水处理助剂、纤维抽丝用油剂、有机抽提剂、高分子聚合物添加剂、表面活性剂、皮革助剂、农药用助剂、油田用化学品、混凝土添加剂、机械和冶金用助剂、油品添加剂、炭黑、吸附剂、电子工业专用化学品、纸张用添加剂、其他助剂等。

1. 表面活性剂

（1）磺化工艺技术　SO_3连续磺化装置的核心部分是磺化反应器，近20年来该装置有惊人的发展，先后出现了罐组式、多管式、双膜升膜式、文丘里喷射式。其中以日本狮子油脂公司的双膜保护风式最为先进，采用保护风可以拉大反应区，缓和反应，能磺化烯烃等热敏有机物，产品质量高，还可生产出多种高性能的产品。

（2）乙氧基化工艺技术　乙氧基化技术以意大利普勒斯工艺居领先地位，此公司先后推出了第一、二、三代技术，EO（环氧乙烷，ethylene oxide）的加成数达100以上。20世纪80年代末，瑞士公司又成功地开发了巴斯回路乙氧基化最新工艺。巴斯工艺的核心是高效气液反应混合器，它缩短了反应时间，同时，反应热又被外换热器迅速移走，因而反应温度控制准确，副反应少，使产品中的EO质量含量低于10^{-6}，分子量分布窄，产品质量高，整批产品重现性好。另外，Buss工艺没有废气排放，废水不含毒性物质，不污染环境。

（3）直链烷基苯（LAB）　美国UOP公司开发的烷基化生产烷基技术，是世界各国普遍采用的先进方法。目前该公司对烷基化工艺又有了新的突破。

① 催化剂从ReH-S、ReH-7发展到ReH-9，其特点是在催化剂特性不变的前提下，大大地提高了催化剂的选择性、LAB的收率，并于1990年实现了工业化。

② 在 Pacal 脱氢工艺中加入了 Define 加氢装置，将脱氢产物中的二烯烃转变成单烯烃以减少 LAB 中重烷基苯含量，提高了产率。目前世界上新建了 6 套生产装置（其中 3 套在建设中）。

③ 为减少 HF 催化剂的污染，尤普公司与加拿大比特萨公司共同开发了 Detal 固定化烷基化技术，采用酸性多相催化剂，其产品 UAB 收率高于 HF 催化工艺，邻位烷基苯高达 25%，提高了 LAB 的溶解性，简化了工艺过程，减少了环境污染，节省投资约 15%。目前西班牙与比特萨公司合作在加拿大建 1 套 10 万吨/年的生产装置，于 1995 年中期建成投产。

2. 生物化学工程

现代生物技术以取之不尽的生物量来解决世界面临的能源、资源的短缺及环境污染问题。由化学工程与生物工程结合起来的生物化学工程具有反应条件温和、能耗低、效益高、选择性强、投资小、“三废”少以及利用再生资源等优点。

(1) 丙烯酰胺　丙烯酰胺（AAM）生产方法很多，工业上主要采取用丙烯腈水合法，此法又在不同催化剂存在下产生 3 种工艺：硫酸水解法（已逐步淘汰），高效铜催化剂直接水合法，酶催化法。日本日东化学公司经过 10 年生物酶催化研究，开发了第三代连续法生产丙烯酰胺新工艺。该技术采用固定床反应器，在 N774 生物酶催化条件下反应 24h，100% 转化为丙烯酰胺，经过分离，甚至可不进行精制、浓缩就可得到丙烯酰胺产品。它的优点是反应物纯度高，产品质量高，反应在常温、常压下进行，可大幅度调节能耗，生产成本低。

(2) 生物技术合成聚对苯　英国化学工业公司采用发酵法生产邻苯二酚，优点是产率比原来的氧化工艺高，并减少污染。

(3) 丙酮/丁醇　美国采用生物法制取丙酮/丁醇，采用乙酰丁酸梭状芽孢杆菌，在厌氧条件进行，其操作温度为 30～32℃，丙酮与丁醇的质量比为 3.6∶1，同时获得大量氢和二氧化碳副产品。目前在南非建有一套世界上最大的丙酮/丁醇生产装置。

(4) 生物技术生产环氧乙烷、环氧丙烷　由乙烯和丙烯经微生物酶催化剂生产环氧乙烷与环氧丙烷。据报道，日本已有两家公司采用固定酶催化由乙烯和丙烯生产 EO（环氧乙烷，ethylene oxide）和 PO（环氧丙烷，propylene oxide），进而生产乙二醇和丙二醇，其生产成本仅为常规化学合成法的一半。目前美国莱特普斯生物基因工程公司也提出采用生物酶生产 EO 与 PO。此外，生物技术还用在其他化工产品的生产中，如异丙醇、二元醇、甘油、由 *n*-烷烃制取的长链二元酸、聚羟基丁酸树脂、反式丁二烯、乳酸、葡萄糖、醋酸酯等。有些还处于试验阶段。

3. 功能高分子材料

功能高分子材料是精细化工的高新门类，世界上发展最快的是功能高分子膜，已商品化的有透析膜、离子交换膜、反渗透膜、超滤膜等。其发展趋势是朝着高渗透性、高选择性、多功能、适应性强、机械强度高及易清洗的方向发展。高分子膜的形式向多样化、高容量及高效率的方向发展。

另外，光敏树脂、导电高分子、高吸水性树脂等也是功能高分子材料开发的一个重点。

(二) 农药、化肥工业

1. 农药化工

化学合成农药已证明对防治动植物病虫害是十分有效的，但在使用几十年后，已在人迹罕见的极地白熊和企鹅体内找到了它的踪迹，它在使用中已产生了巨大的负面效应，因此许多国家已全面停止生产使用那些残留期长或剧毒的化学农药。美国环保署于1990年公布了31种禁止销售使用的农药品种清单，欧盟从2009年起禁止使用22种有毒物质制造农药。

生物农药是一类由微生物产生或从某些生物中获取的具有杀虫、防病等作用的生物活性物质，是利用农副产品通过工业化生产加工的制品。它具有对人畜安全、对生态环境污染少的特点。

2. 化肥工业

化肥对粮食增产所起的作用约占40%，是提高单位产量的关键。建国以来，我国化肥工业得到了迅速发展，据原化工部统计，我国化肥生产能力达到了2794万吨（折纯，下同），其中氮肥为2074万吨，磷肥为699万吨，钾肥为20.9万吨，分别占化肥总生产能力的74.23%，25.02%，0.75%。1994年化肥产量为2276万吨，其中氮肥1717万吨，磷肥532万吨，钾肥23万吨，分别占化肥总产量的75.43%，22.9%和1.0%。

(1) 氮肥行业　水煤浆加压气化技术是当前世界上发展较快的第二代煤气化技术。其特点是对煤种的适应性较强，能量转化率高达96%～98%，煤气质量好，有效气（$CO+H_2$）含量高达80%，甲烷含量≤0.1%，单炉生产能力大，“三废”污染少，节能降耗成效显著。

我国小型合成氨装置大多以煤为原料采用间歇式常压固定床煤气化方法，燃料煤消耗占合成氨总能耗的20%左右。在生产过程中，搞好余热利用是降低能耗的重点目标。小型合成氨蒸气的节能技术包括对造气、合成、变换段的热能进行综合平衡，合理回收利用。能够取消外供蒸汽；实现合成氨生产蒸汽自给。目前，全国已有314个企业采用该项技术，每年节能260万吨标准煤，增产合成氨59.4万吨，增加效益5.99亿元。

国内以煤为原料的合成氨厂排放的造气炉渣含碳量在12%～20%。这部分炉渣既浪费能源，又污染环境。沸腾锅炉能燃用品质极为低劣的燃料，具有结构简单，燃烧完全，炉渣具有低温烧透性质，便于综合利用。

人造块煤技术、小氮肥“两水”闭路循环技术均具有很好的资源节约综合利用效果。

(2) 磷肥　磷铵、硫酸、水泥三产品综合联产是一项新技术，以磷矿石为主要原料，与硫酸反应生产磷酸，磷酸用于生产磷铵。生产磷酸同时副产大量磷石膏（每吨P_2O_5副产5～6t磷石膏）。磷石膏在回转窑内还原、分解、煅烧得到含10%左右SO_2的尾气和水泥熟料。尾气经转化吸收为硫酸，硫酸又返回用于生产。这种循环使用可使硫的循环率大于85%；水泥熟料与混合材料配合制成水泥产品。实现磷铵、硫酸、水泥联产，可解决石膏占用耕地及污染环境的难题。

(3) 复合肥料　缓效包裹型复合废料既含有速效又含有缓效成分。可根据需要制成各种专用型肥料，该肥料中氮肥利用率比掺和肥料提高约7.74%。

(4) 微生物肥料　微生物肥料实质上是一类存在于土壤或植物体上与植物共生的微生物，它们的存在一方面为植物营养开辟了一条新的途径，改善了植物的营养和代谢状况，增强了植物抵御病虫害的能力；另一方面抑制了植物病原菌的生长和繁殖，削弱了病害的发病条件，从而起到较好的生物防治效果。

(三) 炭黑

炭黑生产新工艺是在反应炉中将燃料的燃烧和原料油的裂解分开，并充分利用余热来预热燃烧用的空气和燃料油。其工艺过程是：燃料烃（油或天然气）在燃烧室内经过预热的燃烧用空气充分混合，完全燃烧产生高温高速气流；预热后的燃料油从喉管径向喷入，与来自燃烧室的高温高速的气流混合迅速裂解，在反应室内产生炭黑。含炭黑的烟气经空气预热器和冷却器换热降温，再用旋风分离器和袋滤器将炭黑收集起来，经造粒称为炭黑产品。与老工艺比较，新工艺生产的炭黑品种增加，产品质量高，补强和耐磨性能好，收率高，成本低（每吨炭黑油耗降低 0.4～0.5t）且能改善劳动环境，消除环境污染。

（四）基本化工

① 离子膜法制烧碱技术是我国氯碱行业今后大力发展的关键技术之一。该法与普通的隔膜法相比，碱液浓度提高，节省了蒸发工序，产品纯度高，每吨碱综合能耗可降低 1000kW·h，且无环境污染。该法的关键是电解槽。

② 在氨碱法生产纯碱的工艺过程中，蒸氨工序回收制碱母液及其他含氨废水中所含的氨及二氧化碳，使氨循环再用。传统的蒸氨工艺是湿法正压蒸馏工艺，将生石灰制成石灰乳，经泵送到预灰桶内与预热母液进行复分解反应。干法加灰蒸氨工艺是将生石灰磨制成粉，在真空状态下将生石灰粉直接加入预灰桶内，在预灰桶内回收生石灰的熟化反应热，以降低蒸汽消耗，达到节能的目的。

③ 在密闭电石炉生产中，每生产 1t 电石约产生 400m^3 炉气。炉气中可燃气体总含量占 90%以上，其中一氧化碳占 80%，是一种很好的能源，必须回收利用。直接燃烧法回收密闭电石炉炉气技术是将 500℃左右的高温含尘炉气直接引入锅炉燃烧。炉气燃烧时的温度高达 1500℃，不但氰化物完全得到了分解，而且粉尘经高温煅烧，性质发生很大变化，可用常规的除尘设备去除。该技术每生产 1t 电石可产 0.85MPa 蒸汽 1.5t，既节能，经济效益又可观，同时消除了氰化物污染。

五、化工清洁生产关键技术

1. 绿色化学化工技术

① 采用低温溶盐连续氧化-高浓度介质单向分离-碳化循环转化法生产铬盐工艺　本研究通过建立低温溶盐连续液相氧化-高浓度介质单向分离-介稳态相分离的高效反应-分离新过程，以气-液-固三相连续氧化反应取代传统的高能耗氧化焙烧，可极大地强化反应，使铬的回收率提高 20%，铬渣含总铬由老工艺的 4%～5%降至 0.6%。渣量仅为老工艺的 1/4，渣排铬量为老工艺的 1/40，以铁为主要成分的新铬渣为合格铁精矿，铬化工首次实现生产源头控制污染的零排放。能耗下降 30%，生产成本下降 15%，建设投资下降 20%。5 年内可实现 2 万吨铬盐/年大规模产业化。

② 环己酮氨氧化制备环己酮肟清洁工艺技术　本研究钛硅分子筛，环己酮氨氧化环己酮肟新工艺，可使生产工艺大大简化，不生产 NO_x 和 SO_x 等污染物，是具有竞争力的绿色化工技术。

③ 水溶性铑-膦配合物催化长链烯烃氢甲酰化反应及工程研究　目前绝大多数均相配合催化剂只溶于有机溶剂，反应物难于与催化剂体系分离，且回收催化剂会造成环境污染。使用水溶性铑-膦配合物催化剂在水/有机物两相体系中催化链烯烃氢甲酰化反应合成高碳醛，可以使反应条件缓和、选择性高、无废液排放，是一条环境友好的绿色清洁工艺。

④ 丙烯钛硅分子筛催化法合成环氧丙烷的研究　环氧丙烷是石油化工重要中间体。目前国内总生产能力 23 万吨，全部采用氯醇法，生产每吨产品产生 44t 废水，对设备腐蚀和环境污染严重。使用钛硅分子筛催化法合成工艺过程简单、无大量副产物、基本无污染物排放。

⑤ 苯和乙烯液相烷基化生产乙苯技术　乙苯是生产苯乙烯、丁苯橡胶和 ABS 树脂的原料。传统的三氯化铝法工艺流程长、操作费用高、设备腐蚀和环境污染严重。苯和乙烯液相

烷基化合成乙苯新技术是一种绿色化学工艺。生产过程无“三废”产生。根据已完成的中间试验表明，该工艺可行、有创新性，反应器结构简单、操作平稳，已达到国际同类先进水平。

⑥ 使用超临界流体为溶剂的丙烯酸系高分子聚合工艺研究　超临界高分子聚合是发达国家目前竞相开发的新技术领域之一。美国北卡罗来纳州大学在几家大化工公司的资助下，1994 年利用超临界二氧化碳代替化学溶剂研究出多种高分子聚合物。超临界高分子聚合物不仅能提高产品的收率和质量，控制分子量及其分布，减少聚合物中挥发物质含量，而且减少高分子聚合中有机溶剂的使用量，明显减少环境污染。

2. 化工污染物的源削减技术

当前严重阻碍某些化工行业废水达标排放的“瓶颈”是难生物降解的高浓度有机废水的预处理技术不过关。这些物质包括链烷烃（C_1～C_4 烷烃）、卤代烷烃（氯甲烷、氯仿、四氯化碳等）、芳烃（苯、甲苯、二甲苯）、卤代芳烃（氯苯、溴苯）、硝基苯、多环芳烃（联苯、萘）、腈类、部分有机磷农药、染料萘系、苯胺类等，迫切需要研究开发适合国情的预处理技术。

针对我国化学工业中生产量大、企业数量多、分布面广且污染严重的大宗化工产品，如甲醇、苯、苯酚、氯乙烯、合成氨、硫酸、氰化钠、农药和染料等，针对不同生产工艺进行产品生命周期评价，研究各种污染源削减技术、废物回收利用技术和清洁工艺方案并加以推广应用。如有机原料、石油化工、农药、染料等化工行业排放的含芳香烃、卤代烷烃、有机硫磷化物等难降解有机污染物废水的源削减技术；氮肥行业排放的低浓度 NH_3-N 废水源头削减技术。

3. 废物资源综合利用技术

(1) 无机化工废渣的综合利用技术

① 铬盐生产的铬渣源削减和综合利用技术　目前化工铬盐厂排出的铬渣大多随意堆放，占用大量农田，危害性大。大型铬盐厂铬渣的堆存量都在十几万吨，最多的 35 万吨，全国累计堆存量已达 200 万吨。近年来我国虽已研究开发了多种铬渣处理和综合利用技术，有些方法技术成熟，经济效益高，但吃渣量小；有的技术虽吃渣量大，或解毒不彻底，或投资大，推广有困难，还需要进一步做试验研究。因此应当继续开发新的铬渣安全处理和综合利用技术。

② 磷肥生产磷石膏源削减和综合利用技术　磷石膏渣在中、小型厂只有部分得到利用，大部分堆存造成水体、地下水污染，限制了磷酸、磷铵工业的发展。目前开发的综合利用方法主要是生产水泥并联产硫酸。但用渣量有限。其他综合利用方法的产品销路不好，不能带来明显的经济效益，难以推广应用。因此，需要研究开发吃渣量大、经济效益好的磷石膏渣综合利用项目。

③ 硫酸生产硫铁矿烧渣源削减和综合利用技术　目前全国硫铁矿烧渣治理率或综合利用率不足 60%，在许多小型厂仍用水力排渣方式直接排放，处置率非常低。目前开发的综合利用方法，如硫铁矿烧渣用作水泥助熔剂，其用量非常有限，且只有邻近有水泥厂时烧渣才有销路。烧渣中贵金属及有色金属未能回收利用。需要研究开发多种用途的综合利用技术。

(2) 化工有机蒸馏残液等危险废物源头削减和综合利用技术　有机化工行业产生的各种蒸馏残液和有机残渣多为危险性废物，残液中含有大量反应副产物，如环氧丙烷蒸馏残液中含有 1,2-二氯丙烷 82%～86%、1,3-二氯丙烯 10%～15%。对苯二甲酸氧化残渣含苯甲酸 35.5%、对苯二甲酸 42.3%等有害物质，迫切需要研究开发高效分离技术和副产物综合利用技术。

① 环氧丙烷生产有机残液综合利用技术研究；

② 对苯二甲酸生产残渣综合利用技术研究；

③ 石油炼制脱硫碱渣综合利用技术研究。

4. 有毒原材料替代技术

① 难生物降解性、高生物蓄积性和特殊慢性毒性的持久性有机污染物，如 DDT、多氯联苯、六氯苯等的替代产品开发持久性有机污染物（POP）的安全与控制是当前国际社会普遍关注的国际性环境问题之一。POP 物质具有高毒性，有些还具有致癌性、生殖毒性，会对人类和环境构成严重威胁。

② 卤代有机溶剂、清洗剂的替代产品和技术开发　采用超临界二氧化碳代替有机溶剂作油漆的喷雾剂、泡沫塑料发泡剂、电子工业清洗剂可大大削减挥发性有机溶剂的排放量。

③ 压力脉动固态发酵生产微生物农药新技术　我国生物农药的工业生产状况及其在生态农业与绿色食品发展中的作用与国外的差距继续扩大。问题的根源是生产技术不过关，发酵、干燥、粉碎三个技术环节都是简单套用现成常规生产方法与设备，缺少工程与设备研究的配合。

针对微生物农药生产的发酵、干燥、粉碎三个环节，开展生物反应器“四传一反”（动量、质量、热量、信息传递及生物反应动力学）新理论及其固态发酵反应器放大规律的研究；微生物农药真空冷凝干燥机制及其设备系统放大设计；超音速气流粉碎新技术在微生物农药中应用；新型固态发酵微生物农药工业规模可行性分析。

5. 其他清洁生产技术

① 工业行业清洁生产政策研究　推行清洁生产技术的政策研究，包括强制性政策、支持性政策和刺激性政策的研究；以及落实这些政策所需要的内、外部环境的支持条件。

② 研究提出促进企业实施清洁生产的法规和政策　包括产业政策、科技政策、财政、税收、投资、排污收费返还等经济政策以及鼓励企业清洁生产的相关法律法规和标准。

③ 清洁生产评估体系研究　研究衡量工业行业推行清洁生产效果和进展的评价指标，组织制定重点行业清洁生产评估和验收标准和技术规范，建立具有中国特点的清洁生产评估体系。

第二节　典型化工清洁生产案例

一、乙苯生产的干法除杂工艺

聚苯乙烯是由单体苯乙烯聚合而成，苯乙烯生产分两步进行，第一步是以苯乙烯为原料在催化剂（氯乙烷和氯化铝）作用下，发生烷基化反应，生成乙苯；第二步再以乙苯脱氢制取苯乙烯。

合成乙苯时，应除去烷基化反应的副产品和杂质，在常规处理中是用氨中和后经水洗、碱洗再水洗的方法，废水用絮凝沉降处理分出污泥后排放。

干法除杂工艺，不改变原来基本的乙苯生成的工艺和设备，烷基化反应后的产物同样用氨中和，但中和后即进行絮凝沉淀，沉淀物经分离后用真空干燥法制取固体粉末，这种固体粉末可用来生成肥料，因此可作为副产品看待。干法工艺消除了废水的处理和排放，亦无其他废弃物排放。新旧工艺流程对比见图 6-1。

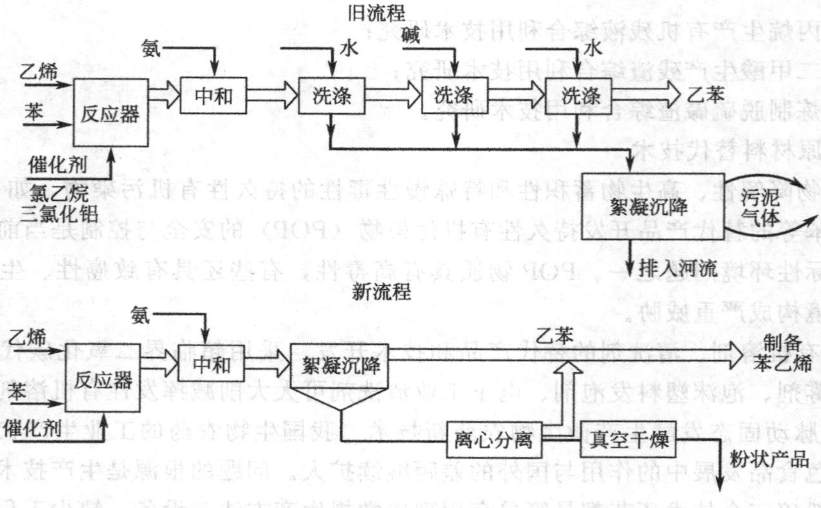

图 6-1 乙苯生成除杂工艺的新旧流程对比

1978 年即建成年处理能力为 5.0×10^4 t 乙苯的装置。新旧工艺的对比如表 6-3。

表 6-3 苯乙烯生产新旧工艺对比

项 目	原有工艺	干法工艺	项 目	原有工艺	干法工艺
废水量/(m^3/t)	1.5	0	固体渣/(kg/t)	—	9
废水中悬浮物/(kg/t)	2	0	投资(1980 年价)/万法郎	400	525
有机物/(kg/t)	3	0	运行费用/(法郎/t)	1.6	

本例是一个对辅助工艺的小改革，实施起来难度不大，但消除了废水的排放，得到的固体渣又可以作为副产品利用，从而使苯的烷基化过程实现了无废生产。

二、氯碱工业的清洁生产

1. 粗盐水精制

目前，中国氯碱厂使用的原盐以海盐为主，卤水为辅，另有部分湖盐。但无论是使用海盐、卤水还是湖盐，制成的盐水中除主要成分 NaCl 外，还含有 Mg^{2+}、Ca^{2+}、Fe^{2+}、SO_4^{2-}、NH_4^+ 等化学杂质及机械杂质。在电解槽中发生如下化学反应：

$$Mg^{2+}+2NaOH \longrightarrow Mg(OH)_2\downarrow+2Na^+$$

$$Ca^{2+}+Na_2CO_3 \longrightarrow CaCO_3\downarrow+2Na^+$$

$$2SO_4^{2-}-4e \longrightarrow 2SO_3+O_2$$

$$2SO_3+2H_2O \longrightarrow 2H_2SO_4$$

$$2H_2SO_4 \longrightarrow 4H^++2SO_4^{2-}$$

如果这些杂质不加以脱除或不将其含量降低到一定范围内，它们将随饱和食盐水溶液一起进入电解槽，不仅会影响电解槽的正常运行，还会影响电解槽隔膜的使用寿命、产品的能耗以及安全生产等；同时，有些杂质（如 SO_4^{2-}）还会随电解液进入蒸发浓缩工序，影响蒸发工段的正常生产。所以，如何提高盐水质量是氯碱企业进行清洁生产的关键之一。

(1) 除 Mg^{2+}、Ca^{2+}、Fe^{2+} 用氢氧化钠和碳酸钠为精制剂。当向盐水中加入精制剂后可能发生如下反应，生成碳酸钙、氢氧化钙、氢氧化镁、碳酸镁等化合物。

$$Mg^{2+} + 2NaOH = Mg(OH)_2 \downarrow + 2Na^+$$

$$Ca^{2+} + Na_2CO_3 = CaCO_3 \downarrow + 2Na^+$$

实际生产中，NaOH 过量 0.1～0.3kg/m³，Na_2CO_3 过量 0.3～0.4kg/m³。

另外，原盐和设备带到盐水中的铁离子在碱性盐水中将生成氢氧化铁沉淀。

(2) 除 SO_4^{2-} 方法主要有三种，即钡法、钙法和冷冻法，我国多采用钡盐法。

钡盐法　用 $BaCl_2$、$BaCO_3$ 与盐水中的 SO_4^{2-} 发生反应，生成 $BaSO_4$ 沉淀，其反应如下：

$$BaCl_2 + SO_4^{2-} = BaSO_4 \downarrow + 2Cl^-$$

$$BaCO_3 + SO_4^{2-} = BaSO_4 \downarrow + CO_3^{2-}$$

由于 $BaCO_3$ 较贵，因此大多使用 $BaCl_2$。

2. 应用离子膜法电解制烧碱

中国烧碱生产主要采用隔膜法，水银法已基本被淘汰。隔膜法电解生成的碱液仅含10%左右的 NaOH，要制成 30%～50%的成品碱液需大量浓缩，要消耗大量蒸汽且产品质量较差。离子膜法生产烧碱可直接制得 30%以上的烧碱，经过三效蒸发器浓缩，可制得50%的烧碱，它的总能耗比隔膜法低 1/3 左右，且产品质量好。

离子膜法采用高聚物制成的离子交换膜代替隔膜法的石棉隔膜，是溶液中的离子在电场的作用下作选择性的定向移动，电解槽中所用的离子膜是用四氟乙烯和磺化或羧化全氟乙烯酯的共聚物制成的耐腐蚀、高强度的膜材料，使用寿命可达 2 年。离子膜法原理如下所述。

用阳离子交换膜隔离阳极和阴极，在电解槽中进行食盐电解，由于阳离子交换膜的液体透过性相当小，膜两侧有电势差，只有钠离子伴着少量水透过离子膜，所以进行电解时，在阳极产生氯气；同时钠离子透过离子交换膜流向阴极室，在阴极产生氢气和氢氧根离子，而氢氧根离子由于受到阳离子交换膜的排斥而不易流向阳极室，故在高电流密度下生成氢氧化钠。阳极室中的氯离子，因为膜的排斥，很难透过膜。工艺流程如图 6-2 所示。

该工艺特点是对盐水的精制要求高，除一次精制外，还要用离子交换树脂进行二次精

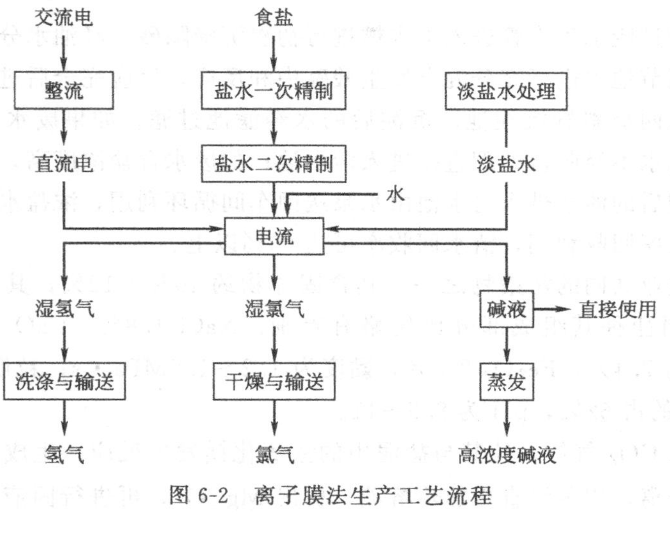

图 6-2　离子膜法生产工艺流程

制，去除微量杂质后，再送电解。从电解槽出来的氯气和氢气处理方法与隔膜法相同，电解出来的烧碱浓度可达30%左右，仅含微量盐，也可根据需要再进行蒸发浓缩。电解槽出来的盐水脱氧后送一次精制，进行再饱和。

3. 氯碱工业的“三废”处理

氯气是电解法制烧碱的副产品，属剧毒物质，对人体、农田、树木、花草和周围环境影响极坏，为此不得泄漏，更不允许放空。由于某些意外原因，如骤然停电、停车等，电解槽出来的氯气压力升高，超过氯气密封器内的液封静压时，氯气就会泄漏出来，造成严重危害。许多氯碱企业为保证电解法烧碱的安全与运行，在电解槽与氯压机之间的湿氯气总管上增设一套事故氯气吸收（处理）装置，在各种异常和复杂的断电情况下，当系统压力超过规定指标外逸时，装置自动联锁瞬间启动，进入工作状态，装置内以液碱为吸收剂循环吸收，并按规定及时更换新吸收剂，达到彻底处理事故氯气、消除氯气污染、清洁生产目的。

氯碱生产中的废水主要来源于蒸发、固碱、盐酸、氯氢处理、电解等工序的酸性、碱性和含盐废水；废水量可达 $1km^3/d$，经混合后水偏酸性，水温35℃左右，其中氯离子含量为0.7～0.8g/L、盐含量1.0～1.2g/L，并含有 Mg^{2+}、Ca^{2+} 等阳离子。废水排入水体后，不但会使水的渗透压增高，而且对淡水中的水生生物也有不良影响。Mg^{2+}、Ca^{2+} 会使水的硬度增高，给工业和生活带来不利因素。强酸或强碱流入水体后，会使 H^+ 浓度（pH）发生变化，对水生生物产生毒害作用。水的pH较低对金属及混凝土设施具有腐蚀作用，较高时则会发生水垢的沉积。废水处理流程如图6-3所示。

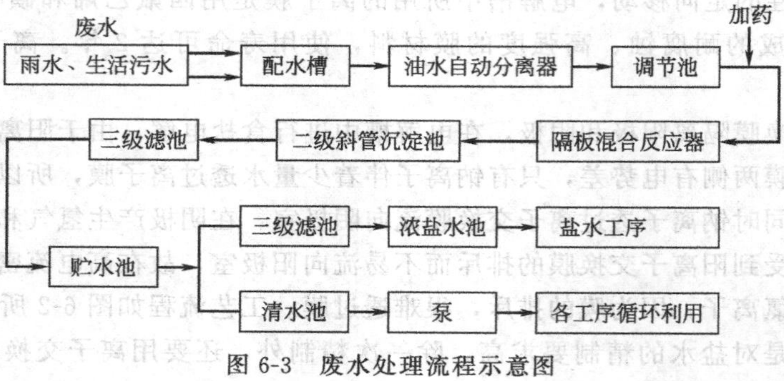

图6-3 废水处理流程示意图

收集的废水通过废水集水管进入配水槽进行初次沉降除砂，经油水分离器除油后流入调节池内，废水在调节池内进行充分混合发生酸碱中和反应，反应完全后进入隔板反应池进行絮凝反应，再进入两级斜管沉淀池，沉淀后的水经滤池过滤。如果废水含盐浓度低（未超标）时，则滤池出水不经脱盐处理直接进入清水池；如废水含盐浓度高，则滤池出水再经过电渗析处理。处理后的淡水进入清水池由水泵送回车间循环利用，浓盐水进入盐水池，再经耐腐蚀泵送化盐工序回收利用，清水回收率可达80%以上。

盐泥是氯碱企业共同的污染物之一，其含固体物约10%～12%，其余为水。其主要成分大体相同，不同盐种其组成部分比例略有差别：NaCl 1.8%，CaO 19%，MgO 14%，SiO_2 22%，Al_2O_3 7.4%，Fe_2O_3 2.4%，黏度为1.2～1.5MPa·s；粒度低于1.5μm的占35%，1.5～9μm的占62%，pH为8.5～11。

在盐泥中通入 CO_2 气体，使其与盐泥中的氢氧化镁发生反应，生成可溶性碳酸氢镁进入液相，经固液分离，用蒸汽直接加热溶液，析出 $MgCO_3$，再进行固液分离，将精制的固

体 $MgCO_3$ 经 850℃灼烧即可制得轻质氧化镁。轻质氧化镁可用于油漆工业、橡胶工业、造纸工业的填充剂，还可制镁砖、坩埚等优质耐火材料。

三、抗生素制药清洁生产

1. 抗生素废料的综合利用

抗生素生产的主要原料为豆粉饼、玉米浆、葡萄糖、蛋白质粉等，经接入菌种进行发酵产生各种抗生素，然后再经过固液分离，滤液进一步提取抗生素，滤渣即为药渣。将药渣采用掩埋或直接排入下水道，不仅严重污染环境，还会占用大量土地；同时还浪费宝贵的资源。实际上抗生素生产的主要原料均为粮食和农副产品，因此，药渣及处理污水的活性污泥都含有较高含量的蛋白质，可以生产高效有机肥料或饲料添加剂。

（1）污水处理生产的活性污泥肥料化

① 污泥直接干燥和造粒生产　该工艺是将未经消化的污泥通过烘干进行杀灭病菌后，再混合造粒成为有机复合肥，工艺流程如图 6-4 所示。

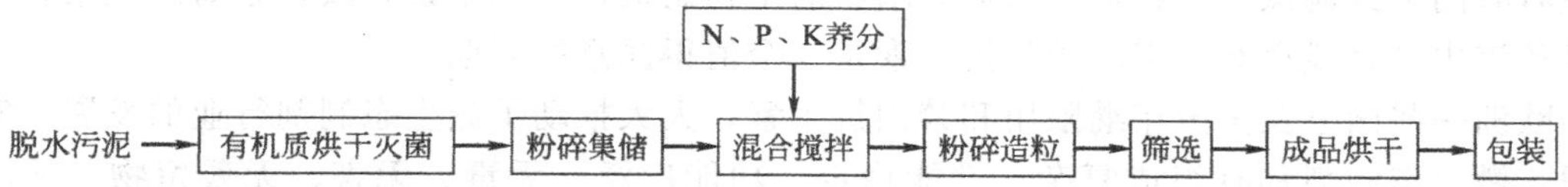

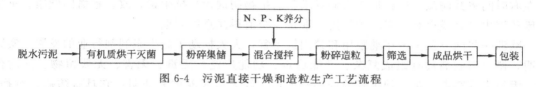

图 6-4　污泥直接干燥和造粒生产工艺流程

此工艺存在的问题为污泥烘干过程中臭味较大；生产成本控制主要表现在燃料方面，燃料成本比较高。

② 污泥堆肥发酵　污泥经过堆肥发酵后，可使有机物腐化稳定，把寄生卵、病菌、有机化合物等消化，提高污泥肥效。工艺流程如图 6-5 所示。

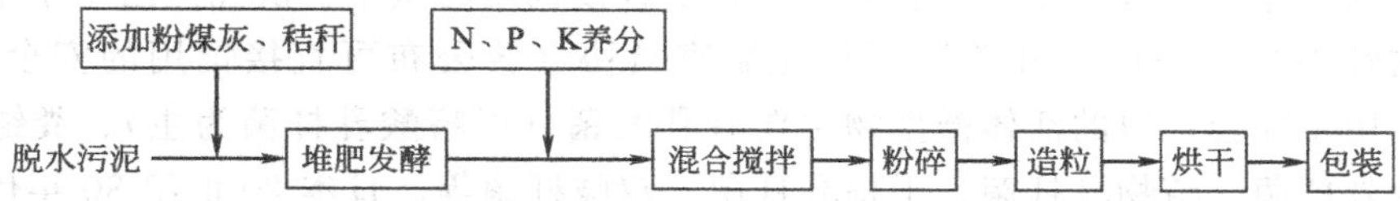

图 6-5　污泥堆肥发酵工艺流程

脱水污泥按 1∶0.6 的比例掺混粉煤灰，降低含水率，自然堆肥发酵，其中加入锯末或秸秆作为膨胀剂，也可增加养分含量。该工艺优点为恶臭气体产生相对较少，病菌通过发酵过程基本被消除，缺点是占地面积较大。

③ 复合微生物肥料的生产　复合微生物肥料是一种很有应用前景的无污染生物肥料，此类肥料目前主要依赖进口，国内应用与生产也刚刚起步。生产工艺如图 6-6 所示。

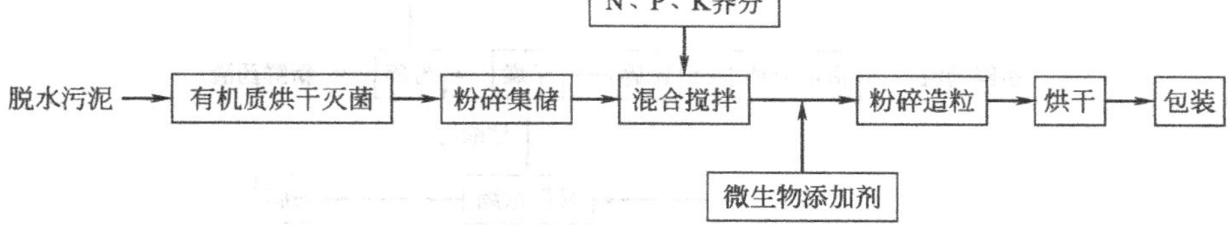

图 6-6　复合微生物肥料的生产工艺流程

本工艺与普通工艺并无多大区别，仅在混合部分增加了一个掺混微生物的工序。本工艺以烘干工序为关键，控制不当对有机质及微生物均有一定影响。主要问题为目前微生物添加剂主要依赖技术引进，转让费较高，以及除臭除尘要求高等。微生物复合肥由于技术含量较高，生产厂家较少，利润空间相对较大。

（2）药渣生产饲料添加剂　江西某制药有限公司（年生产1000t青霉素）为处理每年3500t药渣，即筹建了年生产500t饲料添加剂生产线，取得了明显的经济效益、环境效益和社会效益。

① 药渣生产饲料添加剂的可行性　新鲜青霉素药渣（含水可达85%左右），在25℃以上易受杂菌感染，几小时即开始腐败，因此不宜长久堆放与运输。经研究，将药渣产品（干基）检测，18种氨基酸含量达平衡，综合营养优于豆粕1倍，无残留青霉素、无毒性、通过喂养试验，完全可以作为畜禽及养殖业的喂养饲料使用的高蛋白质饲料添加剂。

抗生素在畜牧业中的广泛应用，促进了畜牧业的发展，但近年来研究发现，抗生素的普遍应用也带来了难以克服的弊端，在杀死病原菌的同时，也破坏了肠道菌群的平衡，影响了畜禽的健康。为此，反对饲料中添加抗生素已成为一些发达国家的共同呼声，并计划用10年左右时间将其淘汰。这就迫使人们寻求新的生物制剂代替抗生素，改善畜禽的健康。抗生素废药渣中是否残存有引起问题的抗生素是一个值得注意的问题。

欧洲一些国家及美国相继限用和禁用抗生素，大大推动了微生态制剂行业的发展。实践证明，微生态制剂具有组成复杂、性能稳定、功能广泛，无毒、无害、无残留物、无耐药性、无污染等特点，是一种很好的饲料添加剂。经大量喂养试验证明：它具有防病、抗病、促生长、提高消化吸收率和成活率及除臭、净化环境、节约饲料等功能，改善肉、蛋、奶的品质和风味有较好的功效，是高附加值的菌体蛋白饲料，有利于改善生态环境，保障人体健康。

世界卫生组织（WHO）、联合国粮农组织（FAD）及美国、日本等国积极开展高蛋白质饲料的研制工作。美国自20世纪70年代开发直接饲用的微生物研究并已用于生产。美国食品和药物管理局（FDA）和美国饲料控制官员协会曾公布可直接饲用的安全微生物12种，而真正用于配合饲料的活体微生物主要有乳酸菌（以嗜酸乳杆菌为主）、粪链球菌、芽孢杆菌属及乳杆菌、植物乳杆菌、干枯乳杆菌、双歧杆菌等。日本20世纪80年代初研制成的EM-微生态制剂，其微生物种群由光和细菌、酵母菌、乳酸菌、放线菌、丝状真菌等5科10属80种微生物组成。1989年全球微生态制剂总销售额已达7500万美元，1993年为1.22亿美元，近几年发展更为迅速，估计销售额达到5亿美元。

② 生产工艺流程　新鲜药渣经离心分离机及高速脱水后，滤渣经粉碎后经高温气流干燥器干燥，滤液仍含有丰富的营养成分，经减压浓缩后也进气流干燥器干燥，成品经粉碎后装袋即为产品。其生产工艺流程如图6-7所示。

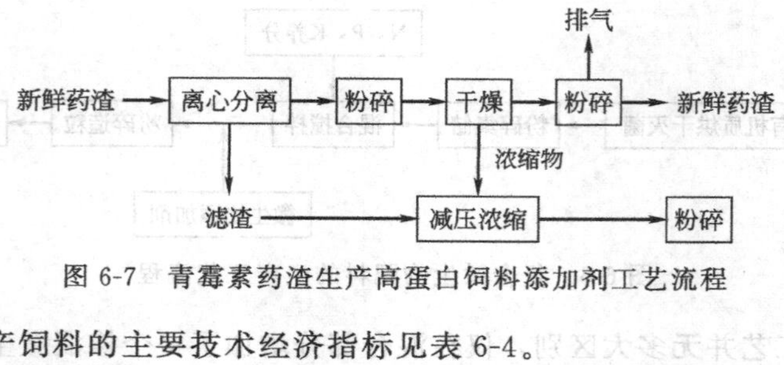

图6-7　青霉素药渣生产高蛋白饲料添加剂工艺流程

青霉素药渣生产饲料的主要技术经济指标见表6-4。

③ 效益分析　该产品质量好、成本低，在市场上有很强的竞争力。销往韩国，每吨销

售价格 320 美元，年收入约 16 万美元（折合人民币约 135 万元）。扣去生产成本（能耗、包装费、维修费、管理费、工资、设备折旧等）36 万元，该项目年利润可达到 99 万元人民币。同时，项目总投资回收期为 3 年，效益比可达到 3.8。该项目可消除青霉素药渣污染环境，同时不产生二次污染。

表 6-4　青霉素药渣生产饲料的主要技术经济指标

生产规模 /(t/a)	药渣 /(t/a)	包装袋 /(只/a)	水 /(t/a)	电量 /kW·h	蒸汽 /(t/a)	定员 /人	占地面积 /m^2	设备投资 /万元	总投资 /万元
500	3500	20000	1500	15 万	1500	12	360	194	291.78

2. 抗生素清洁生产

从抗生素制药废水的水质特点可以看出，该种废水的生物处理具有一定的难度。因此，在对该类废水进行处理时，应尽可能考虑将整个生产过程实现清洁生产，使进入废水处理前的水质得到改善，既可以减少污染，又降低污水的处理费用。

事实上，抗生素废水中的物质大多是原料的组分，综合利用原料资源提高原料转化率始终是清洁生产技术的一个重要方向，因此需要对原料成分进行分析，并建立组分在生产过程中的物料平衡，掌握它们的流向，以实现对原料的“吃光榨尽”；同时生产用水也要合理节约，一水多用，采用合理的净水技术。生产工艺和设备的改进是一个关键性的问题，工艺改进主要是在原有发酵工艺的基础上，采用新技术使工艺水平大大提高。

(1) 工艺改进新技术

① 工艺改进、新药研制和菌种改造，加强原料的预处理，提高发酵效率，减少生产用水，降低发酵过程中可能出现的染菌等工艺问题；

② 逐渐采用无废少废的设备，淘汰低效多废的设备；

③ 菌种改造主要利用基因工程原理及技术。

在废水生物处理前，主要的工作任务则是微生物制药用的菌的选育、发酵以及产品的分离和纯化等工艺，研究用于各类药物发酵的微生物来源和改造、微生物药物的生物合成和调控机制、发酵工艺与主要参数的确定、药物发酵工程的优化控制、质量控制等。目前，生物新技术已得到了广泛的应用，主要包括大规模筛选的采用与创新，高效分离纯化系统的采用，对于制药厂为改善排放污水水质，大大地提高了微生物发酵技术和效率，使该类制药废水的可处理性得到提高。另外，应充分考虑生产过程中废水的回收和再利用，既可以回收废水中存在的抗生素等有用物质，提高原料的利用率，又可以减少废水排放量，改善排放废水水质，具有较为可观的综合利用价值，能产生较好的环境、经济和社会效益。

中国在这方面做了大量的研究，取得了一定成绩。例如，从庆大霉素工艺废水中回收提取菌丝蛋白；从土霉素提炼废水回收土霉素钙盐；从土霉素发酵废液中回收制取高蛋白饲料添加剂；从生产中间体氯代土霉素母液蒸馏回收甲醇；从淀粉废水中回收玉米浆、玉米油、蛋白粉。又如生产四环素，对其中一股乙二酸废水投加硫酸钙，反应得到乙二酸钙，再经酸化回收乙二酸。以青霉素生产废水为例，其发酵废水在中和并分离戊基乙酸盐后，废水水质有了很大的提高，如表 6-5 所示。

(2) 青霉素清洁工艺　青霉素是目前生产规模最大、应用最广的抗生素之一，具有抗菌作用强、疗效高和毒性低的优点，是治疗敏感性细菌感染的首选药物。

表 6-5 预处理后的青霉素发酵废水水质

参数	预处理前含量/(mg/L)	预处理后含量/(mg/L)	参数	预处理前含量/(mg/L)	预处理后含量/(mg/L)
BOD_5	13500	4190	总碳水化合物	240	213
总固体	28030	26800	NH_3-N	1200	91
挥发性固体	11000	10800	亚硝酸钠	350	28
还原性碳水化合物(按葡萄糖计)	650	416	硝酸氮(铵)	105	1.9

在提取过程中，应用最广泛的是溶剂萃取方法，而且多用乙酸丁酯为萃取剂，碳酸氢钠水溶液为反萃取剂，此工艺存在明显的缺点：①在 pH 酸性条件下萃取，青霉素降解损失严重；②低温操作，生产能耗大；③乙酸丁酯水溶性大，溶剂损失大而且回收困难；④反复萃取次数很多，导致废酸和废水量大。

为了降低成本，减少污染物排放，提高成品收率，进而增强企业竞争力，改革旧工艺实施清洁生产工艺迫在眉睫，下面几种提取新工艺能较好地克服上述弊端。

① 液膜法提取青霉素工艺　液膜法提取青霉素工艺见图 6-8，是将溶于正癸醇的胺类试剂（LA-2）支撑在多孔的聚丙烯膜上，利用青霉素与胺类的化学反应，把青霉素从膜一侧的溶液中选择性吸收转入另外一侧，而且母液中回收青霉素烷酸（6-APA）的收率也较高。膜分离是一种选择性高、操作简单和能耗低的分离方法，它在分离过程中不需要加入任何别的化学试剂，无新的污染源。

② 双水相萃取提取青霉素工艺　采用双水相体系（ATPS）从发酵液中提纯青霉素见图 6-9。

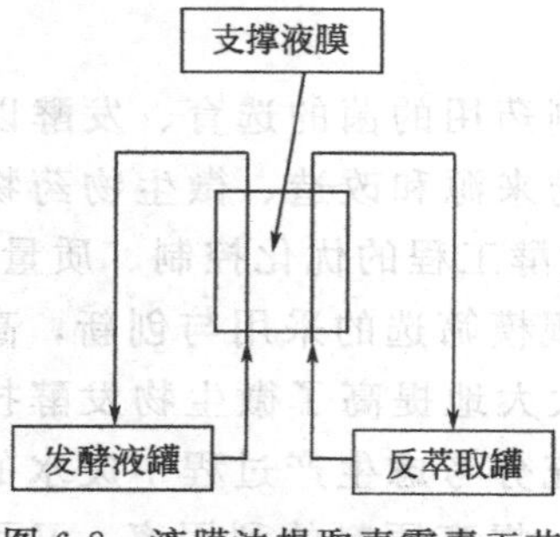

图 6-8　液膜法提取青霉素工艺

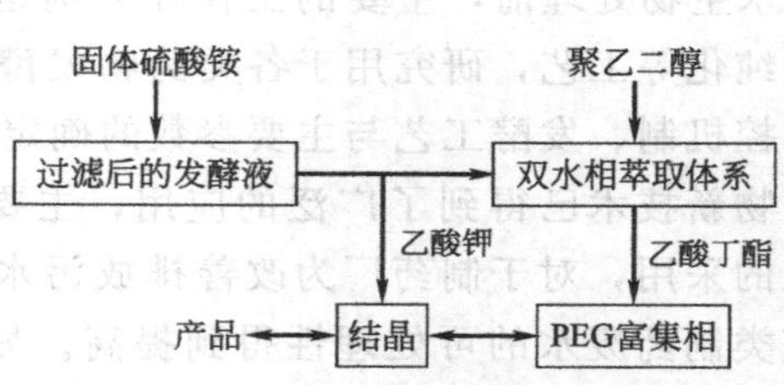

图 6-9　双水相萃取提取青霉素工艺

ATPS 萃取青霉素工艺过程为：首先在发酵液中加入 8%（质量分数，下同）的聚乙二醇（PEG 2000）和 20%的硫酸铵进行萃取分相，青霉素富集于轻相，再用乙酸丁酯从轻相中萃取青霉素。

其操作工艺条件和结果如下：料液，1L，10.25g/L；双水相体系富集，pH＝5.0，T＝293K，Y_t＝93.67%；乙酸丁酯萃取，pH＝1.7，T＝293K，Y_t＝92.42%；结晶，晶体质量为 7.228g，纯度为 88.48%。

双水相体系从发酵液中直接提取青霉素，工艺简单，收率高，避免了发酵液的过滤预处理和酸化操作；不会引起青霉素活性的降低；所需的有机溶剂量大大减少，更减少了废液和废渣的排放量。

复习思考题

1. 什么是清洁生产？
2. 我国化工清洁生产发展的科技问题是什么？
3. 化工清洁生产的技术领域有哪几方面？
4. 我国化工清洁生产关键技术有哪些？

实训题　调查开展清洁生产的工业企业

一、研究目的

对本地区的不同行业开展清洁生产的企业调查，了解开展清洁生产取得的效益。

二、调查内容

1. 企业的性质、规模、基本概况；
2. 企业的产品、规格、用途、销售状况；
3. 企业的生产工艺、技术指标及“三废”排放、处理状况；
4. 开展清洁生产所取得的效益，包括经济效益、环境效益和社会效益；
5. 企业采取了哪些清洁生产技术；
6. 调查相近企业没有开展清洁生产的状况；
7. 走访企业上级主管部门、清洁生产推广部门、评价部门、环境管理部门。

三、研究方式

1. 以调查访问法为主，学生可分成若干小组，分类调查。
2. 由各组组长写出本组调查报告。

四、成果形式

完成调查报告，着重比较是否开展清洁生产的两类企业的经济、环境、社会效益状况，分析本地区没有开展清洁生产的原因是什么，并提出本地企业开展清洁生产的合理建议。

第七章　噪声控制及其他化工污染防治

第一节　概　　述

随着工业、交通运输业的高度发展和城市人口的急剧膨胀，噪声污染日趋严重。同空气污染、水污染一起，噪声污染被公认为当今世界三大公害之一。

一、噪声的分类

一般认为凡是不需要的使人厌烦并对人类生活和生产有妨碍的声音都是噪声。它不仅包括杂乱无章不协调的声音，也包括影响旁人工作、休息、睡眠、谈话和思考的乐声。判断一个声音是否属于噪声，主观上的因素往往起着决定的作用。同一个人对同一种声音，在不同的时间、地点和条件下，可以产生不同的主观判断。例如，在心情舒畅或休息时，人们喜欢听音乐；而当心绪烦躁或集中精力思考问题时，即使再和谐的乐声也会使人反感。

产生噪声的声源称为噪声源。可以按照不同的分类方法作以下划分。

(1) 按照噪声随时间的变化划分　可分成稳态噪声和非稳态噪声。

① 稳态噪声　其强度不随时间而变化。如电机、风机、织机等产生的噪声。

② 非稳态噪声　其强度随时间而变化，可分为周期性的、瞬时的、脉冲的和无规则的。

(2) 按噪声产生的机理来划分　可分为机械噪声、空气动力性噪声和电磁性噪声三大类。

① 机械噪声　机械噪声是机械设备运转时，各部件之间的相互撞击、摩擦产生的交变机械作用力使设备金属板、轴承、齿轮或其他运动部件发生振动而辐射出来的声音。如锻锤、织机、机床、机车等产生的噪声。机械噪声又可分为撞击噪声、摩擦噪声、结构噪声、轴承噪声和齿轮噪声等。

② 空气动力性噪声　空气压缩机、引风机、鼓风机运转时，叶片高速旋转会使叶片两侧的空气发生用力突变，气体通过进出气口时激发声波而产生的噪声。按发生机理又可分为喷射噪声、涡流噪声、旋转噪声、燃烧噪声等。

③ 电磁性噪声　由于电机等交变力相互作用而产生的噪声称为电磁性噪声。如电流和磁场的相互作用产生的噪声、发电机、变压器产生的噪声等。

(3) 按噪声的来源划分　与人们生活密切相关的是城市噪声，它的来源大致可分为工厂生产噪声、交通噪声、施工噪声和社会噪声等。

① 工厂生产噪声　特别是地处居民区而没有声学防护措施或防护措施不好的工厂辐射出的噪声，对居民的日常生活干扰十分严重。例如大型鼓风机、空压机放空排气时，排气口附近的噪声级可达 110～150dB，传到居民区常常超过 90dB。表 7-1 为一些机械设备噪声级范围。

② 交通噪声　主要来自交通运输。载重汽车、公共汽车、拖拉机等重型车辆行进噪声约 80～92dB，电喇叭大约 90～100dB，汽喇叭大约 105～110dB。见表 7-2 所示。一般大型喷气客机起飞时，距跑道两侧 1km 内语音通信受到干扰，4km 内不能睡眠和休息。如美国芝加哥市俄亥俄国际机场平均每天起落飞机 1940 架次，一年约 699000 多架次，来往乘客

3600 万，整天轰鸣不断，周围居民深受其害。

表 7-1　一些机械设备噪声级范围

设备名称	噪声级/dB(A)	设备名称	噪声级/dB(A)
轧钢机	92～107	柴油机	110～125
切管机	100～105	汽油机	95～110
气锤	95～105	球磨机	100～120
鼓风机	95～115	织布机	100～105
空气压缩机	85～95	纺纱机	90～100
车床	82～87	超声波清洗机	90～100
电锯	100～105	印刷机	80～95
电刨	100～120	蒸汽机	75～80

表 7-2　典型机动车辆噪声级范围

车辆类型	加速时噪声/dB(A)	匀速时噪声/dB(A)	车辆类型	加速时噪声/dB(A)	匀速时噪声/dB(A)
重型货车	89～93	84～89	中客车	83～86	73～77
中型货车	85～91	79～85	小轿车	78～84	69～74
轻型货车	82～90	76～84	摩托车	81～90	75～83
公共汽车	82～89	80～85	拖拉机	83～90	79～88

③ 施工噪声　我国城市现代化建设速度加快，城市建筑施工噪声越来越严重。建筑施工噪声尽管具有暂时性，但由于城市人口增长过快，施工面广且工期长，因此噪声污染相当严重。据测定，距离建筑施工设备 10m 处，打桩机为 88dB，推土机、刮土机为 91dB 等，这些不仅给操作工人带来危害，也严重影响了居民的生活和休息。

④ 社会噪声　主要指人群活动出现的噪声。如人们的喧闹声、沿街的吆喝声，家庭用洗衣机、收音机、缝纫机发出的都属于社会噪声。沿街安装的高音喇叭声、秧歌锣鼓声干扰更为严重，影响人们正常的谈话、工作、学习和休息，使人心烦意乱。

二、噪声污染特征及危害

噪声属于感觉公害，与水、气污染不同，它有其自身的特点，即环境噪声影响范围的局限性和环境噪声声源分布的分散性。首先它是一种物理污染，在空气中传播时并未给周围环境留下什么毒害性的物质；其次，噪声对环境的影响不积累、不持久，传播的距离也有限。不像水、气污染源排放的污染物，即使停止排放，污染物在长时间内还残留着，会持续产生污染。另外，噪声声源分散不是单一的，具有随发分散性。一旦声源停止发声，噪声也就消失。因此，噪声无法集中处理，只能进行控制。

噪声的卫生标准认为 40dB 是正常的环境声音。超过 40dB 便是有害的噪声，它影响人们的睡眠和休息、干扰工作、妨碍谈话、损害听力，甚至引起心血管系统、神经系统、消化系统等方面的疾病，如图 7-1 所示。主要表现为以下几个方面。

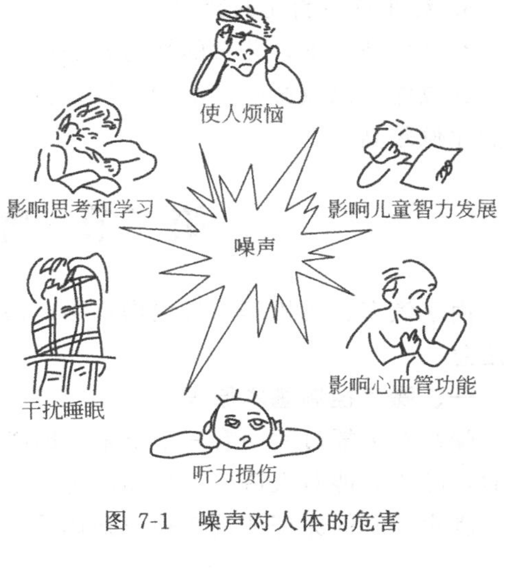

图 7-1　噪声对人体的危害

1. 损伤听力

噪声可以使人造成暂时性的或持久性的听力损伤，一般说来超过 85dB 的噪声就可能危害听觉。

由表 7-3 可见，超过 90dB 的噪声，耳聋发病率明显增加。噪声的危害，关键在于其长期作用。

表 7-3　工作 40 年后噪声性耳聋发病率　单位：%

噪声级(A)值/dB	国际统计	美国统计	噪声级(A)值/dB	国际统计	美国统计
80	0	0	95	29	28
85	10	8	100	41	40
90	21	18			

2. 干扰睡眠

噪声会影响人的睡眠质量和数量。当睡眠受干扰而辗转不能入睡时，就会出现呼吸频繁、脉搏跳动加快、神经兴奋等现象，第二天会觉得疲倦、易累，从而影响工作效率。久而久之，就会引起失眠、耳鸣多梦、疲劳无力、记忆力衰退等病症。

3. 对生理影响

噪声可引起人体紧张的反应，刺激肾上腺素的分泌，因而引起心率改变和血压升高。噪声会使人的唾液、胃液分泌减少，胃酸降低，从而易患胃溃疡和十二指肠溃疡。噪声对人的内分泌机能也会产生影响，在高噪声环境下，会使女性机能紊乱，月经失调，孕妇的流产率增高。近年来还有人指出，噪声是刺激癌症的病因之一。

4. 对动物的影响

在 20 世纪 60 年代初期，美国 F104 喷气机作超声速飞行试验，飞行高度为 10000m，每天飞行 8 次，持续飞行 6 个月。结果在飞机轰隆声的作用下，使俄克拉荷马市一个农场的 10000 只鸡被轰鸣声杀死 6000 只。

5. 对建筑物的损害

20 世纪 50 年代曾有报道，一架以每小时 1100km 的速度飞行的飞机，作 60m 的低空飞行时，噪声使地面一幢楼房遭到破坏。在美国统计的 3000 件喷气飞机使建筑物受损害的事件中，抹灰开裂的占 43%，损坏的占 32%，墙体开裂的占 15%，瓦损坏的占 6%。

6. 对儿童和胎儿的影响

在噪声环境下，儿童的智力发展缓慢。研究表明，噪声使母体产生紧张反应，会引起子宫血管收缩，以致影响供给胎儿发育所必需的养料和氧气。有人研究发现，吵闹区婴儿体重轻的比例较高。

第二节　噪声控制基本途径

由于汽车、飞机等与日俱增，噪声污染已引起人们的高度重视，控制噪声污染已成为当务之急。

一、噪声控制基本原理

噪声在传播过程中有三个要素，即噪声源、传播途径、接收者。只有这三个要素同时存在时，噪声才能对人造成干扰和危害。

噪声控制的原理就是在噪声到达耳膜之前，采用阻尼、隔振、吸声、隔声、消声器、个人防护和建筑等措施，尽力减少或降低声源的振动，或将传播中的声能吸收掉，或设置障碍使声音全部或部分反射出去，减弱对耳膜的作用。

二、噪声控制技术

控制噪声必须从噪声的三要素去考虑，既要对其分别进行研究，又要将它作为一个系统综合考虑。从发生噪声污染的全过程来分析，可以通过以下一些途径。

1. 从声源上降低噪声

控制噪声污染的最有效方法是消除或减少噪声源。

由于工矿企业中噪声源的类型不同，产生噪声的机理各不相同，所采用的控制技术也不相同。

（1）机械噪声控制　避免运动部件的冲击和碰撞，降低部件之间的撞击力和速度；提高旋转运动部件的平衡精度，减少旋转运动部件的周期性激发力；提高运动部件的加工精度和光洁度，降低运动部件的振动振幅，采取足够的润滑减小摩擦力；在固定零部件接触面上，增加特性阻抗不同的弹性材料，减少固体传声；在振动较大的零部件上安装减振器，以隔离振动，减少噪声传递；采用具有较高内损耗系数的材料作机械设备中噪声较大的零部件，或在振动部件的表面附加外阻尼，降低其声辐射效率；改变振动部件的质量和刚度，防止共振，调整或降低部件对外激发力的响应，降低噪声。

（2）气流噪声的控制　气流噪声是由气流流动过程中的相互作用或气流和固体介质之间的作用产生的。其控制的主要方法是：选择合适的空气动力机械参数，减小气流脉动，减小周期性激发力；降低气流速度，减少气流压力突变，降低湍流噪声；降低高压气体排放压力和速度；安装合适的消声器。

（3）电磁噪声的控制　降低电动机噪声的主要措施为：合理选择沟槽数和级数；在转子沟槽中充填一些环氧树脂材料，降低振动；增加定子的刚性；提高电源稳定度；提高制造和装配精度。

降低变压器电磁噪声的主要措施有：减小磁力线密度；选择低磁性硅钢材料；合理选择铁芯结构，铁芯间隙填充树脂性材料，硅钢片之间采用树脂材料粘贴。

（4）隔振技术　许多噪声是由振动诱发产生的，在对声源进行控制时，必须考虑隔振。控制振动的目的不仅在于消除因振动而激发的噪声，而且还在于消除振动本身对周围环境造成的有害影响。

控制振动的方法与控制噪声的方法有所不同，可归纳为如下三类。

① 减小扰动　减小或消除振动的激励，即采用各种平衡方法来改善机器的平衡性能，改进和提高制造质量，减小构件加工误差，提高安装中的对中质量，控制安装间隙，对具有较大辐射表面的薄壁结构采取必要的阻尼措施。

② 防止共振　防止或减小设备、结构对振动的响应。改变振动系统的固有频率、扰动频率，采用动力吸振器，增加阻尼，减小共振时的辐射。

③ 采取隔振措施　减小或隔离振动的传递。按照传递方向的不同，分为隔离振源和隔离响应两种。隔离振源目的在于隔离或减小动力的传递，使周围环境或建筑结构不受振动的影响，一般动力机器、回转机械、锻冲压设备的隔振都属于这一类；隔离响应又称为被动隔振或消极隔振，目的在于隔离或减小运动的传递，使精密仪器与设备不受基础振动的影响，像电子仪器、贵重设备、精密仪器、易损件、录音室人体座垫的隔振都属于这一类。常用的隔振装置有金属弹簧、橡胶隔振器等。

2. 控制噪声的传播途径

在噪声发生以后，在它传播途径上加以控制的主要方法有以下几种。

（1）利用噪声的自然衰减　噪声从声源发出后，传播越远降低越多。因此城市在总体规划、工厂总体设计时，要将生产区、生活区、教学区分开，注意布局合理。

（2）利用声源的指向性　电厂、化工厂的高压锅炉、高压容器的排气放气，如果把它的出口朝向天空或野外，比朝向生活区能减低噪声10dB。如图7-2所示。

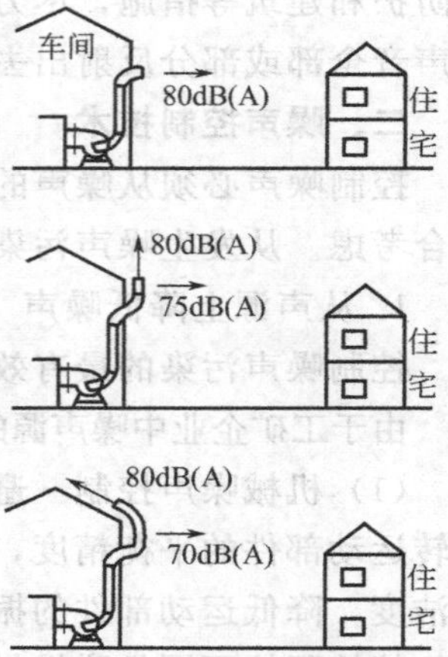

图 7-2　声源的指向性

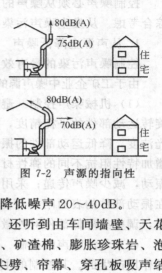

（3）利用屏障的阻挡作用　有关数据表明40m宽的林带能降低10～15dB，绿化的街道比没有绿化的街道降低噪声8～10dB。我国贵阳市黄果树风景区的专用公路边建了一道高3.5m，长778.72m的“声屏障”，有效地吸收、阻隔了噪声。

（4）消声　在通风机、鼓风机、压缩机、内燃机、柴油机、燃气轮机等设备的进出口管道中，安装合适的消声器一般能降低噪声20～40dB。

（5）吸声　在车间里，工厂除了听到车间声源的直达声外，还听到由车间墙壁、天花板、地面多次反射形成的混响声。常用的吸声材料有超细玻璃棉、矿渣棉、膨胀珍珠岩、泡沫塑料、微孔吸声砖等；常用的吸声结构有空间吸声体、吸声尖劈、帘幕、穿孔板吸声结构、微穿孔板吸声结构等。

（6）隔声　在声源和离开声源的某一点之间设置一道障板，或者把声源封闭在一个小的空间内，这种使噪声与人的周围环境隔离隔绝起来的办法叫隔声。典型的装置有隔声罩和隔声间。图7-3是一个车间噪声控制示意图。

（7）减振　除控制噪声通过空气的传播外，还要控制噪声通过固体如地板、墙壁等传播，需在机器的基础上和地板墙壁等处，装设隔振或减振装置，如弹簧、减振垫层等。

3. 个人防护

在声源和传播途径上控制噪声难以达到标准时，采取个人防护还是最有效、最经济的方法。最常用的是佩戴护耳器，可使耳内噪声降低10～40dB。护耳器的种类很多，按构造差异分为耳塞、耳罩和头盔。

耳塞体积小，使用方便；耳罩隔声性能较耳塞优越，易清洁，但不适于高温下佩戴；头盔的隔声效果好，防止噪声的气导泄漏，但制作工艺复杂，价格较贵，通常用于如火箭发射场等特殊场所。

三、噪声的综合防治对策

噪声直接影响人民群众的生活、学习和工作，因此，治理噪声是环保的一项重要工作。

目前国内外综合防治噪声污染主要从两个方面进行：一是从噪声传播分布的区域性控制角度出发，强化城市建设规划中的环境管理，贯彻土地使用的合理布局，特别是工业区和居民区分离的原则，即在噪声传播影

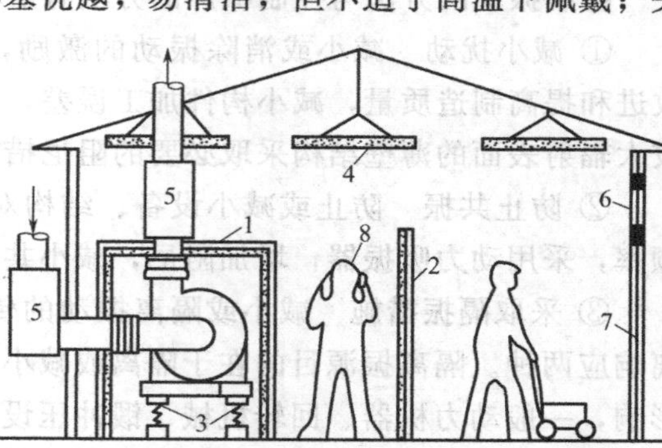

图 7-3　车间噪声控制示意图

1—风机隔声罩；2—隔声屏；3—减振弹簧；4—空间吸声体；5—消声器；6—隔声窗；7—隔声门；8—防声耳罩

响上间接采取防治措施；二是以噪声总能量控制出发，对各类噪声声源机电设备的制造、销售和使用，即对污染源本身直接采取限制措施。具体做到如下几点。

① 制定科学合理的城市规划和城市区域环境规划，划分每个区域的社会功能，对居住生活区建立必要的防噪声隔离带或采取成片绿化等措施，缩小工业噪声的影响范围。城区环境噪声标准见表 7-4。

表 7-4 中国城区环境噪声标准

适用区域	昼夜噪声级/dB(A)	夜间噪声级/dB(A)	备注
特殊住宅区	45	35	特别需要安静的住宅区，如医院、疗养院、宾馆等
居民、文教区	50	40	指居民和文教、机关区
一类混合区	55	45	指一般商业与居民混合区
二类混合区商业中心区	60	50	指工业、商业、少量交通和居民区；商业繁华地区
工业集中区	65	55	指城市或区域规划明确规定的工业区
交通干线道路两旁	70	55	指车流量每小时 100 辆以上的道路两旁

② 有组织有计划地调整、搬迁噪声污染扰民严重而就地改造又有困难的中小企业，严格执行有关噪声环境影响评价和“三同时”项目的审批制度，以避免产生新的噪声污染。

③ 发展噪声污染现场实时监测分析技术，对工业企业进行必要的污染跟踪监测监督，及时有效地采取防治措施，建立噪声污染申报登记管理制度，充分发挥社会和群众监督作用，大幅度消除噪声扰民矛盾。

④ 对不同的噪声声源机械设备实施必要的产品噪声限制标准和分级标准。发展技术先进的低噪声安静型产品，逐步淘汰落后的高噪声产品。

⑤ 建立有关研究和技术开发、技术咨询机构，开发运用低噪声新工艺，高阻尼减振新材料、包装式整机隔声罩设计等，在产品的设计制造中实现有效噪声控制。

⑥ 提高吸声、消声、隔声、隔振等专用材料的性能。以适应通风散热、防尘防爆、耐腐蚀等技术要求。

“防治结合，以防为主，综合治理”，若把噪声的污染控制放在事前来考虑解决，比事后解决可取得事半功倍的效果，因此必须严格控制新的污染源的产生，同时对历史遗留下来的噪声污染源给予充分的重视和解决。

第三节 其他化工污染防治

一、煤化工污染及其防治

1. 煤化工环境污染

煤化工是以煤为原料的化学加工过程，由于煤本身的特殊性，在其加工、原料和产品的贮存运输过程中都会对环境造成污染。

炼焦化学工业是煤炭化学工业的一个重要部分，中国炼焦化学工业已从焦炉煤气、焦油和粗苯中制取 100 多种化学产品，这对中国的国民经济发展具有十分重要的意义。但是，焦化生产有害物排放源多，排放物种类多、毒性大，对大气污染是相当严重的。

据不完全统计，中国每年焦炭生产要向大气排放的苯可溶物、苯并芘及烟尘等污染物大 70 万吨，苯并芘 1700t。这些苯、酚类污染物，用常规处理方法很难达到理想效果，污染物的累积对生态环境造成不可挽回的影响，尤其是向大气排放的苯及芘是强致癌物，严重影响当地居民的身体健康。

炼焦工业排入大气的污染物主要发生在装煤、推焦和熄焦等工序。在回收和焦油精制车间有少量含芳香烃、吡啶和硫化氢的废气，焦化废水主要为含酚废水，焦化生产中的废渣不多，但种类不少，主要有焦油渣、酸焦油（酸渣）和洗油再生残渣等。另外，生化脱酚工段有过剩的活性污泥，洗煤车间有矸石产生。

在气化生产过程中，煤气的泄漏及放散有时会造成气体的污染，煤场仓贮、煤破碎、筛分加工过程产生大量的粉尘；气化形成的氨、氰化物、硫氧碳、氯化氢和金属化合物等有害物质溶解在洗涤水、洗气水、蒸汽分馏后的分离水和贮罐排水中形成废水；在煤中的有机物与气化剂反应后，煤中的矿物质形成灰渣。

煤气化生产中，根据不同气化原料、气化工艺及净化流程的差异，污染物产生的种类、数量及对环境影响的程度也各不相同。

① 气化原料种类的不同，生产过程对环境污染程度就不同　例如：烟煤作为原料的气化过程污染程度通常高于无烟煤，因为无烟煤、焦炭气化时干馏阶段的挥发物、焦油数量极少。

② 气化工艺不同，对环境污染影响差异性很大　三种气化工艺废水中杂质的浓度大不相同，采用移动床工艺时，废水中所含的苯酚、焦油和氰化物浓度都高于流化床和气流床工艺。因此移动床工艺中，净化时循环冷却水受污染严重。导致有害气体逸出在大气中，造成的大气污染也相对严重。

③ 净化工艺不同，煤气生产对环境的影响也不一样　冷煤气站污染程度高于热煤气站。因为热煤气生产工艺中，煤气不需要冷却，只采用干式除尘的净化方式，即没有冷煤气生产工艺带来的污染问题。

煤的液化分为间接液化和直接液化。间接液化主要包括煤气化和气体合成两大部分，气化部分的污染物如前所述；合成部分的主要污染物是产品分离系统产生的废水，其中含有醇、酸、酮、醛、酯等有机氧化物。直接液化的废水和废气的数量不多，而且都经过处理，主要环境问题是气体和液体的泄漏以及放空气体所含的污染物等，表 7-5 为溶剂精炼煤法对空气的污染（以每加工 7×10^4t 计）。直接液化的残渣量较多，其中主要含有未转化的煤粉、催化剂、矿物质、沥青烯、前沥青烯及少量油，直接液化的残渣一般用于气化制氢后剩余灰渣。

表 7-5　溶剂精炼煤法的空气污染物

污染物	数量/t	污染物	数量/g
微粒	1.2	砷	1.4
SO_2	16	镉	130
NO_x	23	汞	23
烃类	2.3	铬	2200
CO	1.2	铅	480

2. 煤化工污染防治对策

(1) 加快淘汰小土焦　土焦比机焦多耗优质煤 200kg/t 焦，多耗优质煤气 250m^3/t 焦，造成了大量资源浪费。维持土焦生产对国内机焦企业和正常出口秩序造成了严重影响，而且对环境污染更为严重。目前，中国已有机焦生产能力 1.03 亿吨，另有在建机焦生产能力近 1000 万吨。随着节焦、代焦措施的应用，全国焦炭消耗量将维持在 1 亿吨左右。从目前中国机焦生产与建设情况看，是完全可以满足市场需求的。全部淘汰土焦，不会造成焦炭供应缺口，反而促使焦炭价格更趋向合理。

（2）焦炉大型化　20世纪70年代，全球焦化业已面临着环境、经济、资源三大难题。美国、德国、日本等国家在改进传统水平室式炼焦炉基础上，开发了低污染焦新炉型。美国开发应用了"无回收炼焦炉"，德国、法国、意大利、荷兰等8个欧洲国家联合开发了"巨型炼焦反应器"，日本开发了"21世纪无污染大型炼焦炉"，乌克兰开发"立式连续层状炼焦工艺"，德国还开发了"焦炭和铁水两种产品炼焦工艺"等。各国对传统的炼焦炉改进的技术趋势是：①扩大炭化室有效容积；②采用导热、耐火性能好、机械强度高的筑炉材料；③配备高效污染治理设施；④生产规模大型化、集中化。

在国际炼焦炉技术大力改进的形势下，中国仍有许多炭化室高度小于2.8m的小机焦炉，不仅能耗、物耗高，且无脱硫、脱氨、脱苯等煤气净化工艺以及较完善的环保设施，应逐步淘汰。焦炉的大型化可降低出炉次数和炭化室数，可使排放污染物的数量减少。通过对不同炭化室容积的机焦炉废气污染物监测的结果表明，焦炉炉体废气逸散量与炭化室有效容积成反比关系。表7-6中列出不同炭化室容积的机焦炉污染物排放浓度情况。

表7-6　不同炭化室容积的机焦炉污染物排放浓度情况

焦炉名称(炭化室高)		JN4.3炉	JN2.8炉	2.5m炉	70型炉	红旗炉
炭化室有效容积/m^3		23.9	11.2	5.25	3.34	2.6
污染物排放浓度	颗粒物/(mg/m^3)	3.28	6.99	14.92	23.48	30.14
	苯可溶物/(mg/m^3)	1.02	2.17	4.64	7.30	9.37
	苯并芘/($\mu g/m^3$)	5.36	11.41	24.38	38.37	49.25

（3）积极推广清洁生产和节焦技术　清洁生产是指不断采取改进设计、使用清洁的能源和原料、采用先进的工艺技术与设备、改善管理、综合利用等措施，从源头削减污染，提高资源利用效率，减少或者避免生产、服务和产品使用过程中污染物的产生和排放，以减轻或者消除对人类健康和环境的危害。

中国炼焦行业的清洁生产标准（HJ/T 126—2003）已于2003年6月1日实施，在炼焦行业治理、改造和建设中，应严格执行该标准。要采用配型煤与风选调湿技术、干熄焦技术、装煤、出焦消烟尘技术、脱硫、脱氰、脱氨等一系列先进技术，使装煤、出焦、熄焦时产生的污染降到最低程度，实现炼焦的清洁生产。在钢铁工业和化工工业（占焦炭消费量的85%）中，大力推广节焦、代焦技术措施，降低国内焦炭消费。

（4）发展以煤气化为核心的多联产技术　21世纪可持续发展的新能源技术是以煤气化为核心的多联产模式，要消除现有煤开采、加工所带来的污染，特别是高硫煤的污染，只有靠洁净煤、水煤浆、地下气化、坑口煤气化、硫回收、以洁净煤气进行化工生产和发电、废渣生产建材等多联产的新能源模式才可以实现可持续发展。

新模式可在坑口就地消化粉煤和矸石。

新模式采用无焦油污染的气化方法。

新模式通过碳一化学技术、甲醇化学技术、羰基合成技术，进一步生产洁净品替代车用燃料和民用燃料，可减少城市中的大气污染。同时通过化学深加工获得高效益的化工产品。

（5）液化"三废"治理　煤液化尚未全面工业化，今后如果建厂投产，应同时建立"三废"治理设施，所有污染物都在厂内得到处理，这对环境保护是十分有益的。

二、废热污染及其防治

1. 概述

(1) 热污染　由于人类的某些活动，使局部环境或全球环境发生增温，并可能对人类和生态系统产生直接或间接、即时或潜在的危害的现象可称为热污染。热污染包括以下内容：①燃料燃烧和工业生产过程中产生的废热向环境的直接排放；②温室气体的排放，通过大气温室效应的增强，引起大气增温；③由于消耗臭氧层物质的排放，破坏了大气臭氧层，导致太阳辐射的增强；④地表状态的变化，使反射率发生变化，影响了地表和大气间的换热等。

温室效应的增强、臭氧层的破坏，都可引起环境的不良增温，对这些方面的影响，现在都已作为全球大气污染的问题，专门进行了系统的研究。

(2) 热污染的来源　热污染主要来自能源消费，这里不仅包括发电、冶金、化工等工业生产，消耗能源排放出的热量，而且包括人口增加将导致居民生活和交通工具等消耗增多而排放出的废热。按热力学定律来看，人类使用的全部能量最终将转化为热，一部分转化为产品形式，一部分以废热形式直接排入环境。转化为产品形式的热量，最终也要通过不同的途径，释放到环境中。以火力发电的热量为例：在燃料燃烧的能量中，40%转化为电能，12%随烟气排放，48%随冷却水进入到水体中。在核电站，能耗的33%转化为电能，其余的67%均变为废热全部转入水中。由以上数据可以看出，各种生产过程排放的废热大部分转入到水中，使水升温成温热水排出。这些温度较高的水排进水体，形成对水体的热污染。电力工业是排放温热水量最多的行业，据统计，排进水体的热量，有80%来自发电厂。

(3) 热污染的危害　热污染除影响全球的或区域性的自然环境热平衡外，还对大气和水体造成危害。由于废热气体在废热排放总量中所占比例较小，因此，它对大气环境的影响表现不太明显，还不能构成直接的危害。而温热水的排放量大，排入水体后会在局部范围内引起水温的升高，使水质恶化，对水生物圈和人的生产、生活活动造成危害，其危害主要表现在以下几个方面。

① 影响水生生物的生长　水温升高，影响鱼类生存。在高温条件时，鱼在热应力作用下发育受阻，严重时，导致死亡；水温的升高，降低了水生动物的抵抗力，破坏水生动物的正常生存。

② 导致水中溶解氧降低　水温较高时鱼及水中动物代谢率增高，它们将会消耗更多的溶解氧，这样就会导致水中的溶解氧减少，势必对鱼类生存形成更大的威胁。

③ 藻类和湖草大量繁殖　水温升高时，藻类种群将发生改变，具有正常混合藻类种群的河流中，在20℃时硅藻占优势；在30℃时绿藻占优势；在35～40℃时蓝藻占优势。蓝藻占优势时，则发生水污染，水有不好的味道，不宜供水，并可使人、畜中毒。

环境污染对人类的危害大多是间接的，首先冲击对温度敏感的生物，破坏原有的生态平衡，然后以食物短缺、疫病流行等形式波及人类。不过，危害的出现往往要滞后较长的时间。

2. 热污染的防治

(1) 改进热能利用技术，提高热能利用率　通过提高热能利用率，既节约了能源，又可以减少废热的排放。如美国的火力发电厂，20世纪60年代时平均热效率为33%，现已提高到使废热的排放量降低很多。

(2) 利用温排水冷却技术减少温排水　电力等工业系统的温排水，主要来自工艺系统中的冷却水，对排放后的困难造成热污染的这种冷却水，可通过冷却的方法使其降温，降温后的冷水可以回到工业冷却系统中重新使用。冷却方法可用冷却塔冷却，或用冷却池冷却。比较常用的为冷却塔冷却。在塔内，喷淋的温水与空气对流流动。通过散热和部分蒸发达到冷却的目的。应用冷却回用的方法，节约了水资源，又可向水体不排或少排温热水，减少热污染的危害。

3. 废热的综合利用

对于工业装置排放的高温废气，可通过如下途径加以利用：①利用排放的高温废气预热冷原料气；②利用废热锅炉将冷水或冷空气加热成热水和热气，用于取暖、淋浴、空调加热等。

对于温热的冷却水，可通过如下途径加以利用：①利用电站温热水进行水产养殖，如国内外均已试验成功用电站温排水养殖非洲鲫鱼；②冬季用温热水灌溉农田，可延长适于作物的种植时间；③利用温热水调节港口水域的水温，防止港口冻结等。

通过上述方法，对热污染起到一定的防治作用。但由于对热污染研究得还不充分，防治方法还存在许多问题，因此有待进一步探索提高。

复习思考题

1. 从环境保护的角度，试述噪声的含义。
2. 城市噪声有哪几种？
3. 噪声的卫生标准是多少？
4. 噪声有哪些危害？
5. 噪声控制的基本原理是什么？
6. 从哪几个方面来防治噪声污染？
7. 煤化工污染表现在哪些方面？如何防治？
8. 热污染包括哪些方面？其危害有哪些？应怎样防治？

实训题　环境噪声监测

一、目的

(1) 了解区域环境噪声、城市交通噪声和工业企业噪声的监测方法。

(2) 了解声级计的使用方法。

(3) 了解噪声污染图的绘制方法。

(4) 明确噪声污染图的绘制方法。

二、用品

PSJ-2B 型普通声级计，精度为±1.0dB。见图 7-4。

三、实训内容

1. 区域环境噪声监测

(1) 步骤

① 将学校的平面图按比例划分为 25m×25m 的网格（可放大），以网格中心为测量点。

② 每组 4 人配置一台声级计，顺序到各网点测量，以 8:00～17:00 为宜，每个网格至少测四次，每次连续读 200 个数据。

③ 慢挡方式读数，每隔 5s 读一个瞬时 A 声级，连续读取 200 个数据。同时判断和记录附近主要噪声

源和天气条件。

（2）结果处理　用等效连续声级表示。

L_{10}表示 10%的时间超过的噪声级，相当于噪声的平均峰值。

L_{50}表示 50%的时间超过的噪声级，相当于噪声的平均值。

L_{90}表示 90%的时间超过的噪声级，相当于噪声的本底值。

将各网格每一次的测量数据从小到大排列，第 20 个数为 L_{90}，第 100 个数为 L_{50}，第 180 个数为 L_{10}。

$$d = L_{10} - L_{90}$$

$$L_{eq} = L_{50} + \frac{d^2}{60}$$

再将各网点一整天的各次 L_{eq}值求出算术平均值，作为该网格的环境噪声评价量。

（3）以 5dB(A) 为一等级，用不同颜色或不同记号绘制学校噪声污染图。

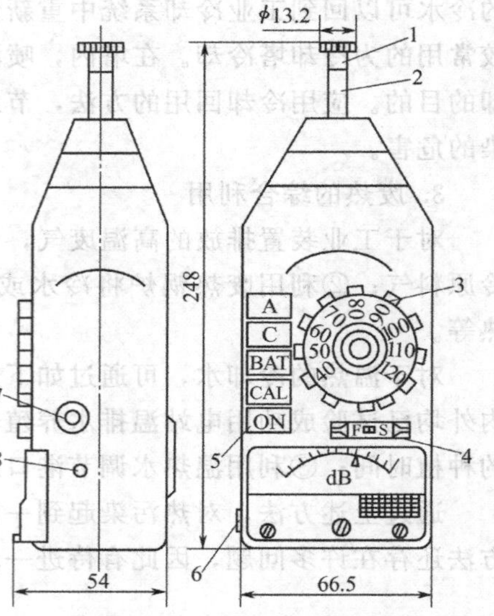

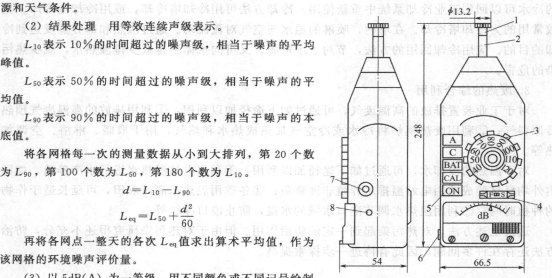

图 7-4　PSJ-2B 型声级计

1—测试传声器；2—前置级；3—分贝拨盘；4—快慢（F、S）；5—接滤波器、开关-按键；6—输出插孔；7—+10dB 按钮；8—灵敏度调节孔

2. 城市交通噪声监测

（1）步骤

① 在每两个交叉路口之间的交通线上选择一个测点。在马路边人行道上离马路 20cm 设测点。

② 慢挡方式读数，每隔 5s 记一个瞬时 A 声级，连续读 200 个数据，同时记录机动车流量。

（2）结果处理　可用前述方法计算各测点的 L_{eq}。

将每个测点按 5dB(A) 一挡分级，用不同颜色或不同记号绘制一段马路的噪声值。噪声分级图例如图 7-5 所示。

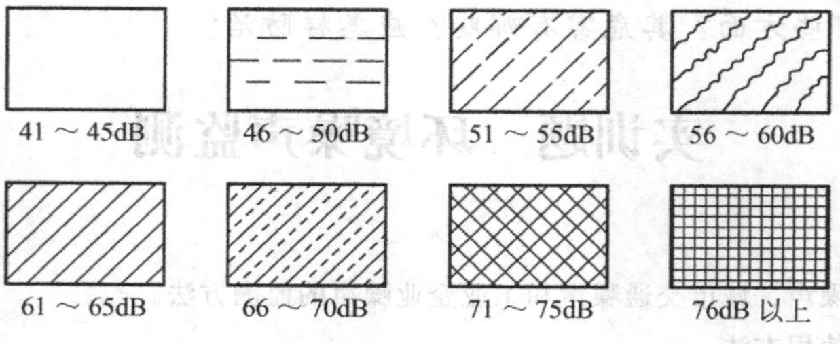

图 7-5　噪声分级图例

3. 工业企业噪声监测

（1）步骤

① 选取合适的测点。

② 读数方式用慢挡，每隔 5s 记一个瞬时 A 声级共 200 个数据。

③ 同时记录车间内机器名称、型号、功率、运行情况、设备和测点的分布。

（2）结果处理　计算 L_{eq}的方法同前。

若车间各处声级波动小于 3dB(A)，可先求出各测点的 L_{eq}值，再以各测点的 L_{eq}算术平均值为车间内噪声评价量。

若车间各处声级波动大于 3dB(A)，则各区域的噪声值可用该区域内各测点 L_{eq}的算术平均值来表示。用 5dB（A）一挡分级，用不同颜色或记号画出车间噪声污染图。

四、注意事项

1. 测量时要求天气条件为无雨、无雪及较小的风力。风力三级以上须加风罩，避免风噪声干扰，五级以上大风应停止测量。

2. 声级计可手持或固定在三角架上，传声器离地面高 1.2m，手持时，应使人体与传声器距离 0.5m 以上。

3. 测量工业企业噪声时，声级计应固定在三角架上，传声器的高度应与操作工人的耳朵位置相当。

4. 要保持传声器膜片清洁。

阅读材料

声压　声强　声压级　噪声级

声压：在声音传播过程中，空气压力相对于大气压力的变化，称为声压，用 p 表示，单位为帕（Pa）。

声强：J，声音的强度，1s 内通过与声音前进方向垂直的、$1m^2$ 面积上的能量，其单位为 W/m^2。

$$J=\frac{p^2}{\rho c}$$

式中　ρ——介质的密度，kg/m^3；

c——声音的传播速度，m/s。

声压级：$L\text{p}$，被测声压与基准声压之比的对数乘以 20 的分贝数。

$$L\text{p}(\text{dB})=20\lg\frac{p}{p_0}$$

式中　p——被测声压，Pa；

p_0——基准声压，Pa；

$L\text{p}$——声压级，dB。

噪声级：用声压级和频率对人的共同作用来表示噪声的强弱称为噪声级。通过噪声计来测量。设 A、B、C 三种特性网络。A 网络可将低频声音滤掉，较好模拟人耳听觉性，测出噪声级称为 A 声级，其单位为分贝 dB(A)。

第八章　环境保护措施与可持续发展

第一节　环境管理

环境管理是环境科学的一个重要分支也是一个工作领域，是环境保护工作的重要组成部分。它是指各级人民政府的环境管理部门运用经济、法律、技术、行政、教育等手段，限制人类损害环境质量的行为，通过全面规划使经济发展与环境相协调，达到既要发展经济满足人类的基本需求，又不超出环境的允许极限。环境管理的问题是遵循生态规律、经济规律，正确处理发展与环境的关系，通过对人类行为的管理，达到保护环境的目的和人类的持续发展。

一、中国环境管理的发展历程

中国环境管理工作是在1972年之后，特别是十一届三中全会和第二次全国环境保护工作会议之后才得到迅速发展，并取得了很大成就。

1. 创建阶段（1972年～1982年8月）

1972年，中国环境代表团参加了在斯德哥尔摩召开的联合国“人类环境会议”。第一次提出了“全面规划、合理布局、综合利用、化害为利、依靠群众、大家动手、保护环境、造福人民”的32字环境保护工作方针。1979年3月，在成都召开的环境保护工作会议，提出了“加强全面环境管理，以管促治”；同年9月，公布了《中华人民共和国环境保护法（试行）》，使环境管理在理论和实践方面不断深入。1980年3月，在太原市召开了中国环境管理、环境经济与环境法学学会成立大会，提出“要把环境管理放在环境保护工作的首位”。环境保护有两大方面，一是环境管理，一是环境工程，在我国当前的情况下应该把环境管理放在首位。

2. 开拓阶段（1982年8月～1989年4月）

1983年底召开的第二次全国环境保护会议，制定了我国环境保护事业的大政方针：一是明确提出环境保护是我国的一项基本国策；二是确定了“经济建设、城乡建设、环境建设同步规划、同步实施、同步发展，实现经济效益、社会效益和环境效益相统一”的环保战略方针；三是把强化环境管理作为环境保护的中心环节。从此，中国的环境管理进入崭新的发展阶段，首先是环境政策体系初步形成；其次是环境保护法规体系初步形成；再是初步形成了我国的环境标准体系。在这一阶段，环境管理组织体系基本建成，管理机构的职能得到加强，并开始进行环境管理体系的改革。

3. 改革创新阶段（1989年5月～）

1989年4月底、5月初召开的第三次全国环境保护会议明确提出：“努力开拓有中国特色的环境保护道路”。1992年联合国召开的环境与发展大会，对人类必须转变发展战略、走可持续发展道路取得了共识。在新的形势下，我国环境管理发生了突出变化：①环境管理由末端管理过渡到全过程管理；②由以浓度控制为基础过渡到总量控制为基础的环境管理；③环境管理走向法制化、制度化、程序化。1996年7月，第四次全国环境保护会议提出了

《“九五”期间全国主要污染物排放总量控制计划》和《跨世纪绿色工程规划》两项重大举措。1997～1999年，中央就人口、资源和环境问题多次召开座谈会，强调：环境保护工作必须党政一把手“亲自抓、负总责”，做到责任到位、投入到位、措施到位；建立和完善环境与发展综合决策制度、公众参与制度、统一监管和分工负责、环保投入制度。使宏观环境管理通过决策、规划协调发展与环境的关系，进一步明确环境保护是可持续发展的关键，为环境管理的发展开拓了一个更为广阔的天地。近几年来，我国在世界环境日到来之际，发布上一年度的《中国环境状况公报》，对环境保护的目标完成情况以及主要河流水体、自然资源利用、生态环境、海洋环境、固体废物利用等向公众发布。

二、环境管理的内容

1. 从环境管理的范围划分可分为资源管理、企业管理和部门管理

(1) 资源管理　包括可更新资源的恢复和扩大再生产及不可更新资源的合理利用。资源管理措施主要是确定资源的承载力，资源开发时空条件的优化，建立资源管理的指标体系、规划目标、标准、体制、政策法规和机构等。

(2) 区域环境管理　主要协调区域的经济发展目标与环境目标，进行环境影响预测，制定区域环境规划，进行环境质量管理与技术管理，按阶段实现环境目标。

(3) 部门环境管理　包括能源环境管理、工业环境管理、农业环境管理、交通运输环境管理、商业和医疗等部门环境管理以及企业环境管理。

2. 从环境管理的性质来划分包括环境计划管理、环境质量管理、环境技术管理

(1) 环境计划管理　通过计划协调发展与环境的关系，对环境保护加强计划指导。制定环境规划，使之成为整个经济发展规划的必要组成部分，用规划内容指导环境保护工作。

(2) 环境质量管理　包括对环境质量现状和未来环境质量进行管理。

(3) 环境技术管理　以可持续发展为指导思想，制定技术发展方向、技术路线、技术政策，制定清洁生产工艺和污染防治技术，制定技术标准、技术规程等协调技术发展与环境保护的关系。

以上对环境管理内容的划分只是为了便于研究，它们之间相互关联、相互交叉渗透。

三、环境管理的基本职能

环境管理的对象是“人类-环境”系统，工作领域如前所述非常广阔，涉及各行各业和各个部门。通过预测和决策，组织和指挥，规划和协调，监督和控制，教育和鼓励，保证在推进经济建设的同时，控制污染，促进生态良性循环，不断改善环境质量。

1. 宏观指导

政府的主要职能就是加强宏观指导调控功能。环境管理部门宏观指导职能主要体现在政策指导、目标指导、计划指导等方面。

2. 统筹规划

这是环境管理中一项战略性的工作，通过统筹规划，实现人口、经济、资源和环境之间的关系相互协调平衡。环境规划既对国家的发展模式和方式、发展速度和发展重点、产业结构等产生积极的影响，又是环保部门开展环境管理工作的纲领和依据。主要包括环境保护战略的制定、环境预测、环境保护综合规划和专项规划的内容。

3. 组织协调

环保部门的一条重要职能就是参与或组织各地区、各行业、各部门共同行动，协调相互关系。其目的在于减少相互脱节和相互矛盾，避免重复，建立一种上下左右的正常关系，以

便沟通联系，分工合作，统一步调，积极做好各自的环保工作，带动整个环保事业的发展。其内容包括环境保护法规的组织协调、政策方面的协调、规划方面的协调和环境科研方面的协调。

4. 监督检查

环保部门实施有效的监督把一切环境保护的方针、政策、规划等变为人们的实际行动，才是一种健全的、强有力的环境管理。在方式上有联合监督检查、专项监督检查、日常的现场监督检查、环境监测等。通过这些方式才能对环保法律法规的执行、环保规划的落实、环境标准的实施、环境管理制度的执行等情况检查、落实。

5. 提供服务

环境管理服务职能是为经济建设、为实现环境目标创造条件，提供服务。在服务中强化监督，在监督中搞好服务。服务内容包括技术服务、信息咨询服务、市场服务。

第二节　环境立法与环境标准

一、环境保护法

1. 环境保护法的意义

国家为了协调人类与环境的关系，保护和改善环境，以保护人民健康和保障经济社会的持续、稳定发展而制定的环境保护法，是调整人们在开发利用、保护改善环境的活动中所产生的各种社会关系的法律规范的总和。主要含义如下。

环境保护法是一部分法律规范的总称，是以国家意志出现的、以国家强制力保证其实施的、规定环境法律关系主体的权利和义务为任务的。

环境保护法所要调整的是人们在开发利用、保护改善环境有关的那部分社会关系，凡不属此类的社会关系，均不是环境保护法调整的对象。

环境保护法是由于人类与环境之间的关系不协调影响乃至威胁着人类的生存与发展而产生的。

《中华人民共和国环境保护法》第一条规定："为保护和改善生活环境与生态环境，防治污染和其他公害，保障人体健康，促进社会主义现代化建设的发展，制定本法"。这一条说明环保法的目的任务。其直接目的是协调人类与环境之间的关系，保护和改善生活环境和生态环境，防治污染和公害；最终目的是保护人民健康和保障经济社会持续发展。

2. 环境保护法的作用

(1) 环境保护法是保证环境保护工作顺利进行的法律武器　进行社会主义现代化建设，必须同时搞好环境建设，这是一条不以人们意志为转移的客观规律。发展经济必须兼顾环境保护，谁违反这一规律，谁就会受到严厉的惩罚。但不是所有的人都认同和承认这个道理，因此需要在采取科学技术、行政、经济等措施的同时以强有力的法律手段，把环境保护纳入法制的轨道。

中国1989年正式颁布了《中华人民共和国环境保护法》，使环境保护工作制度化、法律化，使国家机关、企事业单位、环保机构和每位公民都明确了各自在环境保护方面的职责、权利和义务；使人们在环境保护工作中有法可依，有章可循。

(2) 环境保护法是推动环境保护领域中法制建设的动力　环境保护法是中国环境保护的基本法，它明确了我国环境保护的战略、方针、政策、基本原则、制度、工作范围和机构设置、法律责任等问题。这些都是环保工作中根本性问题，为制定各种环境保护单行法规及地方环境保护条例等提供了直接法律依据。如我国先后制定并颁布了《中华人民共和国大气污染防治法》、《中华人民共和国水污染防治法》、《中华人民共和国固体废物污染环境防治法》、《中华人民共和国噪声污染防治法》、《中华人民共和国海洋环境保护法》、《建设项目环境保护管理条例》、《化学危险品安全管理条例》等法律、行政法规定文件，各省、自治区、直辖市也根据环境保护法制定了许多地方性的环境保护条例、规定、办法等。由此可见，环境保护法的颁布执行极大地推动了我国环境保护领域中的法制建设。

(3) 环境保护法增强了广大干部群众的法制观念　环境保护法的实施，从法律高度向全国人民提出了要求，所有企事业单位、人民团体、公民都要加强法制观念，大力宣传、严格执行环境保护法。做到发展经济、保护环境，统筹兼顾，协调前进，有法必依、执法必严，保护环境、人人有责。

(4) 环境保护法是维护我国环境权益的重要工具　宏观来讲，环境是没有国界之分的。某国的污染可能会造成他国的环境污染和破坏，这就涉及国家之间的环境权益的维护和环境保护的协调问题。依据我国所颁布的一系列环境保护法律、法规，就可以保护我国的环境权益。如《中华人民共和国食品卫生法》第28条规定："进口的食品、食品添加剂、食品容器、包装材料和食品用工具及设备，必须符合国家卫生标准和卫生管理办法的规定。"通过法律和法规，就可依法对于源于境外的对我国境内的环境造成污染和破坏的行为进行处置。

3. 环境保护法的特点

鉴于环境保护法的任务和内容与其他法律有所不同，环境保护法有其自己的特点。

(1) 科学性　环境保护法将自然界的客观规律特别是生态学的一些基本规律及环境要素的演变作为自己的立法基础，它包含了大量的反映这些客观规律的科学技术性规范。

(2) 综合性　由于环境保护包括围绕在人群周围的一切自然要素和社会要素，所以保护环境必然涉及整个自然环境和社会环境，涉及全社会的各个领域以及社会生活的各个方面。环境保护法所要保护的是由各种要素组成的统一的整体，因此它必然体现出综合性以及复杂性，是一个十分庞大而综合的体系。

(3) 共同性　环境问题产生的原因，不论任何国家都大同小异，解决环境问题的理论根据途径和办法也有很多相似之处。各国环境保护法有共同的立法基础，共同的目的，因而有许多共同的规定。这就使得世界各国在解决本国和全球环境问题时有许多共同的语言。

二、环境标准

环境标准是国家为了保护人民的健康、促进生态良性循环，根据环境政策法规，在综合分析自然环境特点、生物和人体的耐受力、控制污染的经济能力和技术可行的基础上，对环境中污染物的允许含量及污染源排放污染物的数量、浓度、时间和速率所做的规定。它是环境保护工作技术规则和进行环境监督、环境监测、评价环境质量、设施和环境管理的重要依据。

1. 环境标准的种类

按适用范围可分为国家标准、地方标准和行业标准。

按环境要素可分为大气控制标准、水质控制标准、噪声控制标准、固体废物控制标准和土壤控制标准。

按标准的用途可分为环境质量标准、污染物排放标准、污染物检测技术标准、污染物警报标准和基础方法标准等。

2. 中国环境标准体系

根据环境标准的适用范围、性质、内容和作用，我国实行三级五类标准体系。三级是国家标准、地方标准和行业标准；五类是环境质量标准、污染物排放标准、方法标准、样品标准和基础标准。如图 8-1 所示。

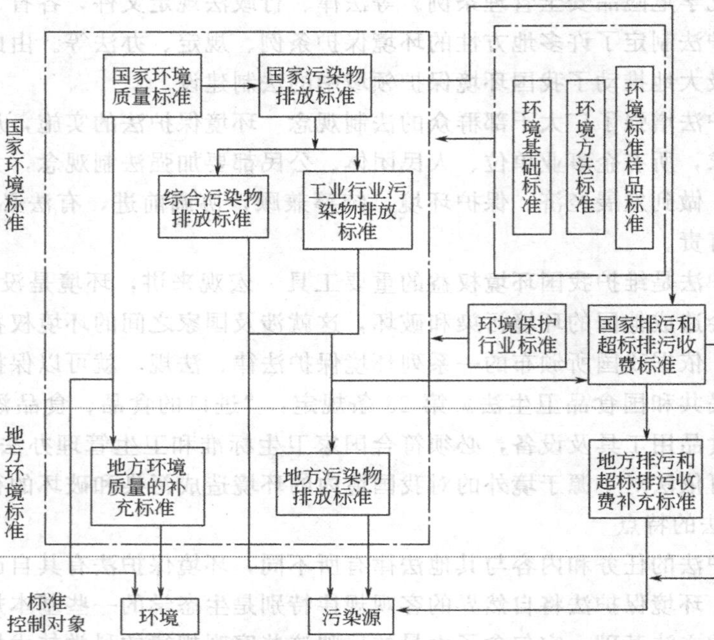

图 8-1　环境标准体系

(1) 环境质量标准　它是各类环境标准的核心，是制定各类环境标准的依据，为环境管理部门提供工作指南和监督依据。它既规定了环境中各污染因子的容许含量又规定了自然因素应该具有的不能再下降的指标，如大气、水质、土壤噪声等各类质量标准。表 8-1 为生活饮用水水质标准。

表 8-1　生活饮用水水质标准

编号	项　目	标　准	编号	项　目	标　准
感官性状指标			毒理学指标		
1	色	色度不超过15度，并不得呈现其他异色	13	氟化物	不超过1.0mg/L，示意浓度0.5～1.0mg/L
2	浑浊度	不超过5度	14	氰化物	不超过0.05mg/L
3	嗅和味	不得有异嗅，异味	15	砷	不超过0.04mg/L
4	肉眼可见物	不得含有	16	硒	不超过0.01mg/L
化学指标			17	汞	不超过0.001mg/L
5	pH	6.5～8.5	18	铬(六价)	不超过0.05mg/L
6	总硬度(以CaO计)	不超过250mg/L	19	铅	不超过0.1mg/L
7	铁	不超过0.3mg/L	细菌学指标		
8	锰	不超过0.1mg/L	20	细菌总数	1L水中不超过100个
9	铜	不超过1.0mg/L	21	大肠菌群	1L水中不超过3个
10	锌	不超过1.0mg/L	22	游离性余氯	在接触30min后应不低于0.3mg/L，集中式给水，除出厂水应符合上述要求外管网末梢水不低于0.05mg/L
11	挥发酚类	不超过0.002mg/L			
12	阴离子合成洗涤剂	不超过0.3mg/L			

表 8-2　现有污染源（部分）大气污染物排放限值（GB 16297—1996）

序号	污染物	最高允许排放浓度/(mg/m³)	最高允许排放速度/(kg/h)				无组织排放监控浓度限值	
			排气筒高度/m	一级	二级	三级	监控点	浓度/(mg/m³)
1	二氧化硫	1200(硫、二氧化硫、硫酸和其他含硫化合物生产)	15	1.6	3.0	4.1	无组织排放源上风向设参照点，下风向设监控点①	0.5(监控点与参照点浓度差值)
			20	2.6	5.1	7.7		
			30	8.8	17	26		
			40	15	30	45		
			50	23	45	69		
		700(硫、二氧化硫、硫酸和其他含硫化合物使用)	60	33	64	98		
			70	47	91	140		
			80	63	120	190		
			90	82	160	240		
			100	100	200	310		
2	氮氧化物	1700(硝酸、氮肥和火药生产)	15	0.47	0.91	1.4	无组织排放源上风向设参照点，下风向设监控点	0.15(监控点与参照点浓度差值)
			20	0.77	1.5	2.3		
			30	2.6	5.1	7.7		
			40	4.6	8.9	14		
			50	7.0	14	21		
		420(硝酸使用和其他)	60	9.9	19	29		
			70	14	27	41		
			80	19	37	56		
			90	24	47	72		
			100	31	61	92		
3	颗粒物	22(炭黑尘、染料尘)	15	禁排	0.60	0.87	周界外浓度最高点	肉眼不可见
			20		1.0	1.5		
			30		4.0	5.9		
			40		6.8	10		
		80(玻璃棉尘、石英粉尘、矿渣棉尘)	15	禁排	2.2	3.1	无组织排放源上风向设参照点，下风向设监控点	2.0(监控点与参照点浓度差值)
			20		3.7	5.3		
			30		14	21		
			40		25	37		
		150(其他)	15	2.1	4.1	5.9	无组织排放源上风向设参照点，下风向设监控点	5.0(监控点与参照点浓度差值)
			20	3.5	6.9	10		
			30	14	27	40		
			40	24	46	69		
			50	36	70	110		
			60	51	100	150		
4	氯化氢	150	15	禁排	0.30	0.46	周界外浓度最高点	0.25
			20		0.51	0.77		
			30		1.7	2.6		
			40		3.0	4.5		
			50		4.5	6.9		
			60		6.4	9.8		
			70		9.1	14		
			80		12	19		
5	铬酸雾	0.080	15	禁排	0.009	0.014	周界外浓度最高点	0.0075
			20		0.015	0.023		
			30		0.051	0.078		
			40		0.089	0.13		
			50		0.14	0.21		
			60		0.19	0.29		

（2）污染物排放标准　该标准是依据环境质量标准及污染治理技术、经济条件而对排入环境的有害物质和产生危害的各种因素所做的限制性规定，是对污染源排放进行控制的标准。表 8-2 所示部分大气污染物排放限值。

（3）方法标准　是为统一环境保护工作中的各项试验、检验、分析、采样、统计、计算和测定方法所做的技术规定。这样全国统一标准，在进行环境质量评价时才有可比性和实用价值。

（4）环境标准样品　是指用以标定仪器、验证测量方法、进行量值传递和质量控制的材料或物质。它可用来评价分析方法，也可评价分析仪器、鉴别灵敏度和应用范围，还可评价分析者的水平，使操作技术规范化。

中国标准样品有水质标准样品、气体标准样品、生活标准样品、土壤标准样品、固体标准样品、放射物质标准样品、有机物标准样品等。

（5）环境基础标准　是对环境质量标准和污染物排放标准所涉及的技术术语、符号、代号（含代码）、制图方法及其他通用技术要求所做的技术规定。中国主要有管理标准、环保名词术语标准、图形符号标准以及环境信息分类和编码标准。

第三节　环境监测

环境监测是为了特定目的，按照预先设计的时间和空间，用可以比较的环境信息和资料收集的方法，对一种或多种环境要素或指数进行间断或连续地观察、测定、分析其变化及对环境影响的过程。环境监测是开展环境管理和环境科学研究的基础，是制定环境保护法规的重要依据，是搞好环保工作的中心环节。

一、环境监测的意义和作用

环境质量的变化受着多种因素的影响，例如企业在生产过程中，由于受工艺、设备、原材料和管理水平等因素的限制，产生“三废”以及其他污染物或因素，它们引起环境质量下降。这些因素可用一定的数值来描述，如有害物质的浓度、排放量、噪声级和放射性强度等。环境监测就是测定这些值，并与相应的环境标准相比较，以确定环境的质量或污染状况。

环境是一个极其复杂的综合体系。人们只有获得大量的定量化的环境信息，了解污染物的产生过程和原因，掌握污染物的数量和变化规律，才能制定切实可行的污染防治规划和环境保护目标，完善以污染物控制为主要内容的各类控制标准、规章制度，使环境管理逐步实现从定型管理向定量管理、单项治理向综合整治、浓度控制向总量控制转变。而这些定量化的环境信息，只有通过环境监测才能得到。离开环境监测，环境保护将是盲目的，加强环境管理也将是一句空话。

对于企业来说，为了防止和减少污染物对环境的危害，掌握环境质量的转化动态，强化内部环境管理，必须依靠环境监测，这是企业环境管理和污染防治工作的重要手段和基础。其主要作用体现在以下几个方面。

① 断定企业周围环境质量是否符合各类、各级环境质量标准，为企业环境管理提供科学依据。如掌握企业各种污染源中污染物浓度、排放量，断定其是否达到国家或地方排放标准，是否应缴纳排污费，是否达到上级下达的环境考核指标等，同时为考核、评审环保设施的效率提供可靠数据。

② 为新建、改建、扩建工程项目执行环保设施“三同时”和污染治理工艺提供设计参数，参加治理设施的验收，评价治理设施的效率。

③ 为预测企业环境质量，判断企业所在地区污染物迁移、转化、扩散的规律，以及在时空上的分布情况提供数据。

④ 收集环境本底及其转化趋势的数据，积累长期监测资料，为合理利用自然资源即“三废”综合利用提出建议。

⑤ 对处理事故性污染和污染纠纷提供科学、有效的数据。

总之，环境监测在企业环境保护工作中发挥着调研、监察、评价、测试等多项作用，是环境保护工作中的一个不可缺少的组成部分。

二、环境监测的目的和任务

(1) 评价环境质量，预测环境质量变化趋势

① 提供环境质量现状数据，判断是否符合国家制定的环境质量标准。

② 掌握环境污染物的时空分布特点，追踪污染途径，寻找污染源，预测污染的发展方向。

③ 评价污染治理的实际效果。

(2) 为制定环境法规、标准、环境规划、环境污染综合防治对策提供科学依据

① 积累大量的不同地区的污染数据，依据科学技术和经济水平，制定切实可行的环境保护法规和标准。

② 根据监测数据，预测污染的发展趋势，为做出正确的决策、制定环境规划提供可靠的资料。

(3) 收集环境本底值及其变化趋势数据，积累长期监测资料，为保护人类健康和合理使用自然资源以及为确切掌握环境容量提供科学依据。

(4) 揭示新的环境问题，确定新的污染因素，为环境科学研究提供方向。

三、环境监测的分类

按环境监测的目的和性质可分为监视性监测（常规监测和例行监测）、事故性监测（特例监测或应急监测）、研究性监测。

(1) 监视性监测　是指监测环境中已知污染因素的现状和变化趋势，确定环境质量，评价控制措施的效果，断定环境标准实施的情况和改善环境取得的进展。企业污染源控制排放监测和污染趋势监测即属于此类。

(2) 事故性监测　是指发生污染事故时进行的突击性监测，以确定引起事故的污染物种类、浓度、污染程度和危及范围，协助判断与仲裁造成事故的原因及采取有效措施来降低和消除事故危害及影响。这类监测期限短，随着事故完结而结束，常采用流动监测、空中监测或遥感监测等手段。

(3) 研究性监测　是对某一特定环境为研究确定污染因素从污染源到环境受体的迁移变化的趋势和规律，以及污染因素对人体、生物体和各种物质的危害程度，或为研究污染控制措施和技术等而进行的监测。这类监测周期长，监测范围广。

按监测对象不同可分为水质污染监测、大气污染监测、土壤污染监测、生物污染监测、固体废物污染监测及能量污染监测等。

按污染因素的性质不同可分为化学毒物监测、卫生（病原体、病毒、寄生虫等污染）监测、热污染监测、噪声和振动污染监测、光污染监测、电磁辐射污染监测、放射性污染监测和富营养化监测等。

四、环境监测的原则

由于影响环境质量的因素繁多，而人力、物力、财力、监测手段和时间都有限，因此实际工作时不可能包罗万象地监测，应根据需要和可能进行选择监测，并要坚持以下几项原则。

① 树立“环境监测要符合国情”的原则。加强环境监测方法及仪器设备的研究，使监测方法和仪器设备更加现代化，使监测结果更加及时、准确、可靠，是促进环境科学发展的需要，也是环境监测人员的愿望。但是我国经济总体比较落后，各地区的经济发展不平衡，因此应根据不同的监测目的，结合自己的实际情况，建立合理的环境监测指标体系，在满足环境监测要求的前提下，确定监测技术路线和技术装备，建立确切可靠的、经济实用的环境监测方案。

② 最优的原则。环境问题的复杂性决定了环境监测的多样性。监测结果是环境监测中布点采样、样品的运输、保存、分析测试及数据处理等多个环节的综合体现，其准确可靠程度取决于其中最为薄弱的环节。所以应根据不同情况，全面规划，合理布局，采用不同的技术路线，综合把握优化布点，严格保存样品，准确分析测试等环节，实现最优环境监测。

③ 优先监测原则。在实际工作时，按情况对那些危害大、出现频繁的污染物实行优先监测的原则。具体优先监测的对象包括：对环境及人体影响大的污染物；已有可靠的监测方法并能获得准确数据的污染物；已有环境标准或其他依据去测量的污染物；在环境中的含量已接近或超过规定的标准浓度，且其污染趋势还在上升的污染物；环境中有代表性的污染物。

五、环境监测步骤

在环境监测工作中无论是污染源监测还是环境质量检测一般应经过下述程序。

① 现场调查与资料收集。主要调查收集区域内各种自然与社会环境特征，包括地理位置、地形地貌、气象气候、土壤利用情况及社会经济发展情况；

② 确定监测项目；

③ 监测点位置选择及布设；

④ 采集样品；

⑤ 环境样品的保存与分析测试；

⑥ 数据处理与结果上报。

六、有害物质的测定方法

由于污染因素性质的不同，所采用的分析方法也不同。常用的一类是化学分析法（容量法和重量法）；另一类是仪器分析法（或称物理化学法）。表 8-3、表 8-4 列举了大气中有害物质及地面水中有害物质的部分测定方法，供参考。

环境样品试样数量大，成分复杂，污染物含量差别大。因此，要根据样品特点和待测组分的情况，考虑各种因素，有针对性选择最适应的测定方法。特别应注意以下几点。

① 为了使分析结果具有可比性，应尽可能采用国家规定现行环境检测的标准统一分析方法。

② 根据样品待测物浓度的大小分别选择化学分析法或仪器分析法。如含量高的污染物选择容量法测定；含量低的污染物选择适宜的仪器分析法。

③ 在条件许可的情况下，对某些项目尽可能采用具有专属性的单项成分测定仪。

④ 在多组分的测定中，如有可能选用同时兼有分离和测定的分析方法。如水中阴离子 F^-、Cl^-、NO_3^-、SO_4^{2-} 等，可选用离子色谱法；有机物的测定，可选择气相色谱法或高效液相色谱法等。

表 8-3 大气中有害物质的测定方法

项目	方法	方法比较	最低检出浓度/(mg/m³)	备注
二氧化硫	1. 盐酸副玫瑰苯胺比色法	灵敏,选择性好;吸收剂毒性大 方法一:试剂空白值高,灵敏度高,可用手校正仪器,测量浓度范围 0.025～1.0mg/m³ 方法二:试剂空白值低,灵敏度低,可用于常规监测	0.025 0.015	采样体积 30mL 采样体积 10L
	2. 双氧水吸收-配合滴定法	可消除酸性物质干扰,结果较准确	测定浓度为 $(20\sim6000)\times10^{-6}$	
	3. 定电位电解法	干扰物质少,结构简单,移动性能稳定	测定浓度为 $(3\sim10000)\times10^{-6}$	
	4. 库仑滴定法	和计算机连用,可将环境大气二氧化硫小时平均浓度和日平均浓度同时测定 测量范围(分4个量程):0～0.5mg/m³、0～1mg/m³、0～2mg/m³、0～4mg/m³	0.025	
氮氧化物(换算成 NO_2)	1. 化学发光法	快速、准确,该法适用于大气中 0.009～18.8mg/m³ 浓度范围的 NO_2,测定	0.009	
	2. 盐酸萘乙二胺比色法	方法灵敏,可一边采样,一边显色,以 0.6L/min,采样 10～15min 测定 NO_2,范围是 11～9400μg/m³。采用高浓度三氧化铬氧化管两种串联氧化,可基本上消除 SO_2、H_2S 的干扰	0.01	采样体积 6L
	3. 定电位电解法	干扰物质少,可携带,适于现场连续测定	3～10000	
一氧化碳	1. 红外吸收法(NDIR)	流量对其影响不大,不需化学溶液;测量范围宽,响应时间短。缺点是零点漂移,标气昂贵,灵敏度不高	1.0	
	2. 五氧化二碘氧化法	采用锌铵铬盐溶液、碱性双氧水溶液及铬酸、硫酸混合溶液进行串联预吸收可以消除 SO_2、NO_x 的干扰		
	3. 气相色谱法	方法无干扰,并能测量 0.03～50mg/m³ 范围的一氧化碳。需配专门训练人员操作	0.03	进样量 2mL
	4. 汞置换法	灵敏,快速,响应时间<10s,一氧化碳浓度测量范围 0.05～63mg/m³(分挡进样)	0.05	进样量 50mL
硫化氢	1. 亚甲基蓝比色法 (1)锌氨铬盐吸收法 (2)氢氧化镉-聚乙烯醇磷酸铵吸收法	方法比较灵敏,显色稳定,干扰小。由于低浓度的硫化氢在水溶液中极不稳定,易氧化,因此,解决采样过程和存放过程中硫化氢稳定性问题是该法的关键 用锌氨铬盐吸收液测定结果普遍都比用氢氧化镉-聚乙烯醇磷酸铵吸收液低。说明该法在现场采样更有利 H_2S 稳定	0.05	
	2. 碘量法	用酸性双氧水预吸收,在 SO_2 浓度 $<2500\times10^{-6}$,NO_x 浓度 $<300\times10^{-6}$ 时,测定误差<10%		

续表

项　目	方　法	方　法　比　较	最低检出浓度/(mg/m^3)	备　注
甲醛	1. 酚试剂比色法	灵敏度较好，选择性略差。采样简便可用常规监测	0.01	采样体积 10L
	2. 乙酰丙酮比色法	灵敏度略低，但选择性好，操作复杂	0.008	采样体积 30L
二甲基甲酰胺(DMF)	气相色谱法	适于大气中微量 DMF 的测定	0.30	采样体积 20L
丙烯醛	1. 气相色谱法	本法适于测大气中 0.05～5.0mg/m^3 的丙烯醛，当浓度高于此范围上限时可直接进样，方法灵敏、准确	0.05	浓缩 100mL 样品
	2. 4-己基间苯二酚比色法	丙烯醛在 1～30μg 时，在波长 605nm 下比色符合比耳定律，检出下限 5μg/10mL	0.0	
乙腈	气相色谱法	本法适于测大气中 0.2～20mg/m^3 的乙腈，当浓度高于此范围上限时，可直接进样测定 方法灵敏、准确 聚乙二醇-20M，氢火焰检测器	0.20	浓缩 100mL 样品
丙烯腈	气相色谱法	聚乙二醇-20M，氢火焰检测器		
乙醛	气相色谱法	方法灵敏，应用范围广 高分子微球 GOD-103，氢火焰检测器	0.05	100L 气样
丙酮	1. 气相色谱法	本法适于测大气中 0.05～5.0mg/m^3 的丙酮，当浓度高于此范围上限时，可直接进样测定 方法灵敏、快速	0.05	浓缩 100mL 样品
	2. 糠醛比色法	灵敏、重现性好、误差小，检出下限 2μg/5mL		
硫醇	对氨基二甲基苯胺比色法	本法虽然对低分子量的烷基硫醇最灵敏，但是测定的是总硫醇	0.1μg/25mL	
过氧乙酰硝酸酯(PAN)	气相色谱法	本法的准确度可达 5% 范围内。"PAN"标气难得，操作要求严格	0.006	3mL 气样
甲基丙烯酸甲酯	羟肟酸比色法			
苯乙烯	1. 气相色谱法	测定 10^{-9} 级	0.01	100mL 进样
	2. 硝化比色法	放空的塔顶气体通入燃烧炉中，环氧乙烷的含量必须严格控制		
环氧乙烷(环氧丙烷)	气相色谱法	角鲨烷，氢火焰检测器		
环氧氯丙烷	气相色谱法	丁二酸，乙二醇聚酯和硅油 DC-200，氢火焰检测器		
总烃及非甲烷总烃	色谱直接进样法	一次分析仅需 5s 无氧干扰同时出甲烷和总烃量，二者之差求出非甲烷烃	0.01 0.1	

续表

项目	方法	方法比较	最低检出浓度/(mg/m^3)	备注
光化学氧化剂	1. 碘化钾法 (1)磷酸盐缓冲的中性碘化钾法(NBKI法) (2)改进的中性碘化钾法(KIBRT法) (3)硼酸碘化钾法(BAKI法)	适于采样时间最高为30min。由于碘配合物随时间而损失,因此必须迅速分析 NO_2、SO_2为严重干扰物,灵敏度低,标准偏差$S=22.4$,变异系数13.1% 由于在吸收液中加入$3Na_2S_2O_3$及KBr提高了样品的稳定性及采样效率。操作不简便 标准偏差$S=4.0$,变异系数1.4% 操作简便,I_2/Q_2当量关系接近于1∶1的关系,可用于常规监测	0.007	
	2. 紫外比色法	标准偏差$S=7.3\%$,变异系数3.8%		
	3. 化学发光法	本法适于测大气中臭氧浓度在0.01～2.0mg/m³的范围。正常状态的大气测量推荐是0～0.5mg/m³以及0～1mg/m³两种满刻度量程	0.01	
氨	1. 纳氏试剂比色法	方法简便,选择性略差	0.035	
	2. 靛酚蓝比色法	方法较灵敏、准确、选择性好,但操作复杂	0.030	
	3. 亚硝酸比色法	方法较灵敏、操作较复杂,要求严、标准曲线,在NH_3 0～8μg/5mg,范围是直线关系。检出下限为1μg/5mg		
硫酸盐化速率	1. 二氧化铅法	PbO_2有毒,难以获得合格试剂,采样复杂		
	2. 碱片法	操作简便,试剂毒性低,检出下限SO_3为1μg/100cm³		
酚	1. 4-氨基安替吡啉比色法	可测大气中低浓度的酚,该法较好,适用范围广、重现性好,干扰小,但不能测出对位酚	0.01	采样体积50L
	2. 气相色谱法	检出下限为0.5μg/10mL 液晶PBOB柱FID检测器		
二硫化碳	乙二胺比色法			
光气	气相色谱法 *N*,*N*-二甲基对苯二胺比色法	硅油DC-200,电子捕获检测器		
甲醇	变色酸比色法 气相色谱法	有机担体401,氢火焰检测器		
有机硫化物	气相色谱法	TCEP固定液,火焰光度检测器		
脂肪胺	气相色谱法	5%KOH,氨磷检测器		
脂肪胺	气相色谱法	FFAP,H_3PO_4 氢火焰检测器		
乙烯、丙烯、丁二烯	吸附富集气相色谱法	采用GDX-TDX复合富集柱采样,氮气流下热解析,可消除氧和CH_4的干扰,使测定准确	乙烯、丙烯0.005,丁二烯0.01	
苯、甲苯、乙苯、异丙苯	气相色谱法		苯0.005;甲苯、乙苯、异丙苯0.01	

表 8-4 地面水中主要有害物质分析方法

序号	参 数	测定方法	检测范围/(mg/L)	注 释	分析方法来源
1	水温				
2	pH	玻璃电极法			GB 6920—86
3	硫酸盐	硫酸钡重量法 硫酸钠比色法 硫酸钡比浊法	10 以上 5～200 1～40	结果以 SO_4^{2-} 计	GB 5750—85
4	氯化物	硝酸银容量法 硝酸汞容量法	10 以上 可测至 10 以下	结果以 Cl^- 计	GB 5750—85
5	总铁	二氮杂菲比色法 原子吸收分光光度法	检出下限 0.05 检出下限 0.3	测得为水体中溶解态、胶体态、悬浮颗粒态以及生物体中的总铁量	GB 5750—85
6	总锰	过硫酸铵比色法 原子吸收分光光度法	检出下限 0.05 检出下限 0.1		
7	总铜	原子吸收分光光度法 直接法	0.05～5	未过滤的样品经消解后测得的总铜量，包括溶解的和悬浮的	GB 7473—87
		原子吸收分光光度法 螯合萃取法	0.001～0.05		
		二乙基二硫代氨基甲酸钠（铜试剂）分光光度法	检出下限 0.003(3cm 比色皿)，0.02～0.07(1cm 比色皿)		
		2,9-二甲基-1,10-二氮杂菲（新铜试剂）分光光度法	0.006～3		
8	总锌	双硫腙分光光度法	0.005～0.05	经消化处理后测得的水样中总锌量	GB 7472—87
		原子吸收分光光度法	0.05～1		GB 7475—87
9	硝酸盐	酚二磺酸分光光度法	0.02～1	硝酸盐含量过高时应稀释后结果以氮(N)计	GB 7480—87
10	亚硝酸盐	分子吸收分光光度法	0.003～0.20	采样后应尽快分析。结果以氮(N)计	GB 7493—87
11	非离子氨(NH_3)	纳氏试剂比色法	0.05～2(分光光度法)，0.20～2(目视法)	测得结果是以氮(N)计的氨氮浓度，然后再根据附表，换算为非离子氨浓度	GB 7479—87
		水杨酸分光光度法	0.01～1		GB 7481—87
12	凯氏氮		0.05～2(分光光度法)，0.20～2(目视法)	前处理后用纳氏比色法，测得为氨氮与有机氮之总和，结果以氮(N)计	
13	总磷	钼蓝比色法	0.025～0.6	结果为未过滤水样经消化处理后测得的溶解的悬浮的总磷量（以P计）	
14	高锰酸盐指数	酸性高锰酸钾法 碱性高锰酸钾法	0.5～4.5 0.5～4.5		
15	溶解氧	碘量法	0.2～2.0	碘量法测定溶解氧有各种修正法，测定时应根据干扰情况具体选用	GB 7489—87

续表

序号	参 数	测定方法	检测范围/(mg/L)	注 释	分析方法来源
16	化学需氧量(COD_{Cr})	重铬酸盐法	10～800		
17	生化需氧量(BOD_5)	稀释与接种法	3以上		GB 7488—87
18	氟化物	氟试剂比色法 茜素磺酸锆目视比色法 离子选择电极法	0.05～1.8 0.05～2.5 0.05～1900	结果以F^-计	GB 7482—87 GB 7484—87
19	硒(四价)	二氨基联苯胺比色法 荧光分光光度法	检出下限0.01 检出下限0.001		GB 5750—85
20	总砷	二乙基二硫代氨基甲酸银分光光度法	0.007～0.5	测得为单体形态、无机或有机物中元素砷的总量	GB 7485—87
21	总汞	冷原子吸收分光光度法：高锰酸钾-过硫酸钾消解法	检出下限0.0001(最佳条件0.00005)	包括无机或有机结合的,可溶的和悬浮的全部汞	GB 7468—87
		冷原子吸收分光光度法：溴酸钾-溴化钾消解法			
		高锰酸钾-过硫酸钾消解-双硫腙比色法	0.002～0.04		GB 7469—87
22	总镉	原子吸收分光光度法(螯合萃取法)	0.001～0.05	经酸硝解处理后,测得水样中的总镉量	GB 7475—87
		双硫腙分光光度法	0.001～0.05		GB 7471—87
23	铬(六价)	二苯碳酰二肼分光光度法	0.004～1.0		GB 7467—87
24	总铅	原子吸收分光光度法：直接法	0.2～10	经酸硝解处理后,测得水样中的总铅量	GB 7475—87
		原子吸收分光光度法：螯合萃取法	0.01～0.2		
		双硫腙分光光度法	0.01～0.30		GB 7470—87
25	总氰化物	异烟酸-吡啶啉酮比色法 吡啶-巴比妥酸比色法	0.004～0.025 0.002～0.45	包括全部简单氰化物和绝大部分配合氰化物,不包括钴氰配合物	GB 7486—87
26	挥发酚	蒸馏后4-氨基安替比林分光光度法(氯仿萃取法)	0.002～6		GB 7490—87
27	石油类	紫外分光光度法	0.05～50		
28	阴离子表面活性剂	亚甲基蓝分光光度法	0.05～2.0	本法测得为亚甲基蓝活性物质(MBAS),结果以LAS计	GB 7494—87
29	总大肠菌群	多管发酵法 滤膜法			GB 5750—85
30	苯并[a]芘	纸色谱-荧光分光光度法	2.5μg/L		GB 5750—85

⑤ 在经常性的测定中，尽可能利用连续性自动测定仪。

第四节 环境质量评价

近几十年来，世界各国都不同程度受到环境问题的严重挑战。当今人们越来越意识到，人类社会的经济发展，自然生态系统的维持，以及人类本身的健康状况都与本地区的环境质量状况密切相关。人们更加意识到人类的行为特别是人类社会经济发展行为，会对环境的状态和结构产生很大的影响，会引起环境质量的变化。这种环境质量与人类需要之间客观存在的特定关系就是环境质量的价值，它所探讨的是环境质量的社会意义。

环境质量评价是对环境质量与人类社会生存发展需要满足程度进行评定。环境监测是环境质量评价的前提，只有通过全面、系统、准确的环境监测数据，对数据进行科学的处理和总结，才能对环境质量进行评价。

一、环境质量评价的分类及工作步骤

1. 环境质量评价的类型

① 按环境要素分有大气质量评价、水环境质量评价、土壤环境质量评价、环境质量综合评价等。

② 按环境的性质分有化学环境质量评价、物理环境质量评价、生物环境质量评价等。

③ 按人类活动性质和类型划分有工业环境质量评价、农业环境质量评价、交通环境质量评价等。

④ 按时间域可分为环境质量回顾评价、环境质量现状评价、环境质量影响预测评价。

⑤ 按评价内容可分为健康影响评价、经济影响评价、生态影响评价、风险评价等。

⑥ 按空间域可分为单项工程环境质量评价、城市环境质量评价、区域（流域）环境质量评价等。

2. 环境质量评价的步骤

① 收集、整理、分析环境监测数据和调查材料。

② 根据评价目的确定环境质量评价的要素及参评参数的选定。

③ 选择评价方法或建立评价的数学模型制定环境质量系数或指数。

④ 利用选择或制定的评价方法或环境质量系数或指数，对环境质量进行等级或类型划分，绘制环境质量图，以表示空间分布规律。

⑤ 提出环境质量评价的结论，并在其中回答评价的目的和要求。

二、环境质量现状评价

由于人们近期或当前的生产开发活动或生活活动而引起该地区环境质量发生或大或小的变化，并引起人们与环境质量的价值关系发生变化，对这些变化进行的评价称为环境质量现状评价。它包括单个环境要素质量评价（如大气、水、土壤环境质量评价等）和整体环境质量综合评价，前者是后者的基础。

1. 大气环境质量现状评价

影响大气环境质量状况的因素很多，而污染是造成大气环境质量恶化的主要原因。因而大气中各污染物的浓度值是进行大气污染监测评价的最主要资料。

(1) 评价参数（因子）的选定　根据本地区污染源和例行监测资料，选择带有普遍性的主要污染物作为评价参数。

① 尘　总悬浮微粒、可吸入颗粒物；

② 有害气体　硫氧化物、氮氧化物、一氧化碳、臭氧；

③ 有害元素　氟、汞、铅、镉、砷；

④ 有机物　苯并[a]芘、总碳氢。

(2) 获取监测数据　根据选定的评价参数、污染源分布、地形、气象条件等确定恰当的布点、采样方法、设计监测网络系统，获取能代表大气环境质量的监测数据。

(3) 评价方法（指数法）

① 基本形式

$$PI=A\left[\sum_{i=1}^{n}W_iI_i^a\right]^b$$

式中　PI——大气质量指数；

A——系数；

a,b——指数；

W_i——第 i 种污染物的权值；

I_i——第 i 种污染物的分指数；

i——代表某种污染物。

$$I_i=\frac{C_i}{S_i}$$

式中　S_i——某污染物的评价标准；

C_i——某污染物浓度的统计值。C_i 可由下式求得：

$$C_i=[(C_{i,\max})\times(C_{i,\mathrm{av}})]^{\frac{1}{2}}$$

式中　$C_{i,\mathrm{av}}$——某污染物浓度的算术平均值；

$C_{i,\max}$——某污染物浓度的最大值。

② 分类形式

a. 迭加型

$$PI=\sum_{i=1}^{n}W_iI_i$$

b. 均值型（南京市采用的办法）

$$PI=\frac{1}{n}\sum_{i=1}^{n}W_iI_i$$

c. 方根形式（密特大气指数）

$$PI=\sqrt{\sum_{i=1}^{n}I_i^2}$$

d. 上海大气环境质量综合指数法

$$PI=\sqrt{I_{\max}\times\frac{1}{n}\sum_{i=n}^{n}I_i}$$

式中　$I_{\max}$——各污染物中最大的分指数。

(4) 大气质量评价　求得大气环境质量的综合指数以后，按照综合指数值的大小对环境质量进行分级，近似地反映大气环境质量状况，见表 8-5。

表 8-5　美国橡树岭大气质量指数与大气环境质量分级

分　级	优　良	好	尚　可	差	坏	危　险
指　数	<20	20～39	40～59	60～79	80～90	≥100

2. 水环境质量现状评价

水质评价非常复杂，一般从三个方面来评定：①污染强度，即水中污染物的浓度和它们的影响效应；②污染范围；③污染历时。常见的评价参数有：水温、色度、透明度、悬浮固体、pH、硬度、DO、COD、BOD_5、酚、氰、硫化物、汞等。

根据水体评价要求、污染源调查结果、水体污染现状的观察和试验情况来选择评价参数和评价方法。例如上海黄浦江水有时出现黑臭现象，影响饮水质量。经观察、实验认为主要是氨氮（NH_3-N）及耗氧有机物污染，降低了水中溶解氧所致。故选择 NH_3-N、COD、BOD_5、DO 作为评价参数。其污染指数为：

$$R_p=\frac{\text{氨氮实测值}}{\text{溶解氧饱和百分数}+0.4}\text{（0.4 为经验系数）}$$

当 $R_p \geqslant 5$ 为严重污染，出现黑臭现象；$R_p \leqslant 1.2$ 为水质良好；$1.2<R_p<5$ 为中度污染。

有机物综合评价值（A）：

$$A=\frac{BOD_i}{BOD_0}+\frac{COD_i}{COD_0}+\frac{NH_3\text{-}N_i}{NH_3\text{-}N_0}-\frac{DO_i}{DO_0}$$

标准值定为 $BOD_0=4$，$COD_0=6$，$NH_3\text{-}N_0=1$，$DO_0=4$。

当 $A \geqslant 2$ 水体受到有机物污染。

3. 环境质量综合评价

考虑到各个环境要素对环境的综合影响，如水、大气、土壤、噪声等，在各个要素中确定相应的评价因子，再计算各环境要素的污染指数，最后计算环境综合值。

$$P_{综}=\sum_{i=1}^{n} W_e \cdot P_e$$

式中　$P_{综}$——环境综合值；

W_e——各环境要素的加权系数；

P_e——环境要素污染指数。

根据环境质量综合评价分级可做出环境质量综合评价图，如图 8-2 所示。

三、环境影响评价

识别人类行为对环境产生的影响并制定出减轻对环境不利影响的措施，这项技术性极强的工作就是环境影响评价。根据目前人类活动的类型及对环境影响程度，可分为三种类型：①单项建设工程的环境影响评价；②区域开发的环境影响评价；③公共政策的环境影响评价。

1. 环境影响评价的工作程序

（1）准备阶段　包括任务提出、组织队伍、制定评价方法、模拟论证和审定。

（2）实施阶段　包括资料收集、工程分析、现场调查、模拟计算等。

（3）总结阶段　包括资料汇总、专题报告、总体报告等。见图 8-3。

环境影响评价方法有定性分析法、数学模型法、系统模型法和综合评价法。由于影响环境质量的因素过多，模型建立困难大、费时长，故常用的是分析法和综合法。

2. 环境影响评价报告书的编制

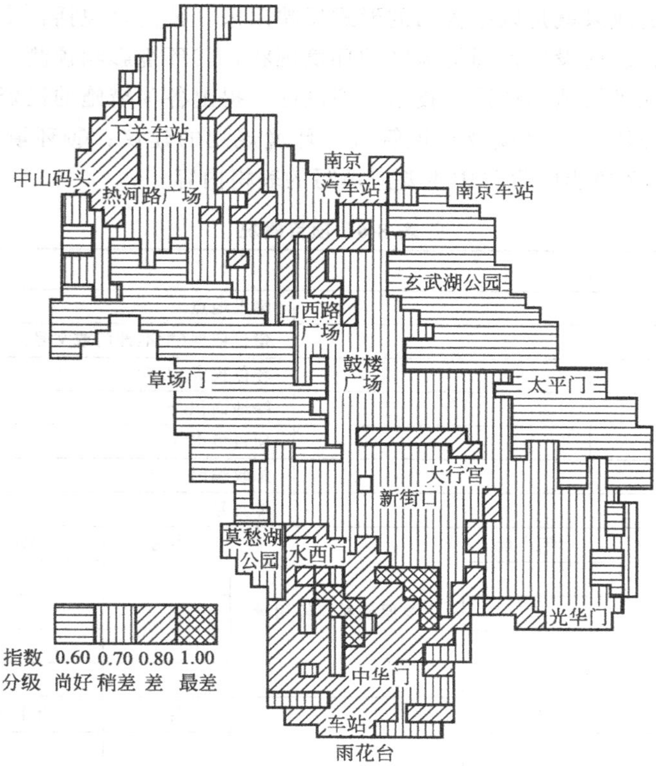

图 8-2 南京市城区环境质量综合评价图

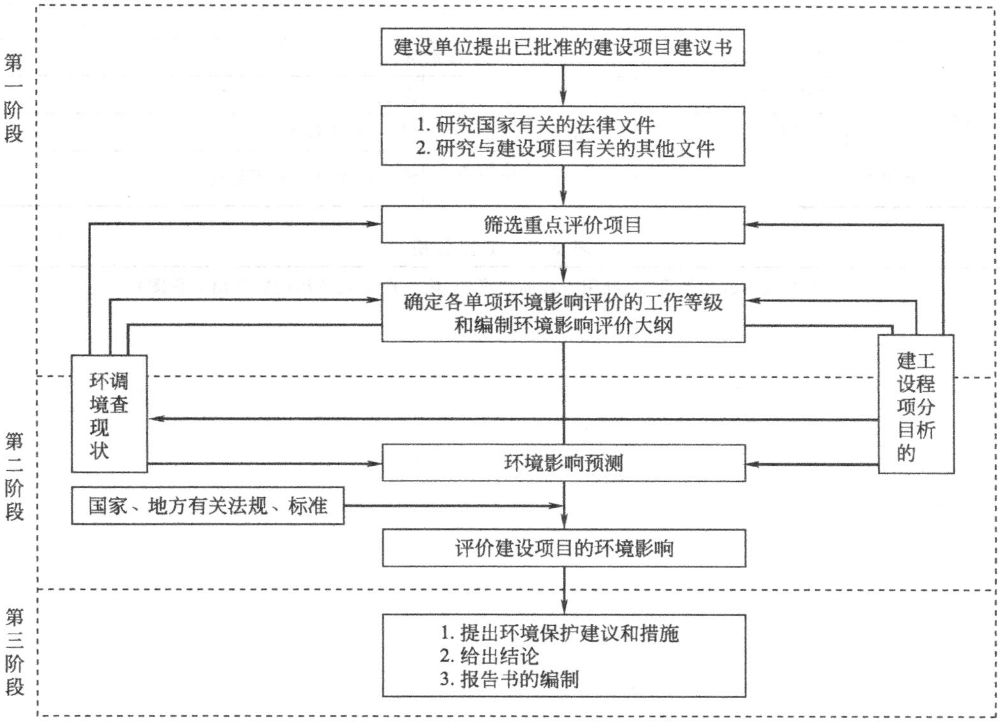

图 8-3 环境影响评价工作程序示意图

环境影响评价的成果就是以报告书的形式反映出来。其内容包括：①总则；②建设项目概况；③工程分析；④建设项目周围地区的环境现状；⑤环境影响预测；⑥评价建设项目的环境影响；⑦环境保护措施的评述及技术经济论证，提出各项措施的投资估算；⑧环境影响经济损益分析；⑨环境监测制度及环境管理、环境规划的建议；⑩环境影响评价结论。表8-6～表8-11给出了环境影响报告中主要应填写的表格内容。

表 8-6 项目概况

<table>
<tr><td>项目名称</td><td colspan="7"></td></tr>
<tr><td>项目性质</td><td colspan="3"></td><td colspan="2">建设地点</td><td colspan="2"></td></tr>
<tr><td>主管部门</td><td colspan="3"></td><td colspan="2">建设依据(批准部门或文号)</td><td colspan="2"></td></tr>
<tr><td>投资总额/万元</td><td colspan="3"></td><td colspan="2">环保投资/万元</td><td colspan="2"></td></tr>
<tr><td>占地面积/m²</td><td colspan="3"></td><td colspan="2">绿地面积/m²</td><td colspan="2"></td></tr>
<tr><td>法定代表人</td><td colspan="3"></td><td colspan="2">项目负责人</td><td colspan="2"></td></tr>
<tr><td>联系地址</td><td colspan="3"></td><td colspan="2">邮政编码</td><td colspan="2"></td></tr>
<tr><td>联系电话</td><td colspan="3"></td><td colspan="2">传真号</td><td colspan="2"></td></tr>
<tr><td rowspan="5">主要产品量</td><td colspan="2">名称</td><td>年产量</td><td rowspan="5">主要原辅材料耗用量</td><td>名称</td><td>年耗用量</td><td>定额</td></tr>
<tr><td colspan="2"></td><td></td><td></td><td></td><td></td></tr>
<tr><td colspan="2"></td><td></td><td></td><td></td><td></td></tr>
<tr><td colspan="2"></td><td></td><td></td><td></td><td></td></tr>
<tr><td colspan="2"></td><td></td><td></td><td></td><td></td></tr>
<tr><td rowspan="5">能源耗用量</td><td colspan="2"></td><td></td><td rowspan="5">有毒有害原料耗用量</td><td>名称</td><td>年耗用量</td><td>定额</td></tr>
<tr><td colspan="2"></td><td></td><td></td><td></td><td></td></tr>
<tr><td colspan="2"></td><td></td><td></td><td></td><td></td></tr>
<tr><td colspan="2"></td><td></td><td></td><td></td><td></td></tr>
<tr><td colspan="2"></td><td></td><td></td><td></td><td></td></tr>
<tr><td rowspan="4">给排水情况</td><td colspan="2">年总用水量</td><td></td><td colspan="3">年总排水量</td><td></td></tr>
<tr><td rowspan="2">其中</td><td>循环用水量</td><td></td><td rowspan="3">其中</td><td rowspan="2">生产污水</td><td>总量</td><td></td></tr>
<tr><td>新鲜水量</td><td></td><td>其中“清净废水”</td><td></td></tr>
<tr><td colspan="2">新鲜水来源</td><td></td><td>生活污水</td><td>设计最大量一般不超过</td><td></td></tr>
</table>

表 8-7 工程分析

生产工艺流程或资源开发、利用方式简要说明(附生产工艺及污染物产出流程图)

表 8-8 废水、废气排放及治理

污染类型	产生污染物装置、工段	单位时间最大生产量/(t/d)	年产生量/t	治理方法	投资/万元	设计处理能力	处理效果			处理后排放量	排放标准	排放方式和排放去向	重复利用量或综合利用量	备注
							污染物名称	进口浓度/(mg/L)	出口浓度/(mg/L)					
废水														
废气														

注：1. 填写单位，废水量为 t/d，浓度为 mg/L；废气量为 m^3(标)/h，浓度为 mg/m^3(标)；投资费用为万元。

2. 浓度栏中填写平均值。

3. 污染类型为废气污染时，排放方式栏中填写排气筒高度，m。

表 8-9 噪声源及治理

噪声源名称	噪声源声级/dB(A)	治理方法	投资/万元	主要敏感目标及厂界噪声等效声级 L_{eq}/dB(A)			备注
				监测点编号	现值	预测值	

表 8-10 固体废物产生及处理处置

产生固体废物装置（工段）	固体废物名称	类别编号	固体废物产生量/(t/a)	固体废物形态	主要有害成分及含量	固体废物处理处置量/(t/a)	处理处置方式	处理处置地点	投资/万元	备注

表 8-11 环境影响分析

项目所在地环境质量现状、建设过程中和建设后对环境影响的分子及需要说明的问题：

第五节 环境保护与可持续发展

控制人口，节约资源，保护环境，实现可持续发展。这是中国环境与生态学者及中国政府对全球性发展资源、生态环境的锐减、污染和破坏以及中国国情为解决全球性环境问题而提出的一句极为科学而鲜明的行动纲领。

一、可持续发展的定义与内涵

可持续发展的概念最早在 1980 年提出，直至 1987 年世界环境与发展委员会向联合国提交的《我们共同的未来——从一个地球到一个世界》的著名报告中给予明确：“在不危及后代人满足其环境资源需求的前提下，寻求满足当代人需要的发展途径。”这一定义在其内含的阐述中从生态的可持续性转入社会的可持续性，提出了消灭贫困、限制人口、政府立法和公众参与的社会政治问题。

可持续发展的内涵主要体现公平性原则、连续性原则和共同性原则。

公平性原则主要包括三个方面。一是当代人的公平，即要求满足当代全球各国人民的基本要求，予以机会满足其要求较好生活的愿望。二是代际间的公平，即每一代人都不应该为着当代人的发展与需求而损害人类世世代代满足其需求的自然资源与环境条件，而应给予世世代代利用自然资源的权利。三是公平分配有限的资源，即应结束少数发达国家过量消费全球共有资源，给予广大发展中国家合理利用更多的资源以达到经济增长和发展的机会。

持续性原则要求人类对于自然资源的耗竭速率应该考虑资源与环境的临界性，不应该损害支持生命的大气、水、土壤、生物等自然系统。持续性原则的核心是对人类经济和社会发展不能超越资源和环境的承载能力。“发展”一旦破坏了人类生存的物质基础，“发展”本身也就衰退了。

共同性原则强调可持续发展一旦作为全球发展的共同总目标而定下来，对于世界各国所表现的公平性和持续性原则都是共同的。实现这一总目标必须采取全球共同的联合行动。

可持续发展的理论认为：人类任何时候都不能以牺牲环境为代价去换取经济的一时发展，也不能以今天的发展损害明天的发展。要实现可持续发展，必须做到保护环境同经济、社会发展协调进行。二者的关系是人类的生产、消费和发展，不考虑资源和环境，则难以为继；而孤立就环境论环境，而没有经济发展和技术进步，环境的保护就失去了物质基础。另外，可持续发展的模式是一种提倡和追求"低消耗、低污染、适度消费"的模式，用它取代人类工业革命以来所形成的"高消耗、高污染、高消费"的非持续发展模式，扼制当今小部分人为自己的富裕而不惜牺牲全球人类现代和未来利益的行为。显然可持续发展思想将给人们带来观念和行为的更新。

二、中国可持续发展的战略与对策

中国作为一个发展中国家，深受人口、资源、环境、贫困等全球性问题的困扰。联合国环境与发展会议（UNCED）之后，中国政府重视自己承担的国际义务，积极参与全球可持续发展理论的建设和健全工作。中国制定的第一份环境与发展方面的纲领性文件就是1992年8月党中央、国务院批准转发的《环境与发展十大对策》。

1. 实行可持续发展战略

① 加速我国经济发展、解决环境问题的正确选择是走可持续发展道路。20世纪80年代末，中国由于环境污染造成的经济损失已达950亿元，占国民生产总值的6%以上。这是传统的以大量消耗资源的粗放经营为特征的发展模式，投入多、产出少、排污量大。另一方面，传统发展模式严重污染环境，且资源浪费巨大，加大资源供需矛盾，经济效益下降。因此，必须由"粗放型"转变为"集约型"，走持续发展的道路，是解决环境与发展问题的唯一正确选择。

② 贯彻"三同步"方针。"经济建设、城乡建设、环境建设同步规划，同步实施，同步发展"，是保证经济、社会持续、快速、健康发展的战略方针。

2. 可持续发展的重点战略任务

（1）采取有效措施，防治工业污染　坚持"预防为主，防治结合，综合治理"和"污染者付费"等指导原则，严格控制新污染，积极治理老污染，推行清洁生产实现生态可持续发展。主要措施如下。

① 预防为主、防治结合　严格按照法律规定，对初建、扩建、改建的工业项目，要求先评价、后建设，严格执行"三同时"制度，技术起点要高。对现有工业结合产业和产品结构调整，加强技术改造，提高资源利用率，最大限度地实现"三废"资源化。积极引导和依法管理，坚决防治乡镇企业污染，严禁对资源滥挖乱采。

② 集中控制和综合管理　这是提高污染防治的规模效益，实行社会化控制的必由之路。综合治理要做到：合理利用环境自净能力与人为措施相结合；集中控制与分散治理相结合；生态工程与环境工程相结合；技术措施与管理措施相结合。

③ 转变经济增长方式，推行清洁生产　走资源节约型、科技先导型、质量效益型工业道路，防治工业污染。大力推行清洁生产开发绿色产品，全过程控制工业污染。

（2）加强城市环境综合整治，认真治理城市"四害"　城市环境综合整治包括加强城市基础设施建设，合理开发利用城市的水资源、土地资源及生活资源，防治工业污染、生活污染和交通污染，建立城市绿化系统，改善城市生态结构和功能，促进经济与环境协调发展，全面改善城市环境质量。当前主要任务是通过工程设施和管理措施，有重点地减轻和逐步消除废气、废水、废渣和噪声这城市"四害"的污染。

（3）提高能源利用率，改善能源结构　通过电厂节煤，严格控制热效率低、浪费能源的小工业锅炉的发展，推广民用型煤，发展城市煤气化和集中供热方式，逐步改变能源价格体系等措施提高能源利用率，大力节约能源。调整能源结构，增加清洁能源比重，降低煤炭在我国能源结构中的比重。尽快发展水电、核电，因地制宜地开发和推广太阳能、风能、地热能、潮汐能、生物能等清洁能源。

(4) 推广生态的农业，坚持植树造林，加强生物多样性保护 中国人口众多，人均耕地少，土壤污染、肥力减退、土地沙漠化等因素制约了农业生产发展，出路在于推广生态农业，从而提高粮食产量，改善生态环境。植树造林，确保森林资源的稳定增长，可控制水土流失，保护生态环境。通过扩大自然保护区面积，有计划地建设野生珍稀物种及优良家禽、家畜、作物、药物良种的保护和繁育中心，加强对生物多样性的保护。

3. 可持续发展的战略措施

发展知识经济和循环经济是实现经济增长的两大趋势。其中发展循环经济、建立循环型社会是实施可持续发展战略的重要途径和实现方式。

所谓循环经济，就是把清洁生产和废弃物的综合利用融为一体的经济，本质上是一种生态经济，它要求运用生态学规律来指导人类社会的经济活动。循环经济倡导的是一种建立在物质不断循环利用基础的经济发展模式，它要求把经济活动按照自然生态系统的模式，组织成一个“资源-产品-再生资源”的物质反复循环流动的过程，使得整个经济系统以及生产和消费过程基本上不产生或者只产生很少的废弃物，只有放错了地方的资源，而没有真正的废弃物，其特征是自然资源的低投入、高利用和废弃物的低排放，从根本上消解长期以来循环与发展之间的尖锐冲突。

(1) 大力推进科技进步，加强环境科学研究积极发展环保产业 解决环境与发展的问题根本出路在于依靠科技进步。加强可持续发展的理论和方法的研究，总量控制及过程控制理论和方法的研究，生态设计和生态建设的研究，开发和推广清洁生产技术的研究，提高环境保护技术水平。正确引导和大力扶植环保产业的发展，尽快把科技成果转化为现实的污染防治控制的能力，提高环保产品质量。

(2) 运用经济手段保护环境 应用经济手段保护环境，促进经济环境的协调发展。做到排污收费；资源有偿使用；资源核算和资源计价；环境成本核算。

(3) 加强环境教育，提高全民族环境意识 加强环境教育提高全民族的环保意识，特别是提高决策层的环保意识和环境开发综合决策能力，是实施可持续发展的重要战略措施。据资料显示，到目前为止，全国有 140 所高等院校开办了 206 个本科环境类专业，每年招收本科生 5000 多人，在校环境类本科生 20000 多人，研究生 1200 多人。但毕业后从事环境事业的学生并不多，因此急需对这部分人力资源进行合理的管理、规划和开发，为中国的环保事业做出应有的贡献。

(4) 健全环保法制，强化环境管理 中国的实践表明，在经济发展水平较低，环境保护投入有限的情况下，健全管理机构，依法强化管理是控制环境污染和生态破坏的有效手段。“经济靠市场，环保靠政府”。建立健全使经济、社会与环境协调发展的法规政策体系，是强化环境管理，实现可持续发展战略的基础。

4. 可持续发展的行动计划

中国有关实施可持续发展战略的对策、方案及行动计划见表 8-12 所示。

2000 年 9 月 6 日开幕的以“把绿色带入 21 世纪”为宗旨的 2000 年中国国际环境保护博览会，充分展现了中国政府致力于保护环境的决心：国家继续加强和完善环保政策，扩大环保投资，加快环保技术和实施的国产化、专业化，推进环保产业化和污染治理市场化。

中国可持续发展战略的总体目标是：①用 50 年的时间，全面达到世界中等发达国家的可持续发展水平，进入世界可持续发展能力前 20 名行列；②在整个国民经济中科技进步的

表 8-12 中国有关实施可持续发展战略的对策、方案及行动计划（1992 年 8 月～1996 年 9 月）

序号	名称	批准机关及日期	主要内容
1	中国环境与发展十大对策	中共中央、国务院，1992 年 8 月	指导中国环境与发展的纲领性文件
2	中国环境保护战略	国家环保总局、国家计委，1992 年	关于环境保护战略的政策性文件
3	中国逐步淘汰破坏臭氧层物质的国家方案	国务院，1993 年 1 月	履行《蒙特利尔议定书》的具体方案
4	中国环境保护行动计划（1991～2000 年）	国务院，1993 年 9 月	全国分领域的 10 年环境保护行动计划
5	中国 21 世纪议程	国务院，1994 年 4 月	中国人口、环境与发展白皮书，国家级的《21 世纪议程》
6	中国生物多样性保护行动计划	国务院，1994 年	履行《生物多样性公约》的具体行动计划
7	中国温室气体排放控制问题与对策	国家环保总局、国家计委，1994 年	对中国温室气体排放清单及削减费用分析、研究，提出控制对策
8	中国环境保护 21 世纪议程	国家环保总局，1994 年	部门级的《21 世纪议程》
9	中国林业 21 世纪议程	林业部，1995 年	部门级的《21 世纪议程》
10	中国海洋 21 世纪议程	国家海洋局，1996 年4 月	部门级的《21 世纪议程》
11	中国跨世纪绿色工程规划	国家环保总局，1996 年 9 月	至 2010 年的重点环保项目、工程的规划

贡献率达到 70%以上；③单位能量消耗和资源消耗所创造的价值在 2000 年基础上提高 10～12 倍；④人均预期寿命达到 85 岁；⑤人文发展指数进入世界前 50 名；⑥全国平均受教育年限在 12 年以上；⑦能有效地克服人口、粮食、能源、资源、生态环境等制约可持续发展的瓶颈；⑧确保中国的食物安全、经济安全、健康安全、环境安全和社会安全；⑨2030 年实现人口数量的“零增长”；⑩2040 年实现能源资源消耗的“零增长”；⑪2050 年实现生态环境退化的“零增长”，全面实现进入可持续发展的良性循环。

三、化学工业实现可持续发展的措施

化学工业是对环境中的各种资源进行化学处理和加工转化的生产部门，其产品和废弃物具有多样化、数量大的特点。废弃物大多有害、有毒，进入环境会造成污染。有的化工产品在使用过程中造成的污染甚至比生产本身所造成的污染更严重、更广泛。由于化学工业对环境影响巨大，所以实施可持续发展对化工生产尤为重要。

1. 发展是实现化工产业可持续发展的基础

化工行业是我国的支柱产业之一，不能因为该行业有严重的环境污染而使本行业停滞不前。只有坚持走发展之路，采用先进的生产设备和工艺，实现化工行业的清洁生产技术，降低能耗、降低成本、提高经济效益，才能使企业为防治污染提供必要的资金和设备，才能为改善环境质量提供保障。没有经济的发展和科学技术的进步，环境保护也就失去了物质基础。

2. 积极开拓国内外两个市场和利用国内外两种资源

资源是最重要的物质基础。要在立足用好国内资源的基础上，扩大资源领域的国际合作与交流，通过国际市场的调剂和优势互补，实现我国资源的优化配置，保障资源的可持续利用。通过开拓国际、国内两个市场，获得更为丰厚的利润，为改善化工行业的环境质量提供保障。

3. 制定超前标准，促进企业由“末端治污”向“清洁生产”转变

中国是发展中国家，经济增长速度较快，环境污染的问题尽管在一些经济发达地区正日益受到重视，但总的污染趋势不容乐观。因此应结合我国国民经济和社会发展规划制定出比较具体和明确的环境保护超前标准，从源头开始控制污染，向污染预防、清洁生产和废物资源化、减量化方向转变，才能促进化工企业的可持续发展之路。

4. 调整产品结构，开发清洁产品

我国化工行业工艺技术比较落后，基本上沿袭的以大量消耗资源、能源和粗放经营为特征的传统发展模式，致使单位产品的能耗高、排污量大，增加了末端治理负担，加重了环境污染。另外，小化工企业遍地开花，工艺原始落后，片面追求短期利益，污染现象严重，小企业一无资金二无技术进行污染治理。因此，调整产业结构，走高科技、低污染的跨越式产业发展之路，乡镇企业走小城镇集中化路子，形成集约化的产业链，是化工实现可持续发展的重要举措。

复习思考题

1. 环境监测的任务是什么？
2. 环境监测的工作程序是什么？
3. 选择环境监测方法应注意哪些问题？
4. 环境质量评价的步骤是什么？
5. 水环境质量现状评价包括哪几方面？
6. 环境影响评价有哪几种方法？
7. 环境影响评价书包括哪些内容？
8. 简述环境保护法的含义。
9. 环境保护法的作用是什么？
10. 环境保护法有哪些特点？
11. 我国环境标准体系包括哪些内容？
12. 我国环境管理的发展分哪三个阶段？
13. 环境管理的内容是什么？
14. 环境管理的基本职能是什么？
15. 简述可持续发展的定义和内涵。
16. 中国可持续发展的战略任务是什么？
17. 中国实施可持续发展的战略措施有哪些？
18. 什么是循环经济？
19. 化工行业如何实施可持续发展？

实 训 题

一、化学需氧量（COD）的测定

化学需氧量测定所需氧化剂为重铬酸钾和高锰酸钾。由于氧化剂的种类、浓度和氧化条件不同，对需氧污染物的氧化率就有差异，测出的化学需氧量也不同，故测定条件不同，测定结果不宜比较。

（一）COD水样的采集

取待测点水样50～100mL，加硫酸调水样pH<2，以固定水中COD。

（二）水样中COD的分析（酸性高锰酸钾）

1. 原理：在酸性条件下，高锰酸钾氧化水样中还原性物质，过量的高锰酸钾溶液用草酸钠溶液还原，过量的草酸钠溶液再以高锰酸钾溶液回滴，用高锰酸钾溶液消耗量计算水样中COD。水样中氯离子含量不太高时，宜采用此法。

2. 主要试剂及仪器

主要试剂如下：

① 0.1mol/L高锰酸钾溶液，称取3.2g高锰酸钾，溶于1200mL水中，煮沸使体积减少为1000mL，静置过夜，用玻璃过滤器过滤，贮于棕色瓶中。

② 0.01mol/L高锰酸钾溶液用适量0.1mol/L高锰酸钾溶液配制，贮于棕色瓶中。

③ 硫酸（1+3），按体积比1∶3的硫酸和水混合，趁热滴加0.01mol/L高锰酸钾溶液至溶液红色不褪。

④ 0.1000mol/L草酸钠标准溶液，称取草酸钠0.6705g，加适量水和25mL硫酸（1+3）溶液，移入100mL容量瓶中，加水至标线。

⑤ 0.0100mol/L草酸钠标准溶液，吸取10.00mL 0.1000mol/L草酸钠标准溶液配制100mL 0.0100mol/L草酸钠标准溶液。

主要仪器如下：

①恒温水浴；②酸式滴定管；③250mL锥形瓶。

3. 操作方法

取100.00mL水样于250mL锥形瓶中，加5mL硫酸（1+3）、10.00mL 0.01mol/L高锰酸钾溶液，摇匀，立即放入沸水浴中加热至沸，再继续加热20min，水浴液面应高于样液液面，如这时样液呈深绿色，应减少取样量重新测定。从沸水浴中取出锥形瓶，趁热加入10.00mL 0.0100mol/L草酸钠标准溶液，摇匀，样液红色完全消失，待温度降至60～70℃时，用0.01mol/L高锰酸钾溶液滴定至微红色。

在滴定至终点的样液中，趁热加10.00mL 0.0100mol/L草酸钠标准溶液，立即用0.01mol/L高锰酸钾溶液滴定，由高锰酸钾溶液消耗的量（V_3）求出高锰酸钾溶液的校正系数：

$$K=\frac{10}{V_3}$$

（三）按下式计算COD

$$\mathrm{COD}=\frac{[K(V_1+V_2)-10]c(\mathrm{Na_2C_2O_4})\times 8\times 1000}{V}$$

式中　K——0.01mol/L高锰酸钾溶液校正系数；

V_1——加入水样中高锰酸钾溶液量，mL；

V_2——滴定时消耗高锰酸钾溶液量，mL；

V——水样量，mL；

$c(\mathrm{Na_2C_2O_4})$——草酸钠标准溶液的物质的量浓度，mol/L。

二、区域环境质量调查

针对下表的调查内容，对学校附近或学生居住地附近的环境质量进行调查。

（一）说明

1. 根据表内所列项目逐项调查，在“污染程度与感觉”一栏中用“√”表示调查结果。

2. 根据调查结果，大致判断被调查地区的环境质量状况，找出该地区主要污染源。

（二）要求

1. 写出环境质量调查报告（1000字以内）。

2. 如所调查地区环境质量不佳，应积极向有关部门反映情况，争取环境污染问题早日解决。

区域环境质量调查表

项　目		污染程度与感觉	项　目	污染程度与感觉
附近是否有	河道	有,没有,水体非常清洁,清洁,有些脏,肮脏,非常脏	门窗、小五金、下水道腐蚀情况	没有,有一些,普遍,非常多
	工厂	没有,少,稍多,多,非常多;哪些类型工厂	植物的花、果是否容易脱落	全没有,基本没有,比较多,颇多,非常多
	绿地	有,没有		
交通量		几乎没有,稍有,多,颇多,非常多	家中有没有灰尘	全没有,基本没有,比较多,非常多
污染类型	噪声	非常安静,安静,吵闹,相当吵闹,不能忍受	树叶是否容易枯死	不易,较容易,容易,很容易
	恶臭	无感觉,微有感觉,有感觉,颇有感觉,不能忍受	当地居民是否反映过问题	
	烟雾	有刺激,刺痛感,头痛、胸部憋闷不常出现,经常出现	根据调查,你认为该地区环境质量如何	
垃圾(废渣)		不多,较多,多,很多		
洗的东西是否容易弄脏		无此情况,时常弄脏,弄脏时间很多	调查地点,时间	

阅读材料

保护环境的道德规范

21世纪的中国青年必须具备一种新的基本素质，就是以“天人合一”的伦理为基础的环境道德。

1. 尊重善待自然，维护生态平衡，不断优化环境。
2. 高度重视和实行绿色生产开发，以保证经济发展不损坏自然，确保生态平衡。
3. 节约资源，享受适度，科学消费。让自然资源的利用“细水长流”，永续于后人。
4. 污染环境可耻，破坏生态可恶。同一切破坏和污染环境的人和事做坚决的斗争。
5. 向自然索取不要忘记回报于自然，以使地球越来越美好。
6. “己所不欲，勿施于人”。绝不可以只为自己的小环境和私利而去破坏他人乃至全人类的大环境和公共利益。

可持续发展的主要技术领域

①能源获取技术；②能源储存技术；③能源最终使用技术；④农业生物技术；⑤替代与精细农业技术；⑥制造模拟、监测和控制技术；⑦催化剂技术；⑧分离技术；⑨精密制作技术；⑩材料技术；⑪信息技术；⑫人口控制技术。

城市环境空气质量公报

自1998年6月中国开始在46个重点城市进行空气质量周报或日报，将“空气污染指数(API)”、“空气质量级别”、“首要污染物”等内容的环境信息提供给大众。如天津市日报表。

天津市城区环境空气质量日报(天津市环境监测中心)

(××年×月×日 12:00～××年×月×日 12:00)

污染物名称	污染分项指数(API)	空气质量级别	空气质量描述
二氧化硫(SO_2)	61	二级	良好
二氧化氮(NO_2)	70	二级	良好
可吸入颗粒物(PM_{10})	128	三级	轻度污染
空气质量:轻度污染水平		首要污染物:可吸入颗粒物	

PM_{10}又称为可吸入颗粒物，指直径大于2.5μm、等于或小于10μm，可以进入人的呼吸系统的颗粒物；总悬浮颗粒物也称为PM_{100}，即直径小于和等于100μm的颗粒物。

作为环境管理服务环境监测的新形式，空气质量公报可以增强人们对环境的关注，促进公众对环境保护工作的理解和支持，促进人们生活质量的提高。

目前计入空气污染指数的项目为：二氧化硫、氮氧化物和可吸入颗粒物。可先求出各项污染指数，取最大者为该城市的空气污染指数API，该项污染物即为该城市空气中的首要污染物。API值对应空气质量级别为：0～50，Ⅰ级，优；51～100，Ⅱ级，良；101～200，Ⅲ级，轻度污染；201～300，Ⅳ级，中度污染；≥300，Ⅴ级，重度污染。空气污染指数分级浓度限值如下表。

污染指数	污染浓度/(mg/m^3)		
API	TSP	SO_2	NO_x
500	1.00	2.620	0.940
400	0.875	2.100	0.750
300	0.625	1.600	0.565
200	0.500	0.250	0.150
100	0.300	0.150	0.100
50	0.120	0.050	0.050

注：当浓度低于此值时，不计算该项污染物的分指数。

TSP——英文total suspended particulate的缩写，即总悬浮微粒，又称总悬浮颗粒物。指用标准大容量颗粒采集器在滤膜上收集到的颗粒物的总质量。

近年来，公众提出将$PM_{2.5}$作为空气质量监测指标。$PM_{2.5}$是指大气中直径小于或等于2.5μm的颗粒物，也称为可入肺颗粒物。它的直径还不到人的头发丝粗细的1/20。虽然$PM_{2.5}$只是地球大气成分中含量很少的组分，但它对空气质量和能见度等有重要的影响。与较粗的大气颗粒物相比，$PM_{2.5}$粒径小，富含大量的有毒、有害物质且在大气中的停留时间长、输送距离远，因而对人体健康和大气环境质量的影响更大。2011年12月5日，《环境空气质量标准》(二次征求意见稿)征求公众意见截止，新标准拟于2016年全面实施。京津冀、长三角、珠三角三大地区及九个城市群可能会被强制要求先行监测并公布$PM_{2.5}$的数据。

附　录

1. 污水综合排放标准（摘自 GB 8978—1996）

污水综合排放标准适用于现有单位水污染物的排放管理，以及建设项目的环境影响评价、建设项目环境保护设施设计、竣工验收及其投产后的排放管理。按地面水域使用功能要求和污水排放去向，对地面水水域和城市下水道排放的污水分别执行一级、二级、三级标准。

标准将排放的污染物按其性质及控制方式分为二类。

第一类污染物，不分行业和污水排放方式，也不分受纳水体的功能类别，一律在车间或车间处理设施排放口采样，其最高允许排放浓度必须达到标准要求（采矿行业的尾矿坝出水口不得视为车间排放口）。

第二类污染物，在排污单位排放口采样，其最高允许排放浓度必须达到标准要求。根据各行业生产情况不同，规定了部分行业的最高允许排放量。

第一类污染物高允许排放浓度　　　单位：mg/L

序号	污染物	最高允许排放浓度	序号	污染物	最高允许排放浓度
1	总汞	0.05	8	总镍	1.0
2	烷基汞	不得检出	9	苯并[a]芘	0.00003
3	总镉	0.1	10	总铍	0.005
4	总铬	1.5	11	总银	0.5
5	六价铬	0.5	12	总α放射性	1Bq/L
6	总砷	0.5	13	总β放射性	10Bq/L
7	总铅	1.0			

第二类污染物高允许排放浓度　　　单位：mg/L

序号	污染物	适用范围	一级标准	二级标准	三级标准
1	pH	一切污染单位	6～9	6～9	6～9
2	色度(稀释倍数)	一切污染单位	50	80	—
3	悬浮物(SS)	采矿、选矿、选煤工业	70	300	—
		脉金选矿	70	400	—
		边远地区砂金选矿	70	800	—
		城镇二级污水处理厂	20	30	—
		其他排污单位	70	150	400
4	五日生化需氧量(BOD_5)	甘蔗制糖、苎麻脱胶、湿法纤维板、染料、洗毛工业	20	60	600
		甜菜制糖、酒精、味精、皮革、化纤浆粕工业	20	100	600
		城镇二级污水处理厂	20	30	—
		其他排污单位	20	30	300

续表

序号	污染物	适用范围	一级标准	二级标准	三级标准
5	化学需氧量(COD)	甜菜制糖、合成脂肪酸湿法纤维板、染料、洗毛、有机磷农药工业	100	200	1000
		味精、酒精、医药原料药、生物制药、苎麻脱胶、皮革、化纤浆粕工业	100	300	1000
		石油化工工业(包括石油炼制)	60	120	500
		城镇二级污水处理厂	60	120	—
		其他排污单位	100	150	500
6	石油类	一切排污单位	5	10	20
7	动植物油	一切排污单位	10	15	100
8	挥发酚	一切排污单位	0.5	0.5	2.0
9	总氰化合物	一切排污单位	0.5	0.5	1.0
10	硫化物	一切排污单位	1.0	1.0	1.0
11	氨氮	医药原料药、染料、石油化工工业	15	50	—
		其他排污单位	15	25	—
12	氟化物	黄磷工业	10	15	20
		低氟地区(水体含氟量<0.5mg/L)	10	20	30
		其他排污单位	10	10	20
13	磷酸盐(以P计)	一切排污单位	0.5	1.0	—
14	甲醛	一切排污单位	1.0	2.0	5.0
15	苯胺类	一切排污单位	1.0	2.0	5.0
16	硝基苯类	一切排污单位	2.0	3.0	5.0
17	阴离子表面活性剂(LAS)	一切排污单位	5.0	10	20
18	总铜	一切排污单位	0.5	1.0	2.0
19	总锌	一切排污单位	2.0	5.0	5.0
20	总锰	合成脂肪酸工业	2.0	5.0	5.0
		其他排污单位	2.0	2.0	5.0
21	显彩色显影剂	电影洗片	1.0	2.0	3.0
22	影剂及氧化物总量	电影洗片	3.0	3.0	6.0
23	元素磷	一切排污单位	0.1	0.1	0.3
24	有机磷农药(以P计)	一切排污单位	不得检出	0.5	0.5
25	乐果	一切排污单位	不得检出	1.0	2.0
26	对硫磷	一切排污单位	不得检出	1.0	2.0
27	甲基对硫磷	一切排污单位	不得检出	1.0	2.0
28	马拉硫磷	一切排污单位	不得检出	5.0	10
29	五氯酚及五氯酚钠(以五氯酚计)	一切排污单位	5.0	8.0	10
30	可吸附有机卤化物(AOX)(以Cl计)	一切排污单位	1.0	5.0	8.0

续表

序号	污染物	适用范围	一级标准	二级标准	三级标准
31	三氯甲烷	一切排污单位	0.3	0.6	1.0
32	四氯化碳	一切排污单位	0.03	0.06	0.5
33	三氯乙烯	一切排污单位	0.3	0.6	1.0
34	四氯乙烯	一切排污单位	0.1	0.2	0.5
35	苯	一切排污单位	0.1	0.2	0.5
36	甲苯	一切排污单位	0.1	0.2	0.5
37	乙苯	一切排污单位	0.4	0.6	1.0
38	邻二甲苯	一切排污单位	0.4	0.6	1.0
39	对二甲苯	一切排污单位	0.4	0.6	1.0
40	间二甲苯	一切排污单位	0.4	0.6	1.0
41	氯苯	一切排污单位	0.2	0.4	1.0
42	邻二氯苯	一切排污单位	0.4	0.6	1.0
43	对二氯苯	一切排污单位	0.4	0.6	1.0
44	对硝基氯苯	一切排污单位	0.5	1.0	5.0
45	2,4-二硝基氯苯	一切排污单位	0.5	1.0	5.0
46	苯酚	一切排污单位	0.3	0.4	1.0
47	间甲酚	一切排污单位	0.1	0.2	0.5
48	2,4-二氯酚	一切排污单位	0.6	0.8	1.0
49	2,4,6-三氯酚	一切排污单位	0.6	0.8	1.0
50	邻苯二甲酸二丁酯	一切排污单位	0.2	0.4	2.0
51	邻苯二甲酸二辛酯	一切排污单位	0.3	0.6	2.0
52	丙烯腈	一切排污单位	2.0	5.0	5.0
53	总硒	一切排污单位	0.1	0.2	0.5
54	粪大肠菌群数	医院①、兽医院及医疗机构含病原体污水	500个/L	1000个/L	5000个/L
		传染病、结核病医院污水	100个/L	500个/L	1000个/L
55	总余氯(采用氯化消毒的医院污水)	医院①、兽医院及医疗机构含病原体污水	<0.5②	>3(接触时间≥1h)	>2(接触时间≥1h)
		传染病、结核病医院污水	<0.5②	>6.5(接触时间≥1.5h)	>5(接触时间≥1.5h)
56	总有机碳(TOC)	合成脂肪酸工业	20	40	—
		苎麻脱胶工业	20	60	—
		其他排污单位	20	30	—

① 指50个床位以上的医院。

② 加氯消毒后须进行脱氯处理，达到本标准。

注：其他排污单位指除在该控制项目中所列行业以外的一切排污单位。

2. 地表水环境质量标准基本项目标准限值（摘自 GB 3838—2002）

单位：mg/L

序号	分类 / 标准值 / 项目		Ⅰ类	Ⅱ类	Ⅲ类	Ⅳ类	Ⅴ类
1	水温/℃		人为造成的环境水温变化应限制在： 周平均最大温升≤1 周平均最大温降≤2				
2	pH 值（无量纲）		6～9				
3	溶解氧	≥	饱和率 90% （或 7.5）	6	5	3	2
4	高锰酸盐指数	≤	2	4	6	10	15
5	化学需氧量（COD）	≤	15	15	20	30	40
6	五日生化需氧量（BOD_5）	≤	3	3	4	6	10
7	氨氮（NH_3-N）	≤	0.15	0.5	1.0	1.5	2.0
8	总磷（以 P 计）	≤	0.02 （湖、库 0.01）	0.1 （湖、库 0.025）	0.2 （湖、库 0.05）	0.3 （湖、库 0.1）	0.4 （湖、库 0.2）
9	总氮（湖、库，以 N 计）	≤	0.2	0.5	1.0	1.5	2.0
10	铜	≤	0.01	1.0	1.0	1.0	1.0
11	锌	≤	0.05	1.0	1.0	2.0	2.0
12	氟化物（以 F^- 计）	≤	1.0	1.0	1.0	1.5	1.5
13	硒	≤	0.01	0.01	0.01	0.02	0.02
14	砷	≤	0.05	0.05	0.05	0.1	0.1
15	汞	≤	0.00005	0.00005	0.0001	0.001	0.001
16	镉	≤	0.001	0.005	0.005	0.005	0.01
17	铬（六价）	≤	0.01	0.05	0.05	0.05	0.1
18	铅	≤	0.01	0.01	0.05	0.05	0.1
19	氰化物	≤	0.005	0.05	0.02	0.2	0.2
20	挥发酚	≤	0.002	0.002	0.005	0.01	0.1
21	石油类	≤	0.05	0.05	0.05	0.5	1.0
22	阴离子表面活性剂	≤	0.2	0.2	0.2	0.3	0.3
23	硫化物	≤	0.05	0.1	0.2	0.5	1.0
24	粪大肠菌群/（个/L）	≤	200	2000	10000	20000	40000

依据地表水水域环境功能和保护目标，按功能高低依次划分为五类：

Ⅰ类　主要适用于源头水、国家自然保护区；

Ⅱ类　主要适用于集中式生活饮用水地表水源地一级保护区、珍稀水生生物栖息地、鱼虾类产卵场、仔稚幼鱼的索饵场等；

Ⅲ类　主要适用于集中式生活饮用水地表水源地二级保护区、鱼虾类越冬场、洄游通道、水产养殖区等渔业水域及游泳区；

Ⅳ类　主要适用于一般工业用水区及人体非直接接触的娱乐用水区；

Ⅴ类　主要适用于农业用水区及一般景观要求水域。

3. 农田灌溉水质标准（摘自 GB 5084—92）

序号	项目 \ 标准值 \ 作物分类		水　作	旱　作	蔬　菜
1	生化需氧量(BOD_5)/(mg/L)	≤	80	150	80
2	化学需氧量(COD_{Cr})/(mg/L)	≤	200	300	150
3	悬浮物/(mg/L)	≤	150	200	100
4	阴离子表面活性剂(LAS)/(mg/L)	≤	5.0	8.0	5.0
5	凯氏氮/(mg/L)	≤	12	30	30
6	总磷(以 P 计)/(mg/L)	≤	5.0	10	10
7	水温/℃	≤		35	
8	pH	≤		5.5～8.5	
9	全盐量/(mg/L)	≤		1000(非盐碱土地区)、2000(盐碱土地区)有条件的地区可以适当放宽	
10	氯化物/(mg/L)	≤		250	
11	硫化物/(mg/L)	≤		1.0	
12	总汞/(mg/L)	≤		0.001	
13	总镉/(mg/L)	≤		0.005	
14	总砷/(mg/L)	≤	0.05	0.1	0.05
15	铬(六价)/(mg/L)	≤		0.1	
16	总铅/(mg/L)	≤		0.1	
17	总铜/(mg/L)	≤		0.1	
18	总锌/(mg/L)	≤		2.0	
19	总硒/(mg/L)	≤		0.02	
20	氟化物/(mg/L)	≤		2.0(高氟区),3.0(一般地区)	
21	氰化物/(mg/L)	≤		0.5	
22	石油类/(mg/L)	≤	5.0	10	1.0
23	挥发酚/(mg/L)	≤		1.0	
24	苯/(mg/L)	≤		2.5	
25	三氯乙醛/(mg/L)	≤	1.0	0.5	0.5
26	丙烯醛/(mg/L)	≤		0.5	
27	硼/(mg/L)	≤		1.0(对硼敏感作物,如马铃薯、笋瓜、韭菜、洋葱、柑橘等) 2.0(对硼耐受性较强的作物,如小麦、玉米、青椒、小白菜、葱等) 3.0(对硼耐受性强的作物,如水稻、萝卜、油菜、甘蓝等)	
28	粪类肠菌群数/(个/L)	≤		10000	
29	蛔虫卵数/(个/L)	≤		2	

4. 危险废物的土地处置方法

代 号	方法及有害物质举例
A	化学废物土地填埋处置。如氟化铝、硫酸锑、三硫化二锑、五硫化二锑等
B	卫生土地填埋处置。但不提倡工业废物和城市垃圾共同处置。如三氧化二铝、氧化锌、氟化钙、氧化镁、粉末镁铝、金属混合物、硫、钽、二氧化硅、五氧化二钒等
C	废液同过量石灰反应。处置方法是或者回收或者以氟化钙的形式单独进行土地处置。如氟化铵、氟化钾、氟化钠等
D	水溶性物质以及添加大量的浓缩还原剂溶液，用硫酸酸化，完全还原后，添加苏打粉使溶液显碱性。对释出的氨要加以回收。最后从新形成的各种泥渣中沥出碱性溶液，中和、稀释后排放。泥渣进行土地填埋。如过氧化钠、氯酸锌、氯酸镁、过硫酸铵、次氯酸钙等
E	化合物用盐酸溶解，并用硫化氢饱和。过滤硫酸锑沉淀，淋洗后干燥，用空气气提溶液中溶解的硫化氢，然后送入装有石灰淋洗器的焚烧装置。经过气提的滤液同石灰反应，氟化钙-氯化钙混合物沉淀进行土地填埋处置。如五氧化锑等
F	用苏打或消石灰沉淀，泥渣进行化学废物土地填埋。如氟化镉等
G	同水、苛性苏打和消石灰反应，金属沉淀泥渣进行土地填埋处置。如氯化钴、硝酸钡、硫酸钡等
H	采用通用的废水处理方法使稀的废液生物或化学降解。用石灰处理后得到硫酸苯钙沉淀进行化学土地填埋。如苯二磺酸等
I	通过焚烧或其他特殊的方法使废物转变为化学惰性氧化物，氧化物进行土地填埋。如碳酸铍、氯化铍、氧化铍、铍粉末、硒酸铍等
J	同水反应生成硼酸和氟硼酸，氟硼酸同石灰反应生成硼酸和氟化钙。硼酸可以排入卫生下水系统，氟化钙可以回收或土地填埋处置。如氟化硼等
K	可以在混凝土的储存库或防水储存室长期储存，少量可以进行化学土地填埋处置。如二甲砷酸钠等
L	在大型防雨水储存库或地下室长期储存，少量可以进行化学土地填埋处置。如砷酸钠、亚砷酸钠、砷酸锌、亚砷酸锌、砷酸钙、亚砷酸钙、砷酸铜、乙酰砷酸铜等
M	浓缩物化学还原，使 Cr^{6+} 变为 Cr^{3+}，通过调节 pH 使其沉淀，沉淀物进行化学土地填埋。如铬盐、三氧化铬等
N	重金属胶体碱化沉淀，上清液中和后排入卫生污水系统，沉淀物进行化学土地填埋。如腐化铬、硫酸铬等
O	通过离子交换，反渗透或蒸发使铜废物加以浓缩，并通过电解回收铜。如不能回收，可以通过碱化使铜沉淀。泥渣进行化学土地填埋。如硝酸铜等
P	焚烧或进行化学土地填埋。如二苯胺等
Q	用专用处理铅的高炉回收，使废物转变成铅锭；少量可进行化学土地填埋
R	化学处理使废物转变成硫酸盐或碳酸盐，然后收集沉淀物，熔融后回收氧化物进行土地填埋。如氧化铅等
S	化学处理转变为氧化物，然后进行土地填埋处理或转变为硫酸盐作肥料。如氯化锰、硫酸锰等
T	包覆后进行化学土地填埋。如锑化镍、亚砷酸镍等
U	燃烧转变为无毒的碳酸盐，然后进行土地填埋。如二草酸氢钾、草酸钾等
V	在碱性条件下化学还原生成二氧化锰，然后进行土地填埋。如高锰酸钾等
W	化学中和后分离固体，固体进行化学土地填埋。如氧化钠等
X	爆炸(暂时的方法，直到研究出完全满意的方法为止)释出的铜盐进行化学土地填埋。如乙炔铜等

5. 环境空气质量标准（摘自 GB 3095—2012）

环境空气功能区质量要求

一类区适用一级浓度限值，二类区适用二级浓度限值。一、二类环境空气功能区质量要求见表 1 和表 2。

表 1　环境空气污染物基本项目浓度限值

序号	污染物项目	平均时间	浓度限值 一级	浓度限值 二级	单位
1	二氧化硫(SO_2)	年平均	20	60	μg/m³
		24 小时平均	50	150	
		1 小时平均	150	500	
2	二氧化氮(NO_2)	年平均	40	40	
		24 小时平均	80	80	
		1 小时平均	200	200	
3	一氧化碳(CO)	24 小时平均	4	4	mg/m³
		1 小时平均	10	10	
4	臭氧(O_3)	日最大 8 小时平均	100	160	μg/m³
		1 小时平均	160	200	
5	颗粒物(粒径小于等于 10μm)	年平均	40	70	
		24 小时平均	50	150	
6	颗粒物(粒径小于等于 2.5μm)	年平均	15	35	
		24 小时平均	35	75	

表 2　环境空气污染物其他项目浓度限值

序号	污染物项目	平均时间	浓度限值 一级	浓度限值 二级	单位
1	总悬浮颗粒物(TSP)	年平均	80	200	μg/m³
		24 小时平均	120	300	
2	氮氧化物(NO_x)	年平均	50	50	
		24 小时平均	100	100	
		1 小时平均	250	250	
3	铅(Pb)	年平均	0.5	0.5	
		季平均	1	1	
4	苯并[a]芘(BaP)	年平均	0.001	0.001	
		24 小时平均	0.0025	0.0025	

说明：①本标准自 2016 年 1 月 1 日起在全国实施。基本项目（表 1）在全国范围内实施；其他项目（表 2）由国务院环境保护行政主管部门或者省级人民政府根据实际情况，确定具体实施方式。

② 在全国实施本标准之前，国务院环境保护行政主管部门可根据《关于推进大气污染联防联控工作改善区域空气质量的指导意见》等文件要求指定部分地区提前实施本标准，具体实施方案（包括地域范围、时间等）另行公告；各省级人民政府也可根据实际情况和当地环境保护的需要提前实施本标准。

参 考 文 献

[1] 刘天齐主编. 环境保护. 北京：化学工业出版社，2000.
[2] 何强等编著. 环境学导论. 北京：清华大学出版社，1998.
[3] 杨晋琪等主编. 环境保护概论. 北京：机械工业出版社，1996.
[4] [美] Stanley E. Manahan 著. 环境化学. 陈甫华等译. 天津：南开大学出版社，1993.
[5] 汪大翚，徐新华编. 化工环境保护概论. 北京：化学工业出版社，2001.
[6] 国家环保局. 国家环境保护九五计划和 2010 年远景目标. 国家环保总局，1996.
[7] 庄永茂，施慧邦编著. 燃烧与污染控制. 上海：同济大学出版社，1998.
[8] 柳孝图主编. 城市物理环境与可持续发展. 南京：东南大学出版社，1999.
[9] 张过泰主编. 环境保护概论. 北京：中国轻工业出版社，1999.
[10] 陈尚芹编著. 环境污染物监测. 北京：冶金工业出版社，1999.
[11] 常元勋编. 环境中有害因素与人体健康. 北京：化学工业出版社，2000.
[12] 钱海燕，孔庆刚. 燃煤电厂烟气脱硫技术发展现状. 环境导报. 1999，6.
[13] 朱亦仁编. 环境污染治理技术. 北京：中国环境科学出版社，1996.
[14] 徐志毅编. 环境保护技术和设备. 上海：上海交通大学出版社，1999.
[15] 中国化工防治污染技术协编. 化工废水处理技术. 北京：化学工业出版社，2000.
[16] 刘昌明，傅国斌编. 今日水世界. 广州：暨南大学出版社，北京：清华大学出版社，2000.
[17] 唐守印，戴友芝编. 水处理工程师手册. 北京：化学工业出版社，2000.
[18] 林肇信，刘天齐等编. 环境保护基础. 北京：高等教育出版社，1999.
[19] 金熙，项成林，齐冬子等编. 工业水处理技术问题及常用数据. 第 2 版. 北京：化学工业出版社，1997.
[20] 国家环保总局编. 环境标准实用手册. 北京：国家环境保护总局科技标准司，2000.
[21] 谢全安，薛利平主编. 煤化工安全与环保. 北京：化学工业出版社，2005.
[22] 乔伟主编. 环境保护基础. 北京：北京大学出版社，2005.
[23] 郭斌，刘恩志主编. 清洁生产概论. 北京：化学工业出版社，2005.
[24] 佟玉衡编. 废水处理. 北京：化学工业出版社，2004.
[25] 郭斌，庄源益编著. 清洁生产工艺. 北京：化学工业出版社，2003.
[26] 孟欣，姜学民. 21 世纪中国人口问题浅析. 经济透视，2003，6：14-17.
[27] 连红芳. 我国土地资源面临的危机与对策. 广东化工，2010，37（1）：98-99.
[28] 孙洁，潘英华. 对改善西北地区土壤沙漠化方法的思考. 内蒙古水利，2008（5）：80-81.
[29] 刘兵. 全球森林退化下的生物多样性危机. 世界环境，2009，3.
[30] 杨映红，洪子江. 我国西北地区土壤沙漠化和水土流失的原因及对策. 甘肃农业，2005，5：37.
[31] 许平，林海，邢喜峰，贾秀明. 钛白粉厂酸性废水处理的试验研究. 工业水处理，2007，27（7）：53-56.
[32] 曾小明，李凌璞，舒晖，赵坤，司士辉. 化学法处理高浓度含钒碱性工业废水. 工业水处理，2009，29（7）：51-53.
[33] 李瑞华，韦朝海，任源，吴超飞，姜元臻. O_3 催化氧化法去除焦化废水中的污染物. 燃料与化工. 2008，39（4）：36-40.
[34] 乔维川，李海燕，洪建国，李忠正. 臭氧深度氧化处理制浆造纸废水的研究. 中华纸业，2008，31（1）：52-54.
[35] 王宏洋，管运涛，水野忠雄，津野洋. 臭氧氧化法深度处理印染废水二级出水. 化工环保，2009，29（6）：530-533.
[36] 储金宇，光建新. 铁屑还原法降解高浓度印染废水. 印染，2007，4：26-28.
[37] 张东锋. 多相流泵溶气气浮处理含油污水的实验研究. 中国石油大学，硕士学位论文.
[38] 杨浩，张新胜，王伟，袁渭康. 电渗析法处理丙烯腈废水的研究. 工业水处理， 2008，28（12）：49-52.
[39] 韩式荆，李书申，吴开芬等. 超滤法分离味精废水中的菌体. 环境化学，1989，8（6）：35-40.
[40] 张敬凤. 反渗透技术在碳酸钾生产废水处理中的应用. 工业水处理，2005，25（9）：75-76.
[41] 韩洪军，李慧强，杜茂安，马文成，徐春艳，王伟. 厌氧/好氧/生物脱氨工艺处理煤化工废水. 中国给水排水，2010，26（6）：75-77.
[42] 戴红玲，胡锋平，王涛，刘靖. 氧化沟工艺在污水处理中的应用与研究新进展. 资源与环境，2007，32：144-146.
[43] 宋雄英. 高浓度硝基苯类废水处理工艺. 污染防治技术，2003，16（4）：95-96.
[44] 李玉智，杨清华. MBR 工艺处理高浓度化工废水. 工业水处理，2008，28（6）：89-91.
[45] 单忠平. SBR 工艺在化工废水治理中的试运行情况. 大氮肥，2005，28（1）：66-69.
[46] 杨爽，江洁，张雁秋. 湿式氧化技术的应用研究进展. 环境科学与管理，2005，30（4）：88-90.

[47] 钟四娇. 同步生物脱氮除磷工艺的研究进展. 广东化工，2007，34（7）：99-102.
[48] 李艺，李振川. 北京北小河污水处理厂改扩建及再生水利用工程介绍. 给水排水，2010，36（1）：27-31.
[49] 羊寿生. 上海在建的三座大型城市污水处理厂介绍（一）——上海石洞口污水处理厂. 给水排水，2003，29（1）：7-8.
[50] 羊寿生. 上海在建的三座大型城市污水处理厂介绍（二）——上海白龙港污水处理. 给水排水，2003，29（2）：1-2.
[51] 羊寿生. 上海在建的三座大型城市污水处理厂介绍（三）——上海市竹园第一污水处理厂工程. 给水排水，2003，29（3）：1-2.
[52] 贡献与责任——化工走近百姓. 中国化工报国际化学年专辑，2011，10.